安全生产事故应急基础

奚志林◎编著

天津大学出版社
TIANJIN UNIVERSITY PRESS

图书在版编目（CIP）数据

安全生产事故应急基础 / 奚志林编著. -- 天津：
天津大学出版社，2023.7
本书受到天津理工大学教材建设基金项目（项目编号：
JC22-08）和国家自然科学基金项目（项目编号：
52274223）资助
ISBN 978-7-5618-7503-2

Ⅰ.①安⋯ Ⅱ.①奚⋯ Ⅲ.①工伤事故－处理 Ⅳ.
①X928.02

中国国家版本馆CIP数据核字（2023）第102753号

出版发行	天津大学出版社
地　　址	天津市卫津路92号天津大学内（邮编：300072）
电　　话	发行部：022-27403647
网　　址	www.tjupress.com.cn
印　　刷	北京虎彩文化传播有限公司
经　　销	全国各地新华书店
开　　本	710mm×1010mm　1/16
印　　张	16.5
字　　数	381千
版　　次	2023年7月第1版
印　　次	2023年7月第1次
定　　价	58.00元

序　言

习近平总书记指出，平安是老百姓解决温饱后的第一需求，是极重要的民生，也是最基本的发展环境（《习近平关于社会主义社会建设论述摘编》，中央文献出版社，2017，148 页）。

党的十八大以来，习近平总书记高度重视安全生产工作，作出一系列关于安全生产的重要论述，一再强调要统筹发展和安全。"稚子牵衣问，归来何太迟"，安全问题从来没有像现在这样引起人们的广泛重视。不论是出入庙堂者，还是身在江湖者，抑或是贩夫走卒引车卖浆"卑微"职业从事者，日出而作，日落而息，归来无恙便是人生最大的幸福。然而，生与死往往只有一线之差，这不禁令人心生感慨。每个时代都有各自不可磨灭的逐浪淘沙心系民生疾苦的伟大成功者，也有身在红尘苦苦追名逐利不择手段者，面对由部分人的欲壑难填、事业的挫折、精神的荒芜、思想的消极、命运的困扰、生活的无助等诱发的人的不安全行为所造成的事故灾难，我们总希望用自己点点滴滴的努力以真实的事故案例去警醒人，为他们迷失的心寻找到安全的边界，让努力奔向成功的人意识到善待成功的价值。

习近平总书记指出，"对典型事故不要处理完就过去了，要深入研究其规律和特点"（《习近平关于防范风险挑战、应对突发事件论述摘编》，中央文献出版社，2020，191 页），要做到"一方出事故、多方受教育，一地有隐患、全国受警示"（《习近平关于社会主义社会建设论述摘编》，中央文献出版社，2017，159 页）。"前事不忘，后事之师"，教训永远比经验更重要，因此《安全生产事故应急基础》一书不可或缺。然而实现万绿丛中一点红，犹如在荷花丛中泛舟，仰望群山之巅，我深信，一如一场比赛，只有在符合人性且无可挑剔的规则下，才能打动人心，让运动员和观众满意而归。我们清醒地认识到有太多太多的人在安全领域之外孤独无助地苦苦探索着安全，为了不让忙忙碌碌的人们在黑夜中迷失，本书正像是旅途中崎岖小路上漫漫黑夜中一颗明亮的星星，指引人们洁身守道地取得成功。

《安全生产事故应急基础》以国内近年来发生的特别重大事故案例为核心，不仅抽丝剥茧地分析了造成事故的内在和外在因素，还系统全面地总结了事故涉及的或与事故相关的法律法规、直接或间接的基础知识、系统工程方法论、应急技术和安全文化等，力求庞而不杂、繁而不乱。《安全生产事故应急基础》在结构层次上以安全基础知识为开篇，以消防安全、通风设计、危险化学品管理、粉尘爆炸、危险废物处置、森林火灾和应急管理专业知识为统领，以事故案例为切入点，互为表里地向读者灌输安全生产知识，叙述安全的重要性，以及展现事故带给人们的苦难。全书内容上力求知识重点且核心，通俗易懂；叙述时秉持逻辑严谨、视角客观、语言亲切、心态中正、口吻冷静，准确传达统筹发展和安全的重要价值和谨记教训引以为戒的重要理念。

全书共 9 篇 25 章,编写人员及分工如下:第 1 篇安全基础知识(共 3 章)、第 2 篇事故报告与调查处理(共 3 章)、第 4 篇通风设计与除尘(共 2 章)由奚志林(天津理工大学)编写;第 3 篇消防安全管理(共 4 章)由管子琦(天津市静海区消防救援支队)编写;第 5 篇危险化学品事故案例分析(共 2 章)由闫星月(天津理工大学)、李蒙蒙(天津理工大学)编写;第 6 篇粉尘爆炸事故案例分析(共 3 章)由李雪(天津理工大学)、张梦梦(天津理工大学)编写;第 7 篇危险废物爆炸事故案例分析(共 2 章)由单泽(天津理工大学)、夏彤(天津理工大学)编写;第 8 篇森林火灾事故案例分析(共 3 章)由柴振元(天津市消防救援总队)编写;第 9 篇应急管理(共 3 章)由席珂(天津理工大学)编写。

天津理工大学保卫处张晋武、钱凯和刘博洋对本书的编写提出了很多宝贵意见和修改建议,对提高本书编写质量有很大帮助,在此向他们表示衷心的感谢!天津理工大学张雪松、索连权、王琛和张云祥对本书的校稿做了大量工作,在此表示感谢!此外,本书参考了大量的著作和文献资料,在此谨向参考文献的作者表示诚挚的谢意!

鉴于编著者水平有限,书中难免存在疏漏和不妥之处,恳请广大读者批评指正。

奚志林

2022 年 9 月 16 日

目　　录

第 1 篇　安全基础知识

第 2 篇　事故报告与调查处理

第3篇　消防安全管理

第4篇　通风设计与除尘

第5篇　危险化学品事故案例分析

第 7 篇　危险废物爆炸事故案例分析

第 8 篇　森林火灾事故案例分析

第9篇　应急管理

第 1 篇

安全基础知识

第 1 章 安全生产概述

1.1 安全的由来、演变及研究

1)安全的由来

中华民族几千年的古老文明中,始终贯穿着安全这一主题。人们避凶喜吉,就体现了对安全的重视。无论是主观地塑造鬼神,还是客观地改造自然,都遵循着"天人合一"的和谐原则,这体现了合理利用自然的科学精神,其实质是为了民族自身的生存与发展免遭自然的惩罚。中华民族有一个非常可贵的特点,那就是热爱现实生活,从不否定和逃避现实生活,对自身真实地活着感到很有意思而特别珍惜生命。因此,中国人总希望活得平安,活得悠然,活得长久,活得美好。晋陶潜诗云"采菊东篱下,悠然见南山",呈现的就是这种意境。中国人做什么事情,最关心的是做这件事情有无风险,即过程是否安全可靠,不是四平八稳的事情是不情愿做的。所以出门要看天气,修房造屋要看风水,破土动工要看时辰,婚配要看八字,迎娶要择日子⋯⋯几乎所有的行动都要事先知其吉凶,吉者可为,凶者不可为,或改日改时再为。

各行各业、各种不同的经济团体都有各自不同的崇拜偶像。不同职业衍生出种种不同的神灵,行业性崇拜盛行一时。如瓦木石匠奉鲁班为祖师爷,制陶的人奉范蠡为祖师爷,蚕农敬重蚕神嫘祖,裁缝信奉黄道婆,医生信奉伏羲、神农、扁鹊,捕鱼人以妈祖为海神,乐工信奉孔明,理发师奉吕洞宾为祖师爷,甚至行窃者也有行业保护神宋江,等等。近代随着行会制度的衰落,行业神崇拜的观念也日趋减退,商业行会为了促进同行业间的自由竞争,首先宣布不再崇拜祖师。行业神与行业神崇拜最终成了中国风俗史的一个遗迹。尽管行业神的由来有多种原因,但其中大都包含着祈求行业平安和发展的美好愿望。

古老的中华民族有着悠久的历史,其流动于民族文明长河中的安全观念和方略,对现代社会的风险防范安全活动有极具价值的借鉴意义。例如:

(1)居安要思危。出自《左传》:"居安思危,思则有备,有备无患。"安不忘危,预防为主。这体现了预防为主的思想。

(2)长治能久安。出自《汉书》:"建久安之势,成长治之业。"只有发达长治之业,才能实现久安之势。这体现了长效机制。

(3)亡羊须补牢。出自《战国策》:"亡羊而补牢,未为迟也。"尽管已受损失,也需想办法进行补救,以免使人遭受更大的损失。这体现了古人朴素的"以人为本"的安全意识。

2)安全问题的演变

任何事物的发展,都有两个流向,一个是自然流向,另一个是人为流向。

在旧石器时代,人类的祖先挖穴而居,栖树而息,完全依附于自然。人类处于被动适应的地位,面临的威胁主要来自雷、电、风等自然灾害及野兽的侵袭。

跨入农业社会后,人类逐渐摆脱自然的束缚,开始改造自然,人为灾害变得越来越多,这一时期主要的安全问题来自自然灾害和人为灾害。

工业时代,人类利用技术创造了文明和财富,同时也伴随着新的灾难,现代高科技的发展更是让人喜忧参半。20世纪的人们创造了巨大的成就,但也经受了惨重的灾难事故,甚至人类的生存一度受到巨大的威胁。

3)安全工程及其研究对象

人类在求生存、求发展的过程中,不断地从自然界获取物质和精神财富,同时又在一定条件下经受着自然界作用于人类的危害。特别是在生产活动中,随着生产技术不断发展,生产过程的危险性不断上升。人们在长期的生产实践中,为了保护自身的安全,不得不想办法控制各种危害,从而积累了消除不安全因素、促进生产发展、保护自身安全的经验,由此逐渐形成了一门新的学科——安全科学。安全工程是安全科学的工学门类。

安全工程是以人类生产、生活活动中发生的各种事故为主要研究对象,在总结、分析已经发生的事故经验的基础上,综合运用自然科学、技术科学和管理科学等方面的有关知识,识别和预测生产、生活活动中存在的不安全因素,并采取有效的控制措施防止事故发生的科学技术知识体系。

1.2　与安全生产相关的基本概念

1)安全与危害

从理论上讲,安全是一个相对概念,是人们对危险性的一种接受程度;通俗来讲,安全是指生产系统中人员免遭不可承受危险的伤害;本质上来讲,安全就是预知人们活动的各个领域里存在的固有危险和潜在危险,并且为消除这些危险的存在而采取各种方法、手段和行动。世界上没有绝对的安全,任何事物中都包含不安全的因素,具有一定的危险性,当危险低于某种程度时,就可认为是安全的。

安全性是指人们在某一环境中已感知到危险或危害的存在,但这种危险或危害的程度可控制在人们能接受的范围之内。

安全生产是指在生产经营活动中,为避免造成人员伤害和财产损失的事故发生而采取相应的事故预防和控制措施,以保证从业人员的人身安全,保证生产经营活动得以顺利进行的相关活动。

本质安全是指通过设计等手段使生产设备或生产系统本身具有安全性,即使在误操作或发生故障的情况下也不会造成事故。本质安全是生产中"预防为主"思想的根本体现,也是安全生产的最高境界。实际上,由于技术、资金和人们对事故的认识等原因,目前还很难做到本质安全,只能将其作为追求的目标。

安全许可是指国家对矿山企业、建筑施工企业以及危险化学品、烟花爆竹、民用爆破器材生产企业实行安全许可制度。企业未取得安全生产许可证的,不得从事生产活动。

危害是造成事故的一种潜在危险,它是超出人的直接控制的某种潜在的环境条件。

在可能发生工伤或职业病的劳动环境中作业存在坠落危害、矽尘危害等,这些危害可能使人遭受伤亡或患职业病。危害相当于安全隐患,是潜在的危险因素。

危险是指系统中发生不期望后果的可能性超过人们的承受程度。

危险性表示危险的暴露程度。对于可能存在的危险,只要采取了预防措施,危险性可能就不大。如工业用电存在一定的危险,但如果在工业用电时加上接地保护装置,那危险性就不大。

2)危险源

危险源是指可能导致死亡、伤害、职业病、财产损失、工作环境破坏或这些情况组合的根源或状态。具体分为两类危险源。

第一类危险源是指可能意外释放的能量或危险物质。它是事故发生的前提和事故的主体,决定事故的严重程度。

第二类危险源是指造成约束、限制能量措施失效或破坏的各种不安全因素,包括物的状态、人的行为、管理、环境四个方面,是第一类危险源导致事故的必要条件,决定事故发生的可能性大小。

此外,重大危险源是指长期或临时生产、加工、搬运、使用或储存危险物质,且危险物质的数量等于或超过国家法律法规和相关标准规定的一种或一类特定危险物质的单元(或设施)。

3)事故隐患

生产安全事故隐患是指生产经营单位违反安全生产法律、法规、规章、标准、规程和安全生产管理制度的规定,或者因其他因素在生产经营活动中存在可能导致事故发生的物的危险状态、人的不安全行为和管理上的缺陷。

重大事故隐患是指可能导致重大人身伤亡或者重大经济损失的事故隐患。加强对重大事故隐患的控制管理,对预防特大安全事故有重要的意义。

一般来说,危险源可能存在事故隐患,对事故隐患的控制管理总是与一定的危险源联系在一起的,没有危险的隐患也不用控制;对危险源的控制,实际上就是消除其存在的事故隐患或防止其出现事故隐患。

1.3　我国安全生产发展的基本历程

我国自古以来就很重视安全问题,中华人民共和国成立后更是将安全问题置于重中之重的位置。七十多年来,我国的安全生产监督管理体制经历了曲折的发展变化,安全生产监察制度从无到有,在摸索中不断发展完善,至今基本形成了较系统的安全生产监督管理体制。

1949 年 9 月 21—30 日,在北平(今北京)举行的中国人民政治协商会议第一届全体会议通过的《中国人民政治协商会议共同纲领》第三十二条提出"公私企业目前一般应实行八小时至十小时的工作制",人民政府应"保护青工女工的特殊利益","实行工矿检查制度,以改进工矿的安全和卫生设备"。

1949 年 10 月 1 日,中华人民共和国成立。中央人民政府设劳动部。劳动部下设劳动保护司,各地方劳动部门设劳动保护处、科。政府产业主管部门也相继设立了专管劳动保护和安全生产工作的机构。

1950 年 5 月,政务院批准《中央人民政府劳动部试行组织条例》和《省、市劳动局暂行组织通则》,要求"各级劳动部门自建立伊始,即担负起监督、指导各产业部门和工矿企业劳动保护工作的任务",对工矿企业的劳动保护和安全生产工作实施监督管理。

1955 年,经国务院批准在劳动部设立锅炉安全检查总局,该机构于 1956 年 1 月开始工作。

1956 年 9 月,国务院批准的《中华人民共和国劳动部组织简则》规定,劳动部"在自己的权限内,有权发布有关劳动工作的命令、指示和规章,这些命令、指示和规章,各级劳动部门、各有关部门和企业、事业单位必须遵守和执行"。同时规定,劳动部负责"管理劳动保护工作","监督检查国民经济各部门的劳动保护、安全技术和工业卫生工作,领导劳动保护监督机构的工作,检查企业中的重大伤亡事故并且提出结论性的处理意见"。

1970 年,中央人民政府国家计划委员会(简称"国家计委")成立劳动局(原劳动部精简为劳动局,划归国家计委领导),恢复了劳动保护工作。

1975 年,国家劳动总局成立,同时开展对矿山安全生产的监督检查工作。

1978 年,国家劳动总局成立锅炉压力容器安全监察局,之后,各地劳动部门也相应成立了锅炉压力容器安全监察处、科。

1979 年,国家劳动总局召开全国劳动保护座谈会,重新肯定加强安全生产立法和建立安全生产监察制度的重要性和迫切性。

1981 年,国家劳动总局正式成立矿山安全监察局,代表政府对矿山安全卫生行使国家监察。

1982 年,国务院发布《矿山安全条例》《矿山安全监察条例》和《锅炉压力容器安全监察暂行条例》,宣布在各级劳动部门设立矿山、职业安全卫生和锅炉压力容器安全监察机构。

1983 年,国务院常务会议批准成立劳动人事部,下设劳动保护局、锅炉压力容器安全监察局、矿山安全监察局。

1985 年,由国务院有关部委及中华全国总工会领导人组成全国安全生产委员会(简称"全国安委会")。全国安委会办公室设在劳动人事部。

1988 年,为了协调各部门和更有利于开展全国安全生产监督管理工作,劳动人事部分开设立劳动部和人事部,国务院批准的劳动部"三定"方案中规定,新组建的劳动部是国务院领导下综合管理全国劳动工作的职能部门,综合管理职业安全卫生、矿山安全、锅炉压力容器安全工作,实行国家监察。劳动部将劳动保护局更名为职业安全卫生监察局,仍保留矿山安全监察局和锅炉压力容器安全监察局。

1992 年,第七届全国人民代表大会常务委员会通过了《中华人民共和国矿山安全法》,劳动部职能机构相应调整为职业安全卫生监察局、矿山安全卫生监察局、锅炉压力容器安全监察局。

1993 年,劳动部对劳动安全卫生监察工作职能机构重新予以调整。新设安全生产管理局,取代原全国安委会办公室;将职业安全卫生监察局与锅炉压力容器安全监察局合并成立职业安全卫生与锅炉压力容器监察局;保留矿山安全卫生监察局。国务院下发了《关于加强安全生产工作的通知》,在明确规定劳动部负责综合管理全国安全生产工作,对安全生产实行国家监察的同时,也明确要求各级综合管理生产的部门和行业主管部门,在管生产的同时必须管安全,提出一个建立社会主义市场经济过程中的新安全生产管理体制,即实行"企业负责、行业管理、国家监察、群众监督"的新体制。随后,在实践中又增加了"劳动者遵章守纪"内容,形成了"企业负责、行业管理、国家监察、群众监督、劳动者遵章守纪"的安全管理体制。

1998 年,在国务院机构改革中,新成立劳动和社会保障部。原劳动部承担的安全生产综合管理、职业安全卫生监察、矿山安全卫生监察的职能,交由国家经济贸易委员会(简称"国家经贸委")新成立的安全生产局承担;职业卫生监察职能,交由卫生部承担;锅炉压力容器监察职能,交由国家质量技术监督局承担;劳动保护工作中的女职工和未成年工特殊保护、工作时间和休息时间,以及工伤保险、劳动保护争议与劳动关系仲裁等职能,仍由劳动和社会保障部承担。国家经贸委成立安全生产局后,综合管理全国安全生产工作,对安全生产行使国家监督监察管理职权;拟订全国安全生产综合法律、法规、政策、标准;组织协调全国重大安全事故的处理。

1999 年,根据煤矿安全生产的实际情况,国务院又增设国家煤矿安全监察局,与国家煤炭工业局一个机构、两块牌子。国家煤矿安全监察局是国家经贸委管理的负责煤矿安全监察的行政执法机构,承担国家经贸委负责的煤矿安全监察职能,在重点产煤省和地区建立煤矿安全监察局及办事处,省级煤矿安全监察局实行以国家煤矿安全监察局为主,国家煤矿安全监察局和所在省政府双重领导的管理体制。国家煤炭工业局的有关内设机构,加挂国家煤矿安全监察局内设机构的牌子。

2001 年,经国务院批准组建国家安全生产监督管理局,与国家煤矿安全监察局一个机构、两块牌子,原国家经贸委安全生产局职能和人员一并划入新组建的国家安全生产监督管理局。

2005 年 2 月,经国务院批准将国家安全生产监督管理局调整为国家安全生产监督管理总局,下设国家煤矿安全监察局。

2005 年 5 月,中央机构编制委员会批准成立国家安全生产应急救援指挥中心。

2018 年 3 月,中华人民共和国应急管理部成立。

第 2 章　伤亡事故总论

2.1　基本概念

1. 事故

事故是在人(个人或集体)为实现某种意图而进行的活动中,突然发生的、违反人的意志、迫使活动暂时或永久停止的事件。

可以从以下三个方面来理解事故。

(1)事故是一种发生在人类生产、生活活动中的特殊事件。

(2)事故是一种突然发生的、违反人的意志的意外事件。

(3)事故是一种迫使进行着的生产、生活活动暂时或永久停止的事件。

1)按事故后果分类

根据事故发生造成后果的情况,把事故划分为未遂事故和伤亡事故。

未遂事故(又称险兆事故):既没有造成人员伤害也没有造成财物损失和环境污染的事故。从能量转移理论角度看,未遂事故是指由设备和人为差错等诱发产生的有可能造成事故,但由于人或其他保护装置等未造成职工伤亡或财物损失的事件。

伤亡事故:在安全管理工作中,从事故统计的角度看,是指造成损失工作日达到或超过 1 天的人身伤害或急性中毒的事故(其中在生产区域中发生的与生产有关的伤亡事故称为工伤事故);从能量转移理论角度看,是指人们在行动过程中,接触了与周围条件有关的外来能量,这种能量反作用于人体,致使人身生理机能部分或全部丧失的现象。

我国按致因把伤亡事故分为如下 20 种类型:①物体打击;②车辆伤害;③机械伤害;④起重伤害;⑤触电;⑥淹溺;⑦灼烫;⑧火灾;⑨高处坠落;⑩坍塌;⑪冒顶片帮;⑫透水;⑬放炮;⑭瓦斯爆炸;⑮火药爆炸;⑯锅炉爆炸;⑰容器爆炸;⑱其他爆炸;⑲中毒和窒息;⑳其他伤害。

2)按事故损失经济程度分类

根据《企业职工伤亡事故经济损失统计标准》(GB 6721—1986)的规定,通常可将事故划分为如下等级。

一般损失事故:经济损失小于 1 万元的事故。

较大损失事故:经济损失大于 1 万元(含 1 万元)但小于 10 万元的事故。

重大损失事故:经济损失大于 10 万元(含 10 万元)但小于 100 万元的事故。

特大损失事故:经济损失大于 100 万元(含 100 万元)的事故。

3）按事故责任分类

责任事故：违反自然规律、法令、法规、条件、规程等的不良行为造成的事故。

非责任事故：不可抗拒的自然因素或目前科学无法预测的原因造成的事故。

蓄意破坏事故：个人主观行为造成的事故。

2.事件

事件是指发生或可能发生与工作相关的健康损害或人身伤亡的情况。

事件包含两种情况：一是人们在从事工作活动中不期待发生的造成伤害、健康损害或死亡的事情；二是有可能造成伤害、健康损害或死亡后果，但由于一些偶然因素，实际上没有造成伤害、健康损害或死亡的事情。例如，工人在充装气体的车间内抽烟，若发生爆炸那就是事故，若未发生爆炸那就是一次安全事件。事件与事故之间的关系是，事件包含事故，事故是事件的一种情况。

2.2　事故发生的原因

在生产实际中，事故发生的原因是多方面的，但归纳起来有四个方面的原因：人的不安全行为（Man）、物的不安全状态（Machinery）、环境的不安全条件（Medium）、管理上的缺陷（Management）。

以上四个方面的原因通常称为"4M"问题或"4M"因素。其中前三项属于直接原因，第四项属于间接原因。

1）人的不安全行为

（1）操作错误，忽视安全，忽视警告：未经许可开动、关停、移动机器；开动、关停机器时未给信号；开关未锁紧，造成意外转动、通电或泄漏等；忘记关闭设备；忽视警告标志、警告信号；操作（指按钮、阀门、扳手、把柄等的操作）错误；奔跑作业；供料或送料速度过快；机器超速运转；违章驾驶机动车；酒后作业；客货混载；冲压机作业时，手伸进冲压模；工件紧固不牢；用压缩空气吹铁屑；等等。

（2）造成安全装置失效：拆除安全装置；安全装置被堵塞，失去作用；出现造成安全装置失效的调整错误；等等。

（3）使用不安全设备：临时使用不牢固的设施；使用无安全装置的设备；等等。

（4）用手代替工具操作：用手代替手动工具；用手清除切屑；不用夹具固定，用手拿工件进行机加工。

（5）物体（指成品、半成品、材料、工具、切屑和生产用品等）存放不当。

（6）冒险进入危险场所：冒险进入涵洞；接近漏料处（无安全设施）；采伐、集材、运材、装车时，未离危险区；未经安全监察人员允许进入油罐或井中；未"敲帮问顶"开始作业；冒进信号；调车场超速上下车；易燃易爆场合开明火；私自搭乘矿车；在绞车道行走；未及时瞭望。

（7）攀、坐不安全位置（如平台护栏、汽车挡板、吊车吊钩）。

（8）在起吊物下作业、停留。

（9）在机器运转时进行加油、修理、检查、调整、焊接、清扫等工作。

（10）有分散注意力的行为。

（11）在必须使用个人防护用品、用具的作业或场合中，忽视其使用：未戴护目镜或面罩；未戴防护手套；未穿安全鞋；未戴安全帽；未佩戴呼吸防护用具；未佩戴安全带；未戴工作帽；等等。

（12）不安全装束：在有旋转零部件的设备旁作业时穿过于肥大的服装；操纵带有旋转零部件的设备时戴手套；等等。

（13）对易燃易爆等危险物品处理错误。

2）物的不安全状态

（1）防护、保险、信号等装置缺乏或有缺陷。①无防护：无防护罩、无安全保险装置、无报警装置、无安全标志、无护栏或护栏损坏、（电气）未接地、绝缘不良、风扇无消音系统或噪声大、危房内作业、未安装防止"跑车"的挡车器或挡车栏等。②防护不当：防护罩未在适当位置、防护装置调整不当、坑道掘进和隧道开凿支撑不当、防爆装置不当、采伐和集材作业安全距离不够、放炮作业隐蔽所有缺陷、电气装置带电部分裸露等。

（2）设备、设施、工具、附件有缺陷。①设计不当：结构不合安全要求、通道门遮挡视线、制动装置有缺欠、安全间距不够、拦车网有缺欠、工件有锋利毛刺或毛边、设施上有锋利倒棱等。②强度不够：机械强度不够、绝缘强度不够、起吊重物的绳索不合安全要求等。③设备在非正常状态下运行：设备带"病"运转、超负荷运转等。④维修、调整不良：设备失修、地面不平、保养不当、设备失灵等。

（3）个人防护用品、用具缺少或有缺陷。①无个人防护用品、用具（如防护服、手套、护目镜及面罩、呼吸防护用具、听力护具、安全带、安全帽、安全鞋等）。②所用防护用品、用具不符合安全要求。

3）环境的不安全条件

（1）照明光线不良：照度不足、作业场地烟雾尘弥漫视物不清、光线过强。

（2）通风不良：无通风、通风系统效率低、风流短路、停电停风时放炮作业、瓦斯排放未达到安全浓度放炮作业、瓦斯超限等。

（3）作业场所狭窄。

（4）作业场地杂乱：工具、制品、材料堆放不安全、采伐时未开"安全道"，迎门树、坐殿树、搭挂树未进行处理等。

（5）交通线路的配置不安全。

（6）操作工序设计或配置不安全。

（7）地面滑：地面有油或其他液体、冰雪覆盖、地面有其他易滑物。

（8）贮存方法不安全。

（9）环境温度、湿度不当。

4）管理上的缺陷

（1）管理者在思想上对安全工作的重要性认识不足，将其视为可有可无，日常以麻木的心态和消极的行为对待安全工作,安全法律责任意识淡薄。

（2）安全规章制度（包括设备巡检）、操作规程、岗位责任制、相应预防措施、安全注意事项和物流管理程序等未建立、不健全或不完善。

（3）有些管理人员不学习、不理解、不落实或不彻底落实企业的各种安全规章制度,不落实工程建设上的"三同时"（建设项目的安全设施,必须与主体工程同时设计、同时施工、同时投入生产和使用）和日常管理上的"五同时"（在处理安全与生产的关系上,应坚持同时计划、同时布置、同时检查、同时总结、同时评比）,只注重生产指标,忽视安全检查、教育和隐患整改。

（4）管理者未能按照公司安全管理制度和安全管理要求,结合管辖区域的生产特点和作业环境,用心、负责、钻研,采取确保管辖区域人员健康和财产安全的管理办法和有效的预防措施,安全管理的执行力很差。

（5）管理者的安全知识、安全管理能力和手段有缺陷等。

2.3　事故模式理论

事故模式理论是人们对事故机理所进行的逻辑抽象或数学抽象,是描述事故成因、经过和后果的理论,是研究人、物、环境、管理及事故处理这些基本因素如何作用而形成事故、造成损失的理论。

事故模式理论是从本质上阐明工伤事故的因果关系,说明事故的发生、发展和后果的理论,它对于人们认识事故本质,指导事故调查、事故分析及事故预防等都有重要的作用。

2.3.1　事故倾向论

1. 事故法则

事故法则也称海因里希法则,它是由美国安全工程师海因里希（Heinrich）提出的,即 1 000 个不安全因素会导致 330 起事故,其中死亡、重伤事故 1 起,轻伤、微伤事故 29 起,无伤事故 300 起,如图 2-1 所示。

图 2-1　事故法则

这一法则告诉我们,要预防事故必须从防止轻微伤害和无伤事故做起,消除不安全因素,加强隐患整治。

2. 事故频发倾向论

1919 年,格林伍德(Greenwood)和伍兹(Woods)研究发现:事故在人群中并非随机分布,某些人较其他人更容易发生事故,存在稳定的个人内在倾向。因此,他们得出一个结论:事故频发倾向者的存在是工业事故发生的主要原因。

事故频发倾向者的性格特征:感情冲动,容易兴奋;脾气暴躁;厌倦工作、没有耐心;慌慌张张、不沉着;动作生硬,工作效率低;喜怒无常、感情多变;理解能力低,判断和思考能力差;极度喜悦和悲伤;缺乏自制力;处理问题轻率、冒失;运动神经迟钝,动作不灵活。

预防措施:进行人员职业适应性分析;进行人事调整。

理论贡献:找到了导致生产安全事故的最主要原因——人的因素。

局限性:只看到人的因素,极不全面。

3. 事故遭遇倾向论

事故遭遇倾向论认为某些人员在某些生产作业条件下有容易发生事故的倾向。

影响事故发生频率的主要因素:噪声严重、临时工多、工人自觉性差等。

影响事故后果严重程度的主要因素是工人的"男子汉"作风,其次是缺乏自觉性、缺乏指导、老年职工多、不连续出勤等。事故发生情况与生产作业条件有着密切关系。

预防措施:进行人员职业适应性分析;进行人事调整。

理论贡献:认为事故的发生不仅与个人因素有关,而且与生产条件有关。

局限性:只看到人的因素和环境的因素。

2.3.2　事故连锁论

1. 海因里希事故因果连锁论

海因里希事故因果连锁论指出,事故的发生不是一个孤立的事件,尽管事故发生可能在某一瞬间,却是一系列互为因果的事件相继发生的结果,如图 2-2 所示。

预防措施:海因里希认为防止事故发生的重点是防止人的不安全行为和消除物的不安全状态,中断事故连锁进程,避免事故发生。

理论贡献:找到了事故发生的因果关系。

局限性:把事故最基础的原因归结于遗传及社会环境,给安全生产管理带来了理论上的障碍。

图 2-2　海因里希事故因果连锁论模型

2. 博德事故因果连锁论

博德（Bird）在海因里希事故因果连锁论的基础上，提出了现代事故因果连锁理论，即博德事故因果连锁论。该理论的模型如图2-3所示。

博德事故因果连锁论认为：人的不安全行为或物的不安全状态是事故的直接原因；间接原因是人的缺点；根本原因是管理失误。

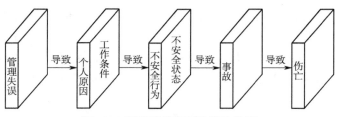

图2-3 博德事故因果连锁论模型

2.3.3 能量意外释放论

20世纪60年代，吉布森（Gibson）和哈登（Hadden）提出了能量意外释放论：事故是一种不正常或不希望的能量释放，各种能量的释放是构成伤害的直接原因。能量意外释放论模型如图2-4所示。

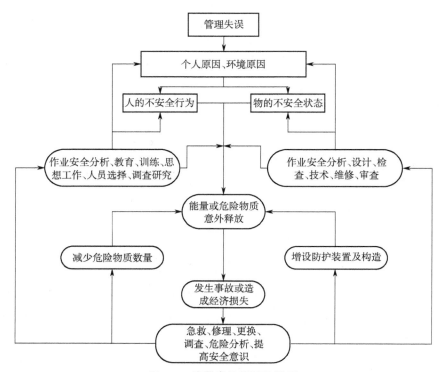

图2-4 能量意外释放论模型

预防措施:该理论阐明了伤害事故发生的物理本质,认为防止伤害事故就是防止能量意外释放,防止人体接触能量。

理论贡献:提示了大多数事故发生的本质是能量和危险物质的意外释放,为事故预防提出了新的思路。

2.3.4 轨迹交叉论

轨迹交叉论认为,伤害事故是许多互相关联的事件顺序发展的结果。这些事件概括起来不外乎人和物两个发展系列,当人的不安全行为和物的不安全状态在各自发展过程中(轨迹),在一定时间、空间发生了接触(交叉),能量"逆流"于人体时,伤害事故就会发生。而人的不安全行为和物的不安全状态之所以产生和发展,又是受多种因素作用的结果。轨迹交叉论模型如图 2-5 所示。

在轨迹交叉论的人与物两大系列中,物的不安全状态和人的不安全行为是造成事故的直接原因。而管理缺陷是造成物的不安全状态和人的不安全行为的深层次原因,是导致事故发生的间接原因,也是事故发生的本质原因。

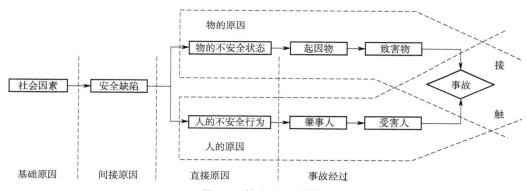

图 2-5 轨迹交叉论模型

预防措施:防止人、物两轨迹在同一时间、同一地点相交。

理论贡献:提出了人、物两轨迹相交的时间与地点就是发生伤亡事故的"时空"。

2.3.5 系统安全理论

系统安全理论又叫两类危险源理论,即把系统中存在的、可能发生意外释放的能量或危险物质称为第一类危险源;把导致约束、限制能量措施失效或破坏的各种不安全因素称为第二类危险源。系统安全理论模型如图 2-6 所示。

系统安全是指在系统寿命期间内应用系统安全工程和管理方法,辨识系统中的风险源,并采取控制措施使其风险性最小,从而使系统在规定的性能、时间和成本范围内达到最佳的安全程度。

预防措施:系统安全理论认为系统中存在的危险源是事故发生的根本原因,防止事故就是消除、控制系统中的危险源。

理论贡献：把人、物、环境作为一个系统（整体），研究人、物和环境之间的相互作用、反馈和调整，从中发现事故的致因，揭示出预防事故的途径。

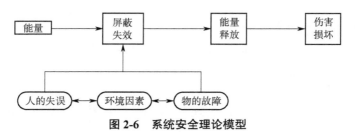

图2-6 系统安全理论模型

2.4 应对事故的方法

2.4.1 预防事故的对策和措施

从宏观角度，对意外事故的预防原则主要包括工程技术（Engineering）、组织管理（Enforcement）和安全教育（Education），称为"3E"原则。

1）工程技术原则

工程技术原则即利用工程技术手段消除不安全因素，实现生产工艺、机械设备等生产条件的安全。在生产过程中，客观上存在的隐患是事故发生的前提。因此，要预防事故的发生，就需要针对危险隐患采取有效的技术措施进行治理，但在治理过程中，应遵循以下基本原则。

（1）消除潜在危险原则。从本质上消除事故隐患，以新的系统、新的技术和工艺代替旧的不安全的系统和工艺，从根本上消除发生事故的可能性。例如，用不可燃材料代替可燃材料，改进机器设备，消除人体操作对象和作业环境的危险因素，消除噪声、尘毒对工人的影响，等等。

（2）降低潜在危险严重程度原则。在无法彻底消除危险的情况下，最大限度地限制和减少危险程度。例如，手电钻工具采用双层绝缘措施，利用变压器降低回路电压，在高压容器中安装安全阀，等等。

（3）闭锁原则。在系统中将一些元器件的机器联锁或机电、电气互锁，作为保证安全的条件。例如，冲压机械的安全互锁器，电路中的自动保护器，等等。

（4）能量屏蔽原则。在人、物与危险源之间设置屏障，防止意外能量作用到人体和物体上，以保证人和设备的安全。例如，建筑高空作业的安全网、核反应堆的安全壳等等。

（5）距离保护原则。当危险和有害因素的伤害作用随着距离的增加而减弱时，应尽量使人与危害源距离远一些。例如，化工厂远离居民区，爆破时的危险距离控制，等等。

（6）个体保护原则。根据不同作业性质和条件,配备相应的保护用品、用具,以保护作业人员的安全与健康。例如,安全带、护目镜、绝缘手套等。

（7）警告、禁止信息原则。用光、声、色等标志传递信息,以保证安全。例如,警灯、警报器、安全标志、宣传画等。

此外,还有时间保护原则、薄弱环节原则、坚固性原则、代替作业人员原则等,可以根据需要,确定采取相关的预防事故的技术原则。

2）组织管理原则

为预防事故的发生,还要在组织管理上采取相关的措施,才能最大限度地减少事故发生的可能性。

（1）系统整体性原则。安全工作是一项系统性、整体性的工作,它涉及企业生产过程中的各个方面。安全工作的整体性要体现出:有明确的工作目标,综合考虑问题的原因,动态认识安全状况;落实措施要有主次,要有效抓住各个环节,并且能够适应变化的要求。

（2）计划性原则。安全工作要有计划和规划,近期目标和长远目标要协调进行。工作方案、人、财、物的使用要按照规划进行,并且有最终评价,形成闭环式的管理模式。

（3）效果性原则。安全工作的好坏,要通过最终成效来衡量。但由于安全问题的特殊性,安全工作的成效既要考虑经济效益,又要考虑社会效益。正确看待安全成效,是落实安全生产措施的重要前提。

（4）党政工团协调安全工作原则。党制定正确的安全生产方针和政策,教育干部和群众遵章守法,了解和解决工人的思想负担,把不安全行为变为安全行为。政府履行安全监察管理职责,不断改善劳动条件,提高企业生产的安全性。工会代表工人的利益,监督政府和企业把安全工作做好。青年是劳动力中的有生力量,但往往事故发生率最高,因此动员青年开展事故预防活动,是安全生产的重要保证。

（5）责任制原则。各级政府及相关的职能部门和企事业单位应当实行安全生产责任制,对于违反劳动安全法规和不负责任的人员,造成伤亡事故的应当给予行政处罚,造成重大伤亡事故的应当根据《中华人民共和国刑法》(简称《刑法》)追究刑事责任。只有将安全责任落到实处,安全生产才能得到保证,安全管理才能有效。

3）安全教育原则

安全教育是为了增强企业各级领导与职工的安全意识与法制观念,提高安全管理水平和安全操作水平,减少人的失误,促进安全生产所采取的一切教育措施的总称。安全教育是企业安全生产管理的基本制度之一,也是预防和防止事故的一项重要对策。

根据接受教育的对象的不同,安全教育主要有以下几种。

（1）以新进人员为教育对象的三级安全教育。三级安全教育是指新入厂职员和工人的厂级安全教育、车间级安全教育和岗位(工段、班组)级安全教育。

（2）以特种作业人员为教育对象的专门安全教育。

（3）以"五新"人员为教育对象的安全教育,即"五新"安全教育。它是指采用新工艺、新技术、新材料、新设备、新产品前所进行的新操作方法和新工作岗位的安全教育。

（4）以调换工种人员为教育对象的安全教育。

（5）以复工人员为教育对象的安全教育。

（6）以管理干部为教育对象的安全教育。

（7）以安全专业技术人员为教育对象的安全教育。

（8）以全体职工为教育对象的安全教育等。

综上所述，事故的预防要从工程技术、组织管理和安全教育多方面采取措施，从总体上提高预防事故的能力，才能有效地控制事故发生。

2.4.2　常用方法

运用事故成因理论、事故危害辨识技术、事故风险评价技术和事故风险控制技术对事故进行系统工程控制。研究与解决生产中与安全有关的问题，常用方法有以下两种。

（1）事后法。这种方法是对过去已发生的事件进行分析，总结经验教训，采取措施，防止重复事件发生，因而是对现行安全管理工作的指导。例如，对某一事故分析原因，查找引起事故的不安全因素，根据分析结果，制定和实施防止此类事故再度发生的措施。有人称此种方法为"问题出发型"方法，即我们通常所说的传统的安全管理方法。

（2）事先法。这种方法是从现实情况出发，研究系统内各种因素之间的联系，预测可能会引起危险、导致事故发生的某些原因。通过对这些原因的控制来消除危险，避免事故，从而使系统达到最佳安全状态。这就是所谓的现代安全管理方法，也有人称此种方法为"问题发现型"方法。

无论是事后法还是事先法，其工作步骤都是从问题开始，研究解决问题的政策，对实施的对策效果予以评价，并反馈评价结果，重新研究对策，具体步骤如下。

（1）发现问题：找出所研究的问题。事后法是指分析已存在的问题或事故，事先法则是指预防可能要出现的问题或事故。

（2）确认：对所研究的问题进一步核查与认定，要查清何时、何人、何条件、何事（或可能出现什么事）等。

（3）原因分析：解决问题的第一步。原因分析即寻求问题或事故的影响因素，对所有影响因素进行归类，并分析这些因素之间的相互关系。

（4）原因评价：将问题的原因按其影响程度大小排序分级，以便解决问题时分清轻重缓急。

（5）研究对策：根据原因分析与评价，有针对性地提出解决问题、防止或预防事故的措施。

（6）实施对策：将所制定的措施付诸实践，并从人力、物力、组织等全方面予以保证。

（7）评价：对实施对策后的效果、措施的完善程度及合理性进行检查与评定，并反馈评价结果，以寻求最佳的实施对策。

2.5　危险源辨识、控制与评价

2.5.1　危险源与事故隐患

危险源(Hazard):可能导致伤害、疾病、财产损失、工作环境破坏或其组合的根源或状态。

危险源辨识(Hazard Identification):识别危险源的存在并确定其性质的过程。

风险评价(Risk Assessment):评价风险程度并确定其是否在可承受风险范围的过程。

安全生产事故隐患(简称"事故隐患"):生产经营单位违反安全生产法律、法规、规章、标准、规程和安全生产管理制度的规定,或者因其他因素在生产经营活动中存在可能导致事故发生的物的危险状态、人的不安全行为和管理上的缺陷。

危险源是指一个系统中具有潜在能量和物质释放危险的,可造成人员伤害、财产损失或环境破坏的,在一定的触发因素作用下可转化为事故的部位、区域、场所、空间、岗位、设备及其位置。它的实质是具有潜在危险的源点或部位,是爆发事故的源头,是能量、危险物质集中的核心,是能量传出来或爆发的地方。危险源存在于确定的系统中,对于不同的系统范围,危险源的区域也不同。例如,从全国范围来说,危险行业(如石油、化工等行业)中具体的一个企业(如炼油厂)就是一个危险源。而从一个企业系统来说,可能某个车间、仓库就是危险源,对一个车间系统而言,可能某台设备就是危险源。因此,分析危险源应按系统的不同层次来进行。根据上述对危险源的定义,危险源应由三个要素构成:潜在危险性、存在条件和触发因素。

潜在危险性:一旦触发事故,可能带来的危害程度或损失大小,或者说危险源可能释放的能量强度或危险物质量的大小。

存在条件:危险源所处的物理状态、化学状态和约束条件状态。例如,物质的压力、温度、化学稳定性,压力容器的坚固性,周围环境障碍物等情况。

触发因素:虽然不属于危险源的固有属性,但它是危险源转化为事故的外因,而且每一类型的危险源都有相应的敏感触发因素。如对于易燃易爆物质,热能是它们的敏感触发因素;又如对于压力容器,压力升高是其敏感触发因素。因此,一定的危险源总是与相应的触发因素相关联。在触发因素的作用下,危险源转化为危险状态,继而转化为事故。

事故隐患:作业场所、设备及设施的不安全状态,人的不安全行为和管理上的缺陷。它实质上是有危险的、不安全的、有缺陷的"状态",这种状态可在人或物上表现出来,如人走路不稳、路面太滑都是导致摔倒致伤的隐患;也可表现在管理的程序、内容或方式上,如检查不到位、制度不健全、人员培训不到位等。

重大事故隐患:可能导致重大人身伤亡或者重大经济损失的事故隐患,加强对重大事故隐患的控制管理,对于预防特大安全事故有重要意义。

危险源与事故隐患之间的联系:一般来说,危险源可能存在事故隐患,也可能不存在事故隐患,对于存在事故隐患的危险源一定要及时加以整改,否则随时都可能导致事故。实际工作中,对事故隐患的控制管理总与一定的危险源联系在一起,因为没有危险的隐患也就谈不上要去控制它;而对危险源的控制,实际上就是消除其存在的事故隐患或防止其出现事故隐患。所以,二者之间存在紧密的联系。

2.5.2　危险源辨识

辨识危险源时要考虑危险源的三种状态(正常、异常、紧急)、三种时态(过去、现在、将来),同时也要考虑六个方面(劳动防护用具、工器具、作业行为、接触的设备设施、相关方、作业环境)。在危险源辨识的基础上进行危险源的风险评价,依据风险评价的结果确定危险源的控制措施。要根据新工艺、新物质、新厂区、危险源辨识新知识、OHS(职业健康和安全)法规变化等提出相应的控制措施。

危险源辨识、风险评价和风险控制策划的步骤如下。

(1)划分作业活动:编制一份作业活动表,内容包括厂房、设备、人员和程序,并收集有关信息。

(2)辨识危险源:辨识与作业活动有关的主要危险源。考虑谁会受到伤害以及如何受到伤害。

(3)确定风险:在假定计划的或现有的控制措施适当的情况下,对与各项危险源有关的风险作出主观评价。还应考虑控制的有效性以及一旦失败所造成的后果。

(4)确定风险是否可承受:判断计划的或现有的职业健康和安全预防措施是否已把危害控制住并符合法律法规、标准的要求。

(5)制订风险控制措施计划:编制计划以处理评价中发现的、需要重视的任何问题。应确保新的和现行的控制措施仍然适当和有效。

(6)评审措施计划的充分性:针对已修正的控制措施,重新评价风险,并检查风险是否可承受。

2.5.3　危险源的基本分类

根据危险源在事故发生、发展中的作用,把危险源划分为两大类,即第一类危险源和第二类危险源。

1)第一类危险源

第一类危险源:系统中存在的、可能发生意外释放的能量或危险物质。

(1)考察内容。第一类危险源的危险性主要表现为导致事故的后果的严重程度方面。评价第一类危险源的危险性时,主要考察以下几方面情况。①能量或危险物质的量。第一类危险源导致事故的后果的严重程度主要取决于事故发生时意外释放的能量的大小或危险物质的多少。一般来说,第一类危险源拥有的能量越大或危险物质越多,事故发生时可能意外释放的量也多。因此,第一类危险源拥有的能量或危险物质的量是危险性评价中最重要的指标。当然,有时也会有例外的情况——有些第一类危险源拥有的能量或危险物质只能部分意外释放。②能量或危险物质意外释放的强度。这里是指事故发生时单位时间内释放的量。在意外释放的能量或危险物质的总量相同的情况下,释放强度越大,能量或危险物质对人员或物体的作用越强烈,造成的后果越严重。③能量的种类和危险物质的危险性。不同种类的能量造成人员伤害、财物破坏的机理不同,其后果也很不相同。危险物质的危险性主要取决于自身的物理、化学性质。燃烧爆炸性物质的物理、化学性质决定其导致火灾、爆炸事故的难易程度及事故后果的严重程度。工业毒物的危险性主要取决于其自身的毒性大小。④意外释放的能量或危险物质的影响范围。事故发生时意外释放的能量或危险物质的影响范围越大,可能遭受其作用的人或物越多,事故造成的损失越大。例如,有毒有害气体泄漏时可能影响到下风侧的很大范围。

（2）评价方法。评价第一类危险源的危险性的主要方法有后果分析和划分危险等级两种。①后果分析,即通过详细分析、计算意外释放的能量、危险物质造成的人员伤害和财物损失,定量地评价危险源的危险性。后果分析需要的数学模型准确程度较高,需要的数据较多,计算过程复杂,一般仅用于危险性特别大的重大危险源的危险性评价。②划分危险等级是一种相对的危险性评价方法。它通过比较危险源的危险性,人为地划分出一些危险等级来区分不同危险源的危险性,为采取危险源控制措施或进行更详细的危险性评价提供依据。一般来说,危险等级越高,危险性越大。

第一类危险源的伤害事故类型如表 2-1 所示。

表 2-1　第一类危险源的伤害事故类型

事故类型	能源类型	能量载体或危险物质
物体打击	导致物体落下、抛出、破裂、飞散的设备	落下、抛出、破裂、飞散的物体
车辆伤害	车辆、使车辆移动的牵引设备、坡道	运动的车辆
机械伤害	机械的驱动装置	机械运动部分
起重伤害	起重、提升机械	被吊起的重物
触电	电源装置	带电体、高跨步电压区域
灼烫	热源设备、加热设备、炉、灶、发热体	高温体、高温物质
火灾	可燃物	火焰、烟气
高处坠落	高差大的场所,人员借以升降的设备、装置	人体
坍塌	土石方工程的边坡、料堆、料仓、建筑物、构建物	边坡土(岩)体、物体、建筑物、构建物、载荷
冒顶片帮	矿山采掘空间的围岩体	顶板、两帮围岩
放炮、火药爆炸	炸药	—
瓦斯爆炸	可燃性气体、可燃性粉尘	—
锅炉爆炸	锅炉	蒸汽
容器爆炸	压力容器	内容物
淹溺	江、河、洪水、储水容器等	水
中毒和窒息	产生、储存有毒有害物质的装置、容器等	有毒有害物质

2）第二类危险源

第二类危险源：导致约束、限制能量措施失效或破坏的各种不安全因素。表现形式如图 2-7 所示。

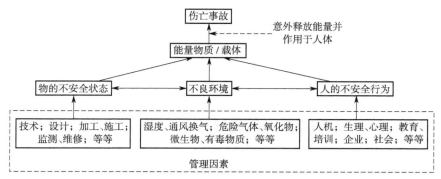

图 2-7　第二类危险源的表现形式

第二类危险源的直接原因是物的不安全状态、人的不安全行为和不良环境，间接原因则是管理不善。管理不善是物的不安全状态、人的不安全行为和不良环境的直接原因。

（1）物的故障（物的不安全状态）：包括可能导致事故发生和危险扩大的设计缺陷（卫生和火灾防护距离、通道障碍等）、工艺缺陷、设备缺陷、保护措施和安全装置的缺陷。

（2）人的失误（人的不安全行为）：包括不采取安全防护措施、误操作、不按规定的方法操作和其他不安全的行为。

（3）环境因素（不良环境）：可能造成职业病、中毒的劳动环境和条件，包括物理的（噪声、振动、湿度、辐射）、化学的（易燃易爆、有毒、危险气体、氧化物等）和生物因素（细菌、病毒、有机溶剂、重金属、病原体等）。

一起事故的发生往往是两类危险源共同作用的结果。第一类危险源的存在是发生事故的前提，第二类危险源的出现是第一类危险源导致事故的必要条件，它们分别决定事故的严重程度和可能性大小，两类危险源共同决定危险源的危险程度。

事故发生、发展过程中，两类危险源相互依存、相辅相成。第一类危险源释放出的能量是导致人员伤害或财物损坏的主体，决定事故后果的严重程度；第二类危险源出现的难易决定事故发生的可能性大小。两类危险源共同决定危险源的危险性。第二类危险源的控制应该在第一类危险源控制的基础上进行。

第 3 章　本质安全化方法

本质安全化是指系统的安全技术与安全管理水平已达到本部门的基本要求,系统可以较为安全可靠地运行。控制事故应当采取本质安全化方法,从物的方面考虑,主要包括降低事故发生概率和降低事故严重程度两个方面。

3.1　降低事故发生概率的措施

最根本的措施是:设法使系统达到本质安全化,使系统中的人、物、环境和管理安全化。一旦设备或系统发生故障,能自动排除、切换或安全地停止运行;当人为操作失误时,设备、系统能自动保证人机安全。要达到系统的本质安全化,可采取以下综合措施。

1. 提高设备的可靠性

提高设备的可靠性主要包括:①提高元件的可靠性;②增加备用系统;③对在恶劣环境下运行的设备采取安全保护措施;④加强预防性维修。

可靠性:研究对象在规定条件下、规定时间内完成规定功能的能力。

可靠度:研究对象在规定条件下、规定时间内完成规定功能的概率。

不可靠度:研究对象在规定条件下、规定时间内丧失规定功能的概率。

故障:设备在工作过程中,因某种原因丧失规定功能或危害安全的现象。

可靠度表示为

$$R_t = e^{-\int_0^t \lambda(t)\,dt} \tag{3-1}$$

式中　$\lambda(t)$——故障率,单位时间发生故障的比率,表明系统、元素发生故障的难易程度;

　　　t——故障时间,系统或元素自投入运行开始到故障发生的时间,故障时间的平均值 $\theta = 1/\lambda$。

对于随机故障,故障率近似为常数,即 $\lambda(t) = \lambda$,因此

$$R_t = e^{-\lambda t} \tag{3-2}$$

到 t 时刻,系统或元素发生故障的概率 $F(t)$ 为

$$F(t) = 1 - R_t = 1 - e^{-\lambda t} \tag{3-3}$$

实践证明大多数设备的故障率是时间的函数,典型的故障曲线两头高、中间低,有些像浴盆,所以称为"浴盆曲线",如图 3-1 所示。产品从投入到报废为止的整个寿命周期内,故障率随使用时间变化分为三个阶段:早期失效期、偶然失效期和耗损失效期。

第一阶段是早期失效期,也称初期故障:产品在开始使用时,故障率很高,但随着产

品工作时间的增加,故障率迅速降低,这一阶段的失效大多是由设计、原材料和制造过程中的缺陷造成的。

为了缩短这一阶段的时间,产品应在投入运行前进行试运转,以便及早发现、修正和排除故障,或通过试验进行筛选,剔除不合格品。

第二阶段是偶然失效期,也称随机故障:这一阶段的特点是故障率较低且较稳定,往往可近似看作常数,产品可靠性指标所描述的就是这个时期,这一时期是产品的良好使用阶段。偶然失效的主要原因是质量缺陷、材料弱点、环境和使用不当等。

第三阶段是耗损失效期,也称磨损故障:该阶段的故障率随时间的延长而急速增加,主要由磨损、疲劳、老化和耗损等原因造成。

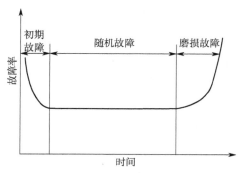

图 3-1　浴盆曲线

1)串联系统

串联系统如图 3-2 所示。

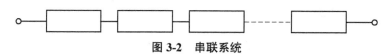

图 3-2　串联系统

由 n 个元素组成的串联系统,可靠度 R_s 等于各元素可靠度 R_i 的乘积。由此可知,组成系统的元素越多,系统可靠度越低。

$$R_s = R_1 R_2 R_3 \cdots R_n = \prod_{i=1}^{n} R_i \qquad (3\text{-}4)$$

例:组成串联系统的三个元素的平均故障时间分别为 200 h、80 h、300 h,求系统的平均故障时间。

解:串联系统可靠度为

$$R_s = R_1 R_2 R_3 = e^{-\lambda_1 t} e^{-\lambda_2 t} e^{-\lambda_3 t} = e^{-(\lambda_1 + \lambda_2 + \lambda_3) t}$$

而 $\lambda_1 + \lambda_2 + \lambda_3 = 1/\theta_1 + 1/\theta_2 + 1/\theta_3 = 1/200 + 1/80 + 1/300 = 1/48$,故

$$R_s = e^{-\frac{1}{48} t}$$

由此可知,系统平均故障时间为 48 h。

2）并联系统

并联系统如图 3-3 所示。

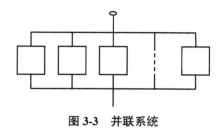

图 3-3 并联系统

并联系统的故障概率 F_s 等于各元素故障概率 F_i 的乘积，即

$$F_s = \prod_{i=1}^{n} F_i \tag{3-5}$$

并联系统的可靠度为

$$R_s = 1 - F_s = 1 - \prod_{i=1}^{n}(1 - R_i) \tag{3-6}$$

例：某种元素的故障率为 0.002 1 h^{-1}，试计算由三个这种元素构成的并联系统投入运行 100 h 后的可靠度。

解：元素运行 100 h 后的可靠度为

$$R_i = e^{-\lambda t} = e^{-0.0021 \times 100} = 0.81$$

则系统可靠度为

$$R_s = 1 - \left(1 - R_i\right)^3 = 1 - \left(1 - 0.81\right)^3 = 0.99$$

并联系统可靠度如图 3-4 所示。

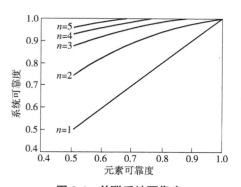

图 3-4 并联系统可靠度

除串联和并联系统外，还有备用系统和表决系统。

备用系统：备用系统的冗余元素平时处于备用状态，当原有元素故障时才投入运行。

表决系统：构成系统的 n 个元素中有 k 个不发生故障，系统就能正常运行的系统。

提高系统可靠性的途径：选用可靠度高的元素、采用冗余系统、改善系统运行条件、加强预防性维修保养。

2. 选用可靠的工艺和技术，降低危险因素的感度

危险因素的感度是指危险因素转化成为事故的难易程度。例：大庆石化塑料厂线性车间烷基铝烧伤事故。

2004年6月29日8时40分，生产五班班长组织"置换排放气回收系统"过程中，操作人员采用水解法处理系统内的三乙基铝，从凝液回收泵入口甩头接胶管至水解桶，在阀门打开后，因水解桶内反应微弱，再开大阀门时，胶管脱落，三乙基铝外泄，在空气中自燃，将操作人员之一的狄某（男，36岁）烧伤，烧伤面积达51%，8月9日狄某因肾功能衰竭而死亡。

事故直接原因：操作人员未采用带丝扣的胶管；未采用铁丝将胶管捆绑固定；未经过作业负责人同意就加大排放量；三乙基铝作业过程中，操作人员未穿防火服导致烧伤。

3. 提高系统的抗灾能力

系统的抗灾能力是指系统在受到自然灾害或外界事物干扰时，自动抵抗而不发生事故的能力，或者指系统中出现某危险事件时，系统自动将事态控制在一定范围的能力。启用安全备用系统、安全装置、安全设施、安全监控可提高系统的抗灾能力。

4. 减少人为失误

（1）进行安全知识、安全技能、安全态度教育和训练。
（2）改善工作环境和劳动条件。
（3）用自动化、机械化操作代替人工操作。
（4）用人机工程学原理进行系统设计。

5. 加强监督检查

建立健全各种机制、制度。只有加强安全检查工作，才能保障安全。

3.2　降低事故严重程度的措施

事故严重程度是指因事故造成的财产损失和人身伤亡的严重程度。可通过采取以下措施来降低事故严重程度：①限制能量或分散风险（限流、限速、限压等）；②采取防止能量逸散的措施（密封、屏蔽等）；③加装缓冲能量的装置（缓冲器、安全阀）；④采取避免人身伤亡的措施（劳保用品、遥控、避难）。

对可能导致事故扩大的条件进行排除，缩小事故影响范围是其根本目的。

3.3　人机匹配法

1）防止人的不安全行为

要对人员的结构和素质情况进行分析，找出容易发生事故的人员层次和个人以及最常见的人的不安全行为。在对人的身体、生理、心理进行检查测验的基础上合理选配人员，根据人的生理及性格特点分配工作。

从研究行为科学出发，加强对人的教育、训练和管理，提高人的生理、心理素质，增强其安全意识，提高其安全操作技能，从而最大限度地减少、消除不安全行为。可采取的具体措施如下。

（1）进行职业适应性检查。

（2）进行人员的合理选拔和调配。

（3）开展安全知识教育。

（4）开展安全态度教育。

（5）开展安全技能培训。

（6）制定作业标准和异常情况处理标准。

（7）开展作业前的培训。

（8）制定和贯彻实施安全生产规章制度。

（9）开好班前会。

（10）实行确认制。

（11）作业中进行巡视检查、监督指导。

（12）开展竞赛评比，奖罚分明。

（13）开展经常性的安全教育和活动。

2）防止物的不安全状态

防止物的不安全状态，重点放在提高技术装备的安全化水平上，必须大力推行本质安全技术。主要从设备的失误安全功能和故障安全功能两方面着手。

失误安全功能：操作者即使操控失误也不会发生事故和伤害。

故障安全功能：设备、设施发生故障或损坏时还能暂时维持正常工作或自动转变为安全状态。

3）人机相互匹配

人机匹配：人与机的合理组合，即显示器与人的感觉器官相结合；操纵控制器与人的运动器官相组合。人机匹配包括两方面的含义：一是人机功能匹配；二是人机在构型与性能特点上的匹配。从安全的角度出发，人机匹配主要解决以下问题。

（1）信息由机器的显示器传递到人，如何选择适宜的信息通道，避免信息通道过载而失误，以及如何设计显示器使其符合安全人机工程学原则。

（2）信息从人的运动器官传递给机器，如何探查人的极限能力和操作范围，如何设计控制器使其满足高效、安全、可靠、灵敏的要求。

（3）如何充分运用人和机各自的优势。

（4）怎样使人机界面的通道数和传递频率不超过人的能力，以及如何使机器适合大多数人的应用。

人与机器功能特征的比较如表 3-1 所示。

表 3-1　人与机器功能特征的比较

比较内容	人的特征	机器的特征
创造性	有创造能力，对问题有不同的见解	完全没有创造能力
信息处理	有各种思维能力	对信息有存储和提取能力，速度较快，有部分逻辑思维能力
可靠性	可靠性和自动结合能力超过机器，但受多种因素影响	可靠性高，自身检查和维修能力差，不能处理紧急事态
控制能力	在自由度和联系能力方面超过机器	操纵力、速度、精度超过人，需外加动力
工作效能	可依次完成多种功能，不能进行高阶运算，不能在恶劣环境下工作	能在恶劣环境下工作，可进行高阶运算，同时完成多种操纵
感受能力	能识别物体的大小、形状等，并对不同音色和某些化学物质有一定的分辨能力	在超声、辐射、微波等信号方面超过人的感受能力
学习能力	有	无
归纳性	能够从特定的情况推出一般的结论，具有归纳思维能力	只能理解特定事物
耐久性	易疲劳	耐久性高，能长期连续工作

根据人机特性的比较，为了充分发挥各自的优点，简单来说，人机功能合理分配的原则应该是：笨重的、快速的、持久的、可靠性高的、精度高的、规律性强的、单调的、高阶运算的、操作复杂的、环境条件差的工作，适合机器来做；而研究、创造、决策、指令和程序的编排、检查、维修、故障处理及应付突发事件等工作，适合人来承担。

人机相互匹配的目的就是极大限度地减少由于人不适应机所造成的人的失误，应符合如下原则。

（1）要选用最有利于发挥人的能力、提高人的操作可靠性的匹配方式，不要为图便宜，或为了容易设计，而选用不利于发挥人的能力特性的匹配方式。

（2）匹配方式要有利于使整个系统达到最大效率，但要避免对人提出能力所不及的要求。

（3）要使人操作起来方便、省力，避免选用在大部分工作时间内都要求人高度用力的匹配方式。

（4）要采用信息流程和信息加工过程自然的、使人容易学习的、差错少的匹配方式。

（5）不要采用需要人进行高度精密的、频繁的、简单重复或过于单调的、连续不停的、长时间精确计算的工作的匹配方式。

（6）匹配方式要使人认识到或感到自己的工作很有意义或很重要，不可把人安排为机器的辅助物,避免使人产生自己的工作是为机器服务的感受。

3.4　基本制度

1）我国安全生产管理体制

我国安全生产管理体制为企业负责、行业管理、国家监察、群众监督和劳动者遵章守纪。

企业负责:企业在其经营活动中必须对本企业的安全生产负全面责任,企业法定代表人应是安全生产的第一责任人。

行业管理:行业主管部门根据国家有关的方针政策、法规和标准,对行业的安全工作进行管理和监督检查,通过计划、组织、协调、指导和监督检查,加强对行业所属企业以及归口管理的企业安全工作的管理。

国家监察:国家授权有关政府部门代表国家根据国家法规对安全生产工作进行监察,具有相对的独立性、公正性和权威性。

群众监督:安全生产不可缺少的重要环节。随着新的经济体制的建立,群众监督的内涵也在扩大,不仅各级工会,而且社会团体、民主党派、新闻单位等对安全生产共同起监督作用。

劳动者遵章守纪:安全工作不可缺少的部分,是安全工作的基础。

2）企业安全管理制度——五项制度

企业安全管理制度是指企业为保障员工人身安全和财产安全、保障生产设备和环境安全建立的一套规范、科学、系统的管理制度。企业安全管理制度包括以下五个方面,简称"五项制度"。

（1）安全生产责任制度:明确企业各级领导和员工在安全生产中的职责和义务,建立健全安全生产责任制。

（2）安全生产管理制度:规定企业安全生产的管理体系和管理方法,包括安全生产组织架构、安全生产标准和规程、安全检查和评估等。

（3）安全教育培训制度:要求企业对员工进行安全教育和培训,提高员工的安全意识和应急处理能力。

（4）安全设施管理制度:规定企业在安全设施的设计、安装、使用和维护等方面的要求,确保设施设备处于安全运行状态。

（5）事故应急预案制度:建立事故应急预案和演练机制,规定事故应急响应程序、责任分工、资源调配等方面的内容,确保在发生事故时能够及时有效地应对。

企业安全管理制度的实施可以有效预防和减少事故的发生,提高企业的安全生产水平,保障员工和企业的利益。

本篇参考文献

[1] 科学技术部专题研究组. 国际安全生产发展报告[M]. 北京:科学技术文献出版社,2006.

[2] 陈全. 系统安全工程[M]. 天津:天津科学技术出版社,2010.

[3] 王福成,陈宝智. 安全工程概论[M]. 北京:煤炭工业出版社,2001.

[4] 李孜军,吴超. 企业安全管理知识问答[M]. 北京:中国劳动社会保障出版社,2004.

[5] 何学秋. 安全工程学[M]. 徐州:中国矿业大学出版社,2000.

[6] "'绿十字'安全基础建设新知丛书"编委会. 安全生产管理知识[M]. 北京:中国劳动社会保障出版社,2014.

[7] 全国注册安全工程师执业资格考试辅导教材编审委员会. 安全生产管理知识[M]. 北京:中国大百科全书出版社,2001.

[8] 生产安全事故报告和调查处理条例[EB/OL]. (2007-04-09)[2022-07-01]. https://flk.npc.gov.cn/detail2.html?ZmY4MDgwODE2ZjNlOThiZDAxNmY0MWY1YjI2ODAyM2Y.

[9] 中国就业培训技术指导中心,中国安全生产协会. 安全评价师:基础知识[M]. 2版. 北京:中国劳动社会保障出版社,2010.

[10] 张景林,林柏泉. 安全学原理[M]. 北京:中国劳动社会保障出版社,2009.

[11] 吴穹,许开立. 安全管理学[M]. 北京:煤炭工业出版社,2002.

[12] 天津市滨海新区安全生产监督管理局. 安全生产知识读本[M]. 北京:煤炭工业出版社, 2015.

[13] 刘景良. 安全管理[M]. 北京:化学工业出版社,2014.

第 2 篇

事故报告与调查处理

第4章　事故报告

4.1　事故上报规定

事故报告是指企事业单位发生伤亡事故后,事故现场有关人员(如负伤者或最先发现人)按照一定程序和内容要求向有关部门进行的紧急报告。

生产经营单位发生生产安全事故后,事故现场有关人员应当立即向单位负责人报告;单位负责人接到报告后,应当于1 h内向事故发生地县级以上人民政府安全生产监督管理部门(简称"安监部门")和负有安全生产监督管理职责的有关部门(简称"有关部门")报告。情况紧急时,事故现场有关人员可以直接向事故发生地县级以上人民政府安全生产监督管理部门和负有安全生产监督管理职责的有关部门报告。事故信息报送流程如图4-1所示。

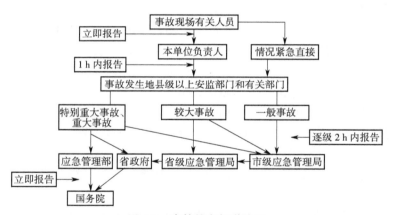

图4-1　事故信息报送流程

生产经营单位在发生生产安全事故后应及时向单位负责人和有关主管部门报告,并应及时采取应急救援措施,防止事故扩大,减少人员伤亡和财产损失。安全生产监督管理部门和负有安全生产监督管理职责的有关部门接到事故报告后,应当依照下列规定上报事故情况,并通知公安机关、劳动保障行政部门、工会和人民检察院。

(1)特别重大事故(简称"特大事故")、重大事故逐级上报至国务院安全生产监督管理部门和负有安全生产监督管理职责的有关部门。

(2)较大事故逐级上报至省、自治区、直辖市人民政府安全生产监督管理部门和负有安全生产监督管理职责的有关部门。

(3)一般事故上报至设区的市级人民政府安全生产监督管理部门和负有安全生产

监督管理职责的有关部门。

安全生产监督管理部门和负有安全生产监督管理职责的有关部门应当依照前款规定上报事故情况,同时报告本级人民政府。国务院安全生产监督管理部门和负有安全生产监督管理职责的有关部门以及省级人民政府接到发生特别重大事故、重大事故的报告后,应当立即报告国务院。

必要时,安全生产监督管理部门和负有安全生产监督管理职责的有关部门可以越级上报事故情况。

安全生产监督管理部门和负有安全生产监督管理职责的有关部门逐级上报事故情况,每级上报的时间不得超过 2 h。

4.2　事故报告类型

事故报告分为事故快报和事故统计月报。

4.2.1　事故快报

1. 事故快报的范围

事故快报的范围主要包括:工矿商贸企业伤亡事故;火灾、道路交通、水上交通、铁路交通、民航飞行、农用机械和渔业船舶伤亡事故及其他社会影响重大的事故和重特大未遂伤亡事故。

社会影响重大的事故和重特大未遂伤亡事故如下。

(1)造成 10 人以上(含 10 人)受伤(中毒、灼烫及其他伤害)的事故。

(2)造成 10 人以上(含 10 人)被困或下落不明的事故,涉险 50 人以上(含 50 人)的事故。

(3)紧急疏散人员 100 人以上(含 100 人)的事故,住院观察治疗 50 人以上(含 50 人)的事故。

(4)对环境(饮用水源、湖泊、河流、水库、空气等)造成严重污染的事故。

(5)危及重要场所和设施(车站、码头、港口、机场、人员密集场所、水利设施、军用设施、核设施、危化品库、油气站等)安全的事故。

(6)大面积火灾事故、人员密集场所和重要场所事故、严重爆炸事故。

(7)轮船翻沉,列车脱轨,城市地铁、轨道交通及民航飞行事故。

(8)建筑物大面积坍塌、大型水利电力设施事故、海上石油钻井平台垮塌倾覆事故。

(9)涉及外宾、重要人员的伤亡事故。

(10)其他社会影响重大的事故。

2. 事故快报的时限

接到事故信息后,按照以下规定报告。

(1)一次死亡(遇险)10 人以上(含 10 人)或社会影响重大的各类事故发生后,要在 6 h 内,逐级报告至应急管理部调度统计机构。

(2)一次死亡(遇险)3~9 人的各类事故发生后,要在 12 h 内,逐级报告至应急管理部调度统计机构。

(3)一次死亡 1~2 人的各类事故发生后,要在 24 h 内,逐级报告至省(区、市)应急管理部门调度统计机构。

(4)煤矿一次死亡 1~2 人的事故发生后,要在 24 h 内,逐级报告至应急管理部调度统计机构。

3. 事故快报的内容

(1)事故发生的时间(年、月、日、时、分)。

(2)事故发生地的行政区划(省、市、区、县、乡、镇)。

(3)事故发生的地点、区域。

(4)发生事故的单位全称、经济类型(国有、集体、个体、私营、股份制等)、生产经营规模(设计能力、实际生产能力、经营规模)。

(5)发生事故的车辆、船舶、飞行器、容器的牌号、名称、核载与实载情况。

(6)事故类型(按照《生产安全事故统计报表制度》的规定填写)。

(7)发生事故单位的安全评估等级和持证(生产许可证、安全许可证等)情况。

(8)事故现场总人数和伤亡(死亡、失踪、轻伤、重伤等)人数。

(9)事故简要情况(事故的经过及事故原因初步分析)。

(10)事故抢救和各级领导及有关人员赶赴现场组织事故抢救的有关情况。

4. 事故快报的方式

接到事故信息后,根据事故情况,按以下方式逐级报送。

(1)一次死亡(遇险)10 人以下的事故使用应急管理部统一的网络传输软件报送,尚不具备网络传输条件的可使用传真报送。

(2)一次死亡(遇险)10 人以上(含 10 人)的事故、社会影响重大的事故和重特大未遂伤亡事故发生后,使用网络传输软件和电话同时报告,不具备网络传输条件的使用传真和电话同时报告。

5. 事故跟踪

接到事故信息后,要及时跟踪续报事故抢救和处理情况,直至事故抢救工作结束。

(1)一次死亡(遇险)10 人以上(含 10 人)的事故、社会影响重大的事故和重特大未遂伤亡事故每天 2 次续报事故抢救进展情况。

（2）一次死亡（遇险）9人以下（含9人）的事故每天一次续报事故抢救进展情况。

6. 事故信息处理程序

接到生产安全事故信息后，调度值班人员应按照以下程序进行处理。

1）特大事故信息处理

（1）接到一次死亡（遇险）10人以上（含10人）的特大事故报告后，应立即向本部门领导和本单位领导汇报事故情况，起草《重要安全信息专报》，经单位领导签批后，及时报送上级安全生产调度统计机构。

（2）根据本单位领导的指示，通知有关部门领导参加事故处理会议，协调事故抢救的有关工作。

（3）起草事故抢救处理工作意见和调度通报，经单位领导签批后，下发有关单位。

（4）及时传达、转发上级安全监管部门、煤矿安全监察机构关于特大事故抢救处理工作的意见和调度通报。

2）重大事故信息处理

（1）接到一次死亡（遇险）3~9人的重大事故报告后，应立即向本部门领导或本单位领导汇报事故情况，填写事故卡片或起草《重要安全信息专报》，按照事故快报规定和本单位的有关要求，及时逐级报送事故情况。

（2）根据本单位领导的指示，通知有关部门领导参加事故处理会议，协调事故抢救处理的有关工作。

（3）根据本单位领导的指示，起草事故抢救处理工作意见和调度通报，经单位领导签批后，下发有关单位。

（4）及时传达、转发上级安全监管部门、煤矿安全监察机构关于重大事故抢救处理工作的意见和调度通报。

3）社会影响重大的事故和重特大未遂伤亡事故信息处理

社会影响重大的事故和重特大未遂伤亡事故信息处理等同于特大事故信息处理。

4）一般事故信息处理

接到一次死亡1~2人的事故报告后，应及时填写事故卡片，按规定逐级报送。或根据本单位的实际，参照重大事故的处理程序处理。

7. 举报信息处理程序

调度值班人员接到事故举报信息后，应按以下程序处理。

（1）及时填写《安全生产事故举报信息登记卡片》，报送有关部门调查核实。

（2）接到一次死亡10人以上（含10人）的特大事故举报信息后，应立即向本部门领导汇报，同时填写《特大事故举报信息表》，报送单位领导批转有关部门立即进行调查核实，特大事故举报信息一经核实，要按照事故报告的规定逐级报告。

（3）对于上级部门要求调查核实的举报信息，要尽快予以核实，核实情况要及时反馈。

4.2.2　事故统计月报

（1）报告部门。各类工矿商贸企业伤亡事故由安全生产监督管理部门负责统计报告；煤矿企业伤亡事故由煤矿安全监察机构负责统计报告（未设立煤矿安全监察机构的地区，由当地安全生产监督管理部门报告）。

（2）报告时限。省级安全生产监督管理部门和煤矿安全监察部门，在每月 5 日前报送上月事故统计报表。

国务院有关部门在每月 5 日前将上月事故统计报表抄送应急管理部。

（3）报告内容。主要包括事故发生单位的基本情况，事故造成的死亡人数、受伤人数、急性工业中毒人数，单位经济类型，事故类别，事故原因，直接经济损失，等等。

（4）报告方式。使用国家安全生产监督管理部门统一的伤亡事故统计软件通过专用网络报送伤亡事故统计卡片；尚不具备专用网络传输条件的单位，可使用公共网络报送事故统计卡片。

4.3　事故报告的统计规定

（1）所有生产经营单位（含非法生产经营单位）的伤亡事故均应进行统计（被公安机关列为刑事案件的除外）。

（2）工矿商贸企业事故、火灾事故、道路交通事故、铁路交通事故、农业机械事故、水上交通事故按事故发生地进行统计（船舶在境外和公海海域发生事故按户籍港进行统计）；民航飞行事故按飞行器注册地进行统计；渔业船舶事故按渔船户籍港进行统计。

（3）轻伤：损失工作日低于 105 日的暂时性全部丧失劳动能力的伤害。

（4）重伤：永久性丧失劳动能力及损失工作日等于或超过 105 日的暂时性全部丧失劳动能力的伤害。在 30 日内转为重伤的（因医疗事故而转为重伤的除外，但必须得到医疗事故鉴定部门的确认），均按重伤事故报告统计。如果来不及在当月统计，应在下月补报。超过 30 日的，不再补报和统计。

（5）死亡和失踪：道路交通、火灾和水上交通事故在 7 日内死亡或失踪超过 7 日的，均按死亡事故报告统计；其他事故在 30 日内死亡的（因医疗事故死亡的除外，但必须得到医疗事故鉴定部门的确认）或失踪超过 30 日的，均按死亡事故报告统计。如果来不及在当月统计，应在下月补报。超过上述事故规定报告期限死亡的，不再补报和统计。

第 5 章　事故调查

事故调查是指按事故严重程度组成相应的调查组,对事故进行调查和分析。事故调查的目的:弄清事故发生的经过;找出事故原因;吸取事故教训;研究事故规律,控制伤亡事故;为修正安全法规标准、强化劳动安全监察提供依据;分清事故责任;恢复、建立企业正常生产秩序。

5.1　事故调查处理程序

事故调查处理程序如图 5-1 所示。

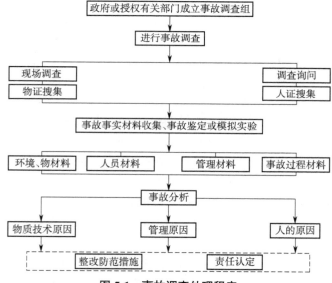

图 5-1　事故调查处理程序

5.1.1　生产安全事故调查

（1）特别重大生产安全事故由国务院或者国务院授权有关部门组织事故调查组进行调查。

（2）重大事故、较大事故、一般事故分别由事故发生地省级人民政府、设区的市级人民政府、县级人民政府负责调查。省级人民政府、设区的市级人民政府、县级人民政府可以直接组织事故调查组进行调查,也可以授权或者委托有关部门组织事故调查组进行调查。

（3）未造成人员伤亡的一般事故,县级人民政府也可以委托事故发生单位组织事故调查组进行调查。

对于事故性质恶劣、社会影响较大,同一地区连续频繁发生同类事故,事故发生地不重视安全生产工作、不能真正吸取事故教训,社会和群众对下级政府调查的事故反响十分强烈,事故调查难以做到客观、公正等的事故调查工作,上级人民政府可以调查由下级人民政府负责调查的事故。

事故调查工作实行"政府领导、分级负责"的原则,不管哪级事故,其事故调查工作都由政府负责;不管是政府直接组织的事故调查还是授权或者委托有关部门组织的事故调查,都在政府领导下,以政府的名义进行,都是政府的调查行为,不是部门的调查行为。

自事故发生之日起 30 日内(道路交通事故、火灾事故自发生之日起 7 日内),因事故伤亡人数变化导致事故等级发生变化,应当由上级人民政府负责调查的,上级人民政府可以另行组织事故调查组进行调查。

特别重大事故以下等级事故,事故发生地与事故发生单位不在同一个县级以上行政区域的,由事故发生地人民政府负责调查,事故发生单位所在地人民政府应当派人参与调查。

5.1.2　道路交通事故调查

《道路交通事故处理程序规定》(公安部令第 104 号)规定,"道路交通事故由发生地的县级公安机关交通管理部门管辖","上级公安机关交通管理部门在必要的时候,可以处理下级公安机关交通管理部门管辖的道路交通事故","发生一次死亡 3 人以上事故或者其他有重大影响的道路交通事故,应当立即向上一级公安机关交通管理部门报告,并通过所属公安机关报告当地人民政府;涉及营运车辆的,通知当地人民政府有关行政管理部门"。

《生产安全事故报告和调查处理条例》(国务院令第 493 号)规定:县级以上人民政府负责事故的调查处理工作;死亡 3~9 人的较大事故由设区的市级人民政府负责调查;设区的市级人民政府可以直接组织事故调查组进行调查,也可以授权或者委托有关部门组织事故调查组调查。

根据《中华人民共和国安全生产法》(简称《安全生产法》)和原国家安全生产监督管理总局"三定规定",县级以上地方各级人民政府负责安全生产监督管理的部门,对本行政区域内安全生产工作实施综合监督管理和指导协调,加强对有关部门和下级人民政府安全生产工作的监督和检查,但其综合监管的范围仅限于"涉及生产经营活动"的安全生产工作。

依照以上条款对比事故调查处理的主体得出:从事运输等生产经营活动的企业、自然人等发生的道路交通事故,应当由公安机关交通管理部门负责调查,但发生较大以上事故,一般死亡人数较多,影响较大,可由政府或者政府授权、委托相关部门牵头进行调查。因此,凡事故中的车辆涉及生产营运的,一般可以交由安全监管部门作为事故调查牵头单位;不涉及生产营运的,则应交由公安机关交通管理部门作为事故调查牵头单位。

5.1.3　火灾事故调查

《火灾事故调查规定》(公安部令第 108 号)规定,火灾事故调查由县级以上人民政府公安机关主管,并由本级公安机关消防机构实施;尚未设立公安机关消防机构的,由县级人民政府公安机关实施。铁路、交通、民航、林业公安机关消防机构负责调查其消防监督范围内发生的火灾。火灾事故调查由火灾发生地公安机关消防机构按下列分工进行:

(1)一次火灾死亡 10 人以上的,重伤 20 人以上或者死亡、重伤 20 人以上的,受灾 50 户以上的,由省、自治区人民政府公安机关消防机构负责调查;

(2)一次火灾死亡 1 人以上的,重伤 10 人以上的,受灾 30 户以上的,由设区的市或者相当于同级的人民政府公安机关消防机构负责调查;

(3)一次火灾重伤 10 人以下或者受灾 30 户以下的,由县级人民政府公安机关消防机构负责调查。

仅有财产损失的火灾事故调查,由省级人民政府公安机关结合本地实际作出管辖规定,报公安部备案。

5.2　事故调查组

1)成员的组成

事故调查组的组成应当遵循精简、效能的原则。

根据事故的具体情况,事故调查组由有关人民政府、应急管理部门、负有安全生产监督管理职责的有关部门、监察机关、公安机关以及工会派人组成,并应当邀请人民检察院派人参加。事故调查组可以聘请有关专家参与调查。

2)职责

(1)查明事故发生的经过。

(2)查明事故发生的原因。

(3)查明人员伤亡情况。

(4)查明事故的直接经济损失。

(5)认定事故性质,分析事故责任。

(6)对事故责任者提出处理建议。

(7)总结事故教训。

(8)提出防范和整改措施。

(9)提交事故调查报告。

3)纪律和期限

未经事故调查组组长允许,事故调查组成员不得擅自发布有关事故的信息。

事故调查组应当自事故发生之日起 60 日内提交事故调查报告;特殊情况下,经负责事故调查的人民政府批准,提交事故调查报告的期限可以适当延长,但延长的期限最长不超过 60 日。需要技术鉴定的,技术鉴定所需时间不计入该时限,其提交事故调查报告的时限可以顺延。

第6章　事故处理

事故处理就是有关人民政府按照《生产安全事故报告和调查处理条例》规定的期限,对事故调查报告及时作出批复,并督促有关机关、单位落实批复,包括对生产经营单位的行政处罚,对事故责任人行政责任的追究以及整改措施的落实等。

6.1　事故处理的原则和程序

事故处理的原则:①实事求是、尊重科学;②"四不放过"①;③公正、公开;④分级管辖。

事故处理的程序如下。

1)事故调查报告的批复

(1)特别重大事故的调查报告由国务院批复。

(2)重大事故、较大事故、一般事故的调查报告分别由负责事故调查的有关省级人民政府、设区的市级人民政府、县级人民政府批复。

(3)对于重大事故、较大事故、一般事故,负责事故调查的人民政府应当自收到事故调查报告之日起15日内作出批复。

(4)对于特别重大事故,应在30日内作出批复,特殊情况下,批复时间可以适当延长,但延长的时间最长不超过30日。

2)事故责任追究

有关机关应当按照人民政府的批复,依照法律、行政法规规定的权限和程序,对事故发生单位和有关人员进行行政处罚,对负有事故责任的国家工作人员进行处分。

事故发生单位应当按照负责事故调查的人民政府的批复,对本单位负有事故责任的人员进行处理。

负有事故责任的人员涉嫌犯罪的,依法追究刑事责任。

3)事故调查报告中防范和整改措施的落实及其监督

事故发生单位应当认真吸取事故教训,落实防范和整改措施,防止事故再次发生。防范和整改措施的落实情况应当接受工会和职工的监督。

应急管理部门和负有安全生产监督管理职责的有关部门应当对事故发生单位落实防范和整改措施的情况进行监督检查。

事故处理的情况由负责事故调查的人民政府或者其授权的有关部门、机构向社会公布,依法应当保密的除外。

---

①　事故原因未查清不放过,责任人员未处理不放过,整改措施未落实不放过,有关人员未受到教育不放过。

6.2　事故责任追究

事故责任追究,主要是通过对已发生事故的调查,找出事故的原因,分清事故的责任,惩治失职、渎职、玩忽职守和疏于管理的领导干部和事故直接责任者。最主要的目的是总结事故发生的教训和规律,找出有针对性的预防措施。

6.2.1　事故责任类别

事故责任者分为:①直接责任者,即其行为与事故的发生有直接关系的人员;②主要责任者,即对事故的发生起主要作用的人员;③领导责任者,指对事故发生负有领导责任的人员,包括重要领导责任者和主要领导责任者。

(1)有下列情况之一的人员,应负直接责任或主要责任:

①违章指挥或违章作业、冒险作业,造成事故的;

②违反安全生产责任制、操作规程,造成事故的;

③违反劳动纪律,擅自开动机械设备或擅自改、拆、毁、挪安全装置、设备,造成事故的。

(2)有下列情况之一的人员,应负领导责任:

①安全制度因素造成事故的;

②教育培训因素造成事故的;

③设备因素造成事故的;

④作业环境因素造成事故的;

⑤"三同时"因素造成事故的。

6.2.2　责任追究程序

(1)区分事故的性质——责任与非责任事故。

(2)分析事故责任:①依据事故调查确认的事实分析事故责任;②按照有关组织管理及生产技术因素,追究最初造成不安全状态(事故隐患)的责任;③按照有关技术规定的性质、明确程度、技术难度,追究明显属于违反技术规定的责任,不追究属于未知领域的责任。

(3)确定事故的责任者——直接责任者、主要责任者、重要领导责任者和主要领导责任者。

(4)提出事故责任处理意见:根据事故后果和责任者应负的责任、认识态度提出处理意见。

6.2.3　责任追究

1)刑事责任追究

根据《中华人民共和国刑法》,负有安全生产方面刑事责任的情况如下。

（1）在生产、作业中违反有关安全管理的规定，或强令他人违章冒险作业，因而发生重大伤亡事故或造成其他严重后果的。

（2）安全生产设施或安全生产条件不符合国家规定，因而发生重大伤亡事故或造成其他严重后果的。

（3）在安全事故发生后，负有报告职责的人员不报或谎报事故情况，贻误事故抢救，情节严重的。

2）行政责任追究

由于过失或没有履行工作职责造成生产安全事故的，对负有主要责任的从业人员和尚未构成犯罪的负有重要和主要领导责任的领导干部要追究行政责任。

行政责任追究分为行政处分和行政处罚。

6.2.4　法律责任

1）主要负责人的责任追究

事故发生单位主要负责人有下列行为之一的，处上一年年收入 40%~80%的罚款；属于国家工作人员的，并依法给予处分；构成犯罪的，依法追究刑事责任。

（1）不立即组织事故抢救的。

（2）迟报或者漏报事故的。

（3）在事故调查处理期间擅离职守的。

2）未尽到职责的主要负责人的责任追究

事故发生单位主要负责人未依法履行安全生产管理职责，导致事故发生的，依照下列规定处以罚款；属于国家工作人员的，并依法给予处分；构成犯罪的，依法追究刑事责任。

（1）发生一般事故的，处上一年年收入 30%的罚款。

（2）发生较大事故的，处上一年年收入 40%的罚款。

（3）发生重大事故的，处上一年年收入 60%的罚款。

（4）发生特别重大事故的，处上一年年收入 80%的罚款。

3）事故责任单位的经济处罚

事故发生单位对事故发生负有责任的，依照下列规定处以罚款：

（1）发生一般事故的，处 10 万元以上 20 万元以下的罚款；

（2）发生较大事故的，处 20 万元以上 50 万元以下的罚款；

（3）发生重大事故的，处 50 万元以上 200 万元以下的罚款；

（4）发生特别重大事故的，处 200 万元以上 500 万元以下的罚款。

4）事故责任关联单位、人员的附加处罚

事故发生单位对事故发生负有责任的，由有关部门依法暂扣或者吊销其有关证照；对事故发生单位负有事故责任的有关人员，依法暂停或撤销其与安全生产有关的执业资格、岗位证书；事故发生单位主要负责人受到刑事处罚或者撤职处分的，自刑罚执行完毕或者受处分之日起，5 年内不得担任任何生产经营单位的主要负责人。

为发生事故的单位提供虚假证明的中介机构,由有关部门依法暂扣或者吊销其有关证照及其相关人员的执业资格;构成犯罪的,依法追究刑事责任。

6.3　事故经济损失计算

伤亡事故经济损失按照《企业职工伤亡事故经济损失统计标准》(GB 6721—1986)进行计算。伤亡事故经济损失是指企业职工在劳动生产过程中发生伤亡事故所引起的一切经济损失,包括直接经济损失和间接经济损失。

直接经济损失指因事故造成人身伤亡及善后处理支出的费用和毁坏财产的价值。

间接经济损失指因事故导致产值减少、资源破坏和受事故影响而造成其他损失的价值。

1)直接经济损失的统计范围

(1)人身伤亡所支出的费用包括:医疗费用(含护理费用);丧葬及抚恤费用;补助及救济费用;歇工工资。

(2)善后处理费用包括:处理事故的事务性费用;现场抢救费用;清理现场费用;事故罚款和赔偿费用。

(3)毁坏财产的价值包括:固定资产损失价值;流动资产损失价值。

2)间接经济损失的统计范围

停产、减产损失价值;工作损失价值;资源损失价值;处理环境污染的费用;补充新职工的培训费用;其他损失费用。

本篇参考文献

[1] 李孜军,吴超. 企业安全管理知识问答[M]. 北京:中国劳动社会保障出版社,2004.

[2] 全国注册安全工程师执业资格考试辅导教材编审委员会. 安全生产管理知识[M]. 北京:中国大百科全书出版社,2001.

[3] 中华人民共和国安全生产法[EB/OL]. [2022-07-01]. https://flk.npc.gov.cn/detail2.html?ZmY4MDgxODE3YTY2YjgxNjAxN2E3OTU2YjdkYjBhZDQ.

[4] 中国就业培训技术指导中心,中国安全生产协会. 安全评价师:基础知识[M]. 2版. 北京:中国劳动社会保障出版社,2010.

[5] 应急管理部关于印发《生产安全事故统计调查制度》和《安全生产行政执法统计调查制度》的通知[EB/OL]. [2022-07-01]. https://www.mem.gov.cn/gk/tzgg/tz/202012/t20201202_373203.shtml.

[6] 生产安全事故报告和调查处理条例[EB/OL].（2007-04-09）[2022-07-01]. https://flk.npc.gov.cn/detail2.html?ZmY4MDgwODE2ZjNlOThiZDAxNmY0MWY1YjI2ODAy-M2Y.

[7] 火灾事故调查规定[EB/OL]. [2022-07-01]. https://www.mem.gov.cn/gk/zfxxgkpt/fdzdgknr/gz11/201207/t20120717_405721.shtml.

第 3 篇

消防安全管理

第7章 火灾基础知识

7.1 燃烧

燃烧理论主要分为活化能理论、链式反应理论和过氧化物理论。

活化能理论：物质分子间发生化学反应最先的条件是相互碰撞。在标准状态下，单位时间单位体积内气体分子相互碰撞约 10^{23} 次，但相互碰撞的分子不一定发生反应，只有少数具有一定能量的分子相互碰撞才会发生反应，这种分子称为活化分子。活化分子所具有的能量比普通分子高，使普通分子变为活化分子所必需的能量称为活化能。

链式反应理论：有焰燃烧都存在链式反应。当某种可燃物受热时，该可燃物的分子会发生热解作用从而产生自由基。自由基是一种高度活泼的化学形态，能与其他自由基和分子反应，使燃烧持续进行下去，这就是燃烧的链式反应。

过氧化物理论：气体分子在热能、辐射能、电能、化学反应能等各种能量作用下可被活化。在燃烧反应中，氧分子在热能作用下被活化形成过氧键（—O—O—）；过氧键接枝在被氧化分子链上形成过氧化物。这种过氧化物是强氧化剂，不仅能氧化形成过氧化物的物质，而且能氧化其他较难氧化的物质。例如在氢气和氧气反应的过程中，首先生成过氧化氢，然后过氧化氢再与氢气反应生成水，其反应式如下：

$$H_2 + O_2 \longrightarrow H_2O_2$$

$$H_2O_2 + H_2 \longrightarrow 2H_2O$$

有机过氧化物通常可看作过氧化氢的衍生物被烷基取代而生成的 ROOH 或 ROO⁻。烃类氧化时以破坏氧原子的一个键而不是两个键的方式进行。由于自由基的产生使反应具有链式反应的性质，因而反应可以自动延续，并且由于出现分支而自动加速。整个燃烧前的氧化过程是一连串有自由基参加的链式反应。

1. 固体燃烧

1）相关事故案例

【事故案例一】 2021 年 10 月 14 日凌晨 2 时 54 分，台湾高雄市盐埕区府北路某大楼发生大火，火势抢救不及，整栋楼一度陷入火海。高雄消防局共出动 31 个分队、72 台车辆、145 人前往现场救援。历经 13 h 灭火、抢救，现场搜寻。火灾造成 46 人死亡，43 人受伤。据报道，这是我国台湾近 26 年来最严重的一起火灾悲剧。火灾现场如图 7-1 所示。

该楼建成已 40 年，地上 12 层，地下 2 层，7~11 层为民众住宅，实际居住 139 人。

主要燃烧楼层为 1~6 层,7 层以上伤亡者多为吸入浓烟所致。

图 7-1　火灾现场

事故直接原因:黄姓女子与其郭姓男友于 13 日晚上在大楼 1 层套房内饮酒聊天,过程中黄姓女子点檀香粉驱蚊。13 日夜间 11 时左右,郭姓男子先行离开,14 日凌晨,黄姓女子将未完全熄灭的檀香粉直接倒入垃圾桶后离开,最终酿成惨案。

事故间接原因:起火点位于 1 层,是由郭姓男子占用的空户,当地违规停放 59 辆摩托车,周边堆置过多易燃物,这些都是造成大火一发不可收拾的原因。

【事故案例二】　2010 年 11 月 15 日 14 时,上海余姚路胶州路一栋高层公寓起火。大火最终造成 58 人死亡、71 人受伤的严重后果,建筑物过火面积达 12 000 m²,造成直接经济损失 1.58 亿元。

事故调查组查明,该起特别重大火灾事故是一起因企业违规造成的责任事故。

事故直接原因:在胶州路 728 号公寓大楼节能综合改造项目施工过程中,施工人员违规在 10 层电梯前室北窗外进行电焊作业,电焊溅落的金属熔融物引燃下方 9 层位置脚手架防护平台上堆积的聚氨酯保温材料碎块、碎屑,引发火灾。

事故间接原因:一是建设单位、投标企业、招标代理机构相互串通、虚假招标和转包、违法分包;二是工程项目施工组织管理混乱;三是设计企业、监理机构工作失职;四是市、区两级建设主管部门对工程项目监督管理缺失;五是静安区公安消防机构对工程项目监督检查不到位;六是静安区政府对工程项目组织实施工作领导不力。

【事故案例三】　2012 年 6 月 30 日 16 时许,天津蓟县某商厦发生火灾,造成 10 人死亡,16 人受伤。

事故原因:商厦一层东南角中转库房内空调电源线发生短路,引燃周围可燃物导致火灾发生。

2)相关概念介绍

轰燃:在一限定空间内可燃物的表面全部卷入燃烧的瞬变状态。

回燃:一个充满不完全燃烧产物的房间内流入氧气时发生的快速爆燃过程。

轰燃是火灾从发展阶段过渡到猛烈阶段的转折点,而回燃是火灾发展过程可能出现的现象,不但自身危害大,而且能引发轰燃、爆燃。

爆燃:以亚声速传播的爆炸。爆炸物质的变化速率为每秒数十米至百米,爆炸时压力不激增,没有爆炸特征的响声,破坏力较小。

爆炸:物质发生急剧氧化或分解反应,使温度、压力增加或两者同时增加的现象。

爆炸物质的变化速率为每秒百米至千米,爆炸时仅在爆炸点引起压力激增,有震耳的响声,破坏力较大。

阴燃:固体物质特有的燃烧形式。阴燃是一种在气固界面处的燃烧反应,是一种没有气相火焰的缓慢燃烧。易发生阴燃的材料大都质地松软、多孔或成纤维状,如纸张、木屑、锯末、烟草、纤维植物以及一些多孔性塑料等。阴燃的温度较低、燃烧速度慢,不易被发现,但在适当的条件下,长时间的阴燃可转变为有焰燃烧,酿成火灾;阴燃过程中产生的烟雾中含有可燃气体,有发生爆炸的危险性;阴燃发生在堆积物的内部,较难彻底扑灭,并且易发生复燃。因此阴燃具有很大的危险性。

固体燃烧类型:

(1)熔融蒸发式燃烧。如蜡烛,燃烧过程如下:

$$固 \xrightarrow[加热]{熔融} 液 \xrightarrow[加热]{汽化} 蒸气 \xrightarrow{氧} 产物$$

(2)升华式燃烧。如萘、樟脑等,燃烧过程如下:

$$固 \xrightarrow[加热]{升华} 蒸气 \xrightarrow{氧} 产物$$

(3)热分解式燃烧。如木材、煤、塑料等,燃烧过程如下:

$$固 \xrightarrow[加热]{热分解} 挥发分 \xrightarrow{氧} 产物$$

(4)固体表面燃烧。如木炭、焦炭等,燃烧过程如下:

$$固 + 氧 \longrightarrow 产物$$

(1)、(2)、(3)类最后燃烧的产物为气态,因此又叫同相燃烧,这类燃烧属于有焰燃烧;(4)类燃烧区存在两相,因此又叫异相燃烧,属于无焰燃烧。

2.液体燃烧

1)相关事故案例

【事故案例一】 2013 年 6 月 2 日,中石油大连石化分公司发生爆炸火灾事故,造成 4 人死亡,直接经济损失达 697 万元。近年来该公司连续发生多起同类事故,在社会上造成恶劣影响。

事故直接原因:非法分包的大连林沅建筑工程公司(以中国石油第七建设公司大连项目部工程七队名义)作业人员在三苯罐区一储罐罐顶违规违章进行气割动火作业,切割火焰引燃泄漏的甲苯等易燃易爆气体,回火至罐内引起储罐爆炸。

事故管理原因:①大连石化分公司企业安全生产主体责任和安全生产责任制不落实,没有认真吸取以往事故的教训,动火作业安全管理混乱,安全员擅自涂改动火作业票证,现场动火监护不力;②中国石油第七建设公司大连项目部对工程承包商管理不力,非法转包、以包代管,有章不循、违章作业;③管理人员安全意识淡薄,企业安全基础薄弱、安全管理松懈,作业人员特种作业证过期失效;④中国石油天然气集团公司及其中石油股份公司炼油化工分公司、中国石油工程建设分公司没有认真吸取以往事故的教训,对下属企业安全监管不到位、不得力;⑤大连市政府有关部门安全监管责任落实不到位,对大连石化的日常安全监管不认真、不严格。

【事故案例二】　2010年7月16日,位于辽宁省大连市保税区的大连中石油国际储运有限公司原油库输油管道发生爆炸,引发大火并造成大量原油泄漏,导致部分原油、管道和设备烧损,另有部分泄漏原油流入附近海域造成污染。事故造成1名作业人员轻伤、1名失踪;在灭火过程中,1名消防战士牺牲、1名受重伤。事故造成直接财产损失为22 330.19万元。事故简要过程如下。

7月15日15时30分,油轮开始向原油罐区卸油,两条卸油管线同时进行;7月15日20时,工人开始通过原油罐区内一条输油管道(内径为0.9 m)上的排空阀,向输油管道中注入脱硫化氢剂;7月16日13时,油轮暂停卸油作业,但注入脱硫化氢剂的作业没有停止;7月16日18时,在注入了88 m³脱硫化氢剂后,现场作业人员加水对脱硫化氢剂管路和泵进行冲洗;7月16日18时8分,靠近脱硫化氢剂注入部位的输油管道突然发生爆炸,部分输油管道、附近储罐阀门、输油泵房和电力系统损坏。

事故直接原因:中国石油国际事业有限公司(中国联合石油有限责任公司)下属的大连中石油国际储运有限公司同意、中油燃料油股份有限公司委托上海祥诚公司使用天津辉盛达公司生产的含有强氧化剂过氧化氢的脱硫化氢剂,违规在原油库输油管道上进行加注脱硫化氢剂作业,并在油轮停止卸油的情况下继续加注,造成脱硫化氢剂在输油管道内局部富集,发生强氧化反应,导致输油管道发生爆炸,引发火灾和原油泄漏。

事故间接原因:上海祥诚公司违规承揽加剂业务;天津辉盛达公司违法生产脱硫化氢剂,并隐瞒其危险特性;中国石油国际事业有限公司及其下属公司安全生产管理制度不健全,未认真执行承包商施工作业安全审核制度;中油燃料油股份有限公司未经安全审核就签订原油硫化氢脱除处理服务协议;中石油大连石化分公司及其下属石油储运公司未提出硫化氢脱除作业存在安全隐患的意见;中国石油天然气集团公司和中国石油天然气股份有限公司对下属企业的安全生产工作监督检查不到位;大连市安全监管局对大连中石油国际储运有限公司的安全生产工作监管检查不到位。

2)相关概念介绍

闪点:可燃物闪燃时的最低温度。在消防工作中,通常认为液体的闪点就是可能引起火灾的最低温度。根据闪点将液体火灾危险性分为三类,即闪点小于28 ℃的为甲类,闪点大于或等于28 ℃、小于60 ℃的为乙类,闪点大于或等于60 ℃的为丙类。根据闪点,可确定液体生产、加工和储存物品的火灾危险性类型,进而采取相应的安全措施。具体要求,可参考《建筑设计防火规范(2018年版)》(GB 50016—2014)。

值得注意:丁、戊类储存物品(难燃物品、不燃物品),当可燃包装质量超过了物品本身质量的1/4,或者可燃包装体积大于物品本身体积1/2时,应按丙类确定。

燃点:在规定的试验条件下,应用外部热源使物质表面起火并持续燃烧一定时间所需的最低温度。

闪燃:在液体表面能产生足够的可燃蒸气,遇火一闪即灭(小于5 s)的燃烧现象。

在一定温度条件下,液态可燃物表面会产生可燃蒸气,这些可燃蒸气与空气混合形成一定浓度的可燃性气体,当其浓度不足以维持持续燃烧时,遇火源能产生一闪即灭的火苗或火光,形成一种瞬间燃烧现象。

液体燃烧现象:对于液体火灾,比较有代表性的当属油罐火灾。主要表现为以下两种燃烧现象。

(1)沸溢现象:热波向液体深层传递热量时,会使油品中的乳化水汽化,大量蒸汽就要穿过油层向液面上浮,在上浮过程中形成油包水的气泡,从而使得液体体积膨胀,向外溢出,同时部分未形成气泡的油品也被下面的蒸汽膨胀力抛出罐外,使液面猛烈沸腾,这种现象称为沸溢现象。发生沸溢现象,原油一般要具有如下条件:

①原油具有形成热波的特性,即沸程宽,密度相差较大;

②原油中含有乳化水,水遇热波变成蒸汽;

③原油黏度较大,使水蒸气不容易从下向上穿过油层。

(2)喷溅现象:当热波达到油罐水垫层时,水垫层的水大量蒸发,蒸汽的体积迅速膨胀,以致把水垫层上面的液体层抛向空中,向罐外喷射的现象。

储罐着火时,应谨慎向罐内喷水灭火。

3. 气体爆炸

1)相关事故案例

【事故案例一】 2021 年 6 月 13 日 6 时 42 分许,位于湖北省十堰市某社区的集贸市场发生重大燃气爆炸事故,造成 26 人死亡、138 人受伤,其中重伤 37 人,直接经济损失约为 5 395.41 万元。事故调查组认定,这起重大燃气爆炸事故是一起重大生产安全责任事故。

事故直接原因:天然气中压钢管严重锈蚀破裂,泄漏的天然气在建筑物下方河道内密闭空间聚集,遇餐饮商户排油烟管道排出的火星发生爆炸。

调查报告显示,涉事建筑物由某汽车房地产有限公司向某物业划转时,未提示或告知下方有燃气管道穿过;当时负责运营维护事故管道的某中燃公司,从未对事故管道进行巡查,事发后巡线员为逃避责任追究,伪造补登了巡线记录。事发前 1 h 十堰市 110 指挥中心已接到管道泄漏报警电话,并派出民警到现场处置,燃气公司也派出抢修人员到现场处置。抢修 8 min 后,抢修人员告知公安、消防人员处置结束,可以撤离,民警与消防人员在现场继续观察警戒和做好安全监护,4 min 后发生爆炸。根据事故调查报告结果,11 名事故责任人已被公安机关采取措施。

【事故案例二】 2021 年 3 月 27 日,山东省济南市历城区某快餐店发生一起液化石油气泄漏爆燃事故,造成 3 人受伤,直接经济损失约 51 万余元。据调查,该快餐店员工朱某开启液化气钢瓶角阀后,由于液化气钢瓶角阀与减压阀、软管连接不牢固,大量液化气泄漏、积聚;朱某未能在第一时间对泄漏的液化气采取合理的应急处置方式,造成液化气与空气混合形成爆炸性气体,当遇到点火源后引起液化气爆燃,这是造成此起事故的直接原因。

【事故案例三】 2021 年 5 月 9 日,福建省福州市某能源有限公司在抽残区域发生液化石油气钢瓶爆炸事故,造成 4 人死亡、1 人受伤,直接经济损失达 495 万元。事故原因系液化石油气钢瓶在气体使用单位非法混入纯氧,导致液化石油气钢瓶在回收抽残过程中达到爆炸极限,因紊流发生瓶内化学爆炸。

【事故案例四】 2020 年 11 月 18 日,湖南省岳阳市汨罗市新市镇某土菜馆发生一起液化气罐泄漏燃爆事故,造成 34 人受伤,直接经济损失约为 760 万元。该土菜馆将新市气站提供的超期未检且已报废的存在重大安全隐患的气瓶随意放置在容易受阳光照射的玻璃门后,底座及下封头曲面部位严重变形的气瓶在阳光下持续曝晒,气瓶底座与罐体开裂,液化石油气泄漏后遇厨房明火发生爆燃。

【事故案例五】 2021 年 10 月 2 日,广西壮族自治区贵港市平南县同和镇练山村上付屯发生一起火灾引爆液化石油气罐事故,造成 2 人受伤。郑某驾驶的轻型厢式货车与空地上的液化石油气罐发生碰撞导致液化石油气大量泄漏,液化石油气大量泄漏后迅速以 250~350 倍的体积汽化,并沉积到地面,以泄漏点为中心,迅速向四周扩散,与空气形成混合气体,遇到点火源(如货车发动机的高温或货车排气管的高温、火花等情况),引起爆燃;泄漏的液化石油气瓶稳定燃烧,引燃货车及周边的液化石油气罐,引起液化石油气罐多次爆炸。

2)相关概念介绍

对于气体燃烧,按照可燃气与助燃气在燃烧前是否接触、充分混合,有焰燃烧可分为扩散燃烧和预混燃烧。

(1)扩散燃烧:可燃气和空气没有预先混合,而是边混合边进行燃烧的过程。家用煤气燃烧、固体燃烧、可燃液体液面燃烧等是最常见的扩散燃烧。扩散燃烧过程主要受扩散混合过程控制。

(2)预混燃烧:燃料和氧气(或空气)预先混合成均匀的混合气,预混合气在燃烧器内进行着火、燃烧的过程。密闭空间内,可燃气体泄漏与空气混合后遇点火源发生的爆炸,属于预混燃烧。预混燃烧过程主要受反应动力学控制。预混合气的燃烧有可能发生爆轰(以冲击波为特征,以超声速传播的爆炸)。发生爆轰时,其火焰传播速度非常快,一般超过音速,产生的压力也非常高,对设备的破坏非常严重。

7.2　火灾分类

火的使用是人类走向文明的重要标志,没有火就没有人类社会的进步,同时火也能给人类造成灾难。

火灾是指火在时间或空间上失去控制而蔓延的一种灾害性燃烧现象。火灾发生须具备以下三要素。

(1)可燃物。凡能与空气中的氧气或氧化剂起剧烈反应的物质称为可燃物,可燃物分为固体可燃物、液体可燃物、气体可燃物。

(2)助燃物。能帮助燃烧的物质为助燃物,常见的助燃物是空气、氧气以及氧化剂(如氯气和氯酸钾等)。

(3)着火源。凡能引起可燃物燃烧的能源统称着火源,包括明火、电火花、摩擦与撞击、高温体、雷电等。

1）根据起火原因分类

按起火原因，火灾可分为人为火灾和自然火灾。

（1）人为火灾主要包括以下几个方面。

①放火：刑事犯放火；精神病人、智障患者放火，自焚。

②违反电气设备安装安全规定：电气设备安装不合规定；导线保险丝不合格；避雷设备、排除静电设备未安装或不符合规定要求。

③违反电气设备使用安全规定：电气设备超负荷运行、导线短路、接触不良等。

④违反安全操作规定：电焊操作时，违反操作规定；在储存、运输易燃易爆物品时，发生摩擦、撞击和遇水、酸、碱、热等。

⑤吸烟。

⑥生活用火不慎。

⑦玩火：小孩玩火，燃放烟花、爆竹。

（2）自然火灾主要包括以下几个方面。

①自燃：可燃物在没有外部火花、火焰等火源的作用下，因受热或自身发热并蓄热产生自行燃烧的现象。自燃又可分为受热自燃和本身自燃。

受热自燃：由于外来热源的作用而发生的自燃。

本身自燃：由于其本身内部进行的生物、物理或化学过程而产生热，这些热在条件适合时足以使物质自动燃烧。

②自然灾害：闪电等。

2）根据燃烧对象分类

①固体可燃物火灾：普通固体可燃物燃烧引起的火灾，又称为 A 类火灾。

②液体可燃物火灾：液体或可熔化的固体物质火灾，如煤油、柴油、原油、甲醇、乙醇、沥青、石蜡、塑料等引起的火灾，又称为 B 类火灾。

③气体可燃物火灾：可燃气体引起的火灾，如煤气、天然气、甲烷、乙烷、丙烷、氢气等引起的火灾，又称为 C 类火灾。

④可燃金属火灾：可燃金属燃烧引起的火灾，如钾、钠、镁、铝镁合金等引起的火灾，又称为 D 类火灾。

⑤带电火灾：物体带电燃烧的火灾，又称为 E 类火灾。

⑥烹饪火灾：烹饪器具内的烹饪物燃烧引起的火灾，又称为 F 类火灾。

《火灾分类》（GB/T 4968—2008）将火灾分为 A~F 类，但《建筑灭火器配置设计规范》（GB 50140—2005）将火灾分为 A~E 类。

3）根据火灾发生地点分类

①地上建筑火灾：发生在地表面建筑物内的火灾。

②地下建筑火灾：发生在地表面以下建筑物内的火灾。

③水上火灾：发生在水面上的火灾。

④空间火灾：发生在飞机、航天飞机和空间站等航空及航天器中的火灾。

4）根据火灾损失严重程度分类

①特别重大火灾：30人以上死亡，或100人以上重伤，或1亿元以上直接财产损失。

②重大火灾：10人以上30人以下死亡，或50人以上100人以下重伤，或5 000万元以上1亿元以下直接财产损失。

③较大火灾：3人以上10人以下死亡，或10人以上50人以下重伤，或1 000万元以上5 000万元以下直接财产损失。

④一般火灾：3人以下死亡，或10人以下重伤，或1 000万元以下直接财产损失。

注："以上"包括本数，"以下"不包括本数。

7.3　灭火方式

1）灭火器的选择

A类火灾：水型灭火器、磷酸铵盐（ABC）干粉灭火器、泡沫灭火器。

B类火灾：泡沫灭火器、碳酸氢钠（BC）干粉灭火器、ABC干粉灭火器、二氧化碳灭火器、水型灭火器、洁净气体灭火器。（极性溶剂的B类火灾场所应选择灭B类火灾的抗溶性灭火器。）

C类火灾：BC或ABC干粉灭火器、二氧化碳灭火器、洁净气体灭火器。

D类火灾：扑灭金属火灾的专用灭火器。

E类火灾：BC或ABC干粉灭火器、二氧化碳灭火器（不得选用装有金属喇叭喷筒的灭火器）、洁净气体灭火器。

F类火灾：干粉灭火器、二氧化碳灭火器、洁净气体灭火器。

2）灭火的基本原理

由燃烧必须具备的几个基本条件可以得知，灭火就是破坏燃烧条件使燃烧反应终止的过程。其基本原理归纳为以下四个方面：冷却、隔离、窒息和化学抑制。

（1）冷却灭火：根据可燃物发生燃烧时必须达到一定的温度这个条件，将灭火剂直接喷洒在燃烧的物体上，使可燃物的温度降低到燃点以下从而使燃烧停止。用水进行冷却灭火是扑救火灾的最常用方法。常用水、二氧化碳作为灭火剂。

（2）隔离灭火：将正在燃烧的物质和周围未燃烧的可燃物隔离，中断可燃物的供给，使燃烧因缺少可燃物而停止。比如：火灾中，关闭管道阀门，切断流向着火区的可燃气体和液体管道；打开有关阀门，使已经燃烧的容器或受到火焰烧烤、辐射的容器中的液体可燃物通过管道引流到安全区；拆除与火源毗连的易燃建筑物，撤走火源附近的可燃物；等等。

（3）窒息灭火：防止空气流入燃烧区，或者用惰性气体稀释空气而熄灭火灾。这种灭火方法，适用于扑救封闭性较强的空间或设备容器内的火灾。如采用石棉被等不燃或难燃材料覆盖燃烧物或封闭孔洞，将惰性气体充入燃烧区域内。

（4）化学抑制灭火：灭火剂参与燃烧链式反应，让燃烧过程中产生的自由基快速消失，形成稳定分子或低活性的自由基，进而使燃烧反应停止。如采用干粉灭火剂灭火。

第 8 章　消防器材的维护与管理

8.1　灭火器日常管理

已被列入国家颁布的淘汰目录的灭火器有:①酸碱型灭火器;②化学泡沫型灭火器;③倒置使用型灭火器;④氯溴甲烷、四氯化碳灭火器;⑤ 1211 灭火器;⑥ 1301 灭火器;⑦国家明令淘汰的其他类型灭火器。

建筑(场所)使用管理单位确定专门人员,对灭火器进行日常检查,并根据生产企业提供的灭火器使用说明书,对员工进行灭火器操作使用培训。建筑灭火器日常检查分为巡查和检查两种情形。

巡查是在规定周期内对灭火器直观属性(灭火器配置点状况,灭火器数量、外观、维修标识以及灭火器压力指示器等)进行的检查,重点单位每天至少巡查一次,其他单位每周至少巡查一次。

检查是在规定期限内根据消防技术标准对灭火器配置和外观进行的全面检查,全面检查每月进行一次,候车(机、船)室、歌舞娱乐放映游艺等人员密集的公共场所以及堆场、罐区、石油化工装置区、加油站、锅炉房、地下室等场所配置的灭火器每半个月检查一次。

1)保修条件

日常检查中,发现存在机械损伤、明显锈蚀、灭火剂泄漏、被开启使用过、达到灭火器维修年限或者符合其他报修条件的灭火器,建筑使用管理单位应及时按照规定程序报修。

2)维修年限

(1)手提式、推车式水基型灭火器出厂满 3 年,首次维修以后每满 1 年进行维修。

(2)手提式、推车式干粉灭火器,洁净气体灭火器,二氧化碳灭火器出厂满 5 年,首次维修以后每满 2 年进行维修。

应分批送修灭火器,一次送修数量不得超过计算单元配置灭火器总数量的 1/4。超过时,需要选择相同类型、相同操作方法的灭火器替代,且其灭火级别不得小于原配置灭火器的灭火级别。

3)灭火器报废年限

手提式、推车式灭火器出厂时间达到或者超过下列规定期限的,均予以报废处理:

(1)水基型灭火器出厂满 6 年;

(2)干粉灭火器、洁净气体灭火器出厂满 10 年;

(3)二氧化碳灭火器出厂满 12 年。

8.2　安全疏散的日常管理

安全出口是指供人员安全疏散用的楼梯间、室外楼梯的出入口或直通室内外安全区域的出口,设置安全出口是为了保证在火灾时能够迅速安全地疏散人员和抢救物资,减少人员伤亡,降低火灾损失。防火检查中,通过对安全出口的数量、宽度、间距、畅通性等进行检查,核实安全出口的设置是否符合现行国家工程消防技术标准的要求。建筑物的安全出口在使用时应保持畅通,不得设有影响人员疏散的突出物和障碍物,安全出口的门向疏散方向开启。

疏散出口包括安全出口和疏散门。疏散门是指直接通向疏散走道的房间门、直接开向疏散楼梯间的门(如住宅的户门)或室外的门。防火检查中,通过对疏散门的数量、宽度、间距、开启方向、畅通性等进行检查,核实疏散门的设置是否符合现行国家工程消防技术标准的要求。

厂房内的疏散宽度:疏散楼梯的最小净宽度不宜小于 1.1 m,疏散走道的最小净宽度不宜小于 1.4 m,门的最小净宽度不宜小于 0.9 m,首层外门的最小净宽度不应小于 1.2 m。

公共建筑的疏散宽度:除另有规定外,公共建筑内疏散门和安全出口的净宽度不应小于 0.9 m,疏散走道和疏散楼梯的净宽度不应小于 1.1 m。

人员密集场所的疏散宽度:人员密集的公共场所、观众厅的疏散门不应设置门槛,其净宽度不应小于 1.4 m,且紧靠门口内外各 1.4 m 范围内不应设置踏步。人员密集的公共场所的室外疏散通道的净宽度不应小于 3 m,并应直接通向宽敞地带。

1)疏散门的形式

疏散门的形式根据建筑类别、使用性质进行确定。

(1)民用建筑和厂房的疏散门采用向疏散方向开启的平开门,不得采用推拉门、卷帘门、吊门、转门和折叠门。

(2)仓库的疏散门采用向疏散方向开启的平开门,但丙、丁、戊类仓库首层靠墙的外侧可采用推拉门或卷帘门。

(3)电影院、剧场的疏散门采用甲级自动推闩式外开门。

(4)人员密集场所,设置门禁系统的住宅、宿舍、公寓建筑的外门,要保证火灾时不需使用钥匙等任何工具即能从内部易于打开,并在显著位置设置标志和使用提示。

2)疏散门的畅通

除甲、乙类生产车间外,人数不超过 60 人且每道门的平均疏散人数不超过 30 人的房间,其疏散门的开启方向不限。开向疏散楼梯或疏散楼梯间的门,当门完全开启时,不得减少楼梯平台的有效宽度。疏散门在使用时应保持畅通,不得上锁或在其附近设有影响人员疏散的突出物和障碍物。

3)应急照明和疏散指示系统

消防应急照明和疏散指示系统在日常管理过程中应保持系统连续正常运行,不得随意中断,定期使系统进行自放电,更换应急放电时间小于 30 min(超高层小于 60 min)的产品或更换其电池,系统内的产品寿命应符合国家有关标准要求,达到寿命极限的产品应及时更换,当消防应急标志灯具的表面亮度小于 15 cd/m² 时,应马上进行更换。

每月检查消防应急灯具,如果发出故障信号或不能转入应急工作状态,应及时检查电池电压,如果电池电压过低,应及时更换电池;如果光源无法点亮或有其他故障,应及时通知产品制造商的维护人员进行维修或者更换。

每月检查应急照明集中电源、应急照明控制器的状态,如果发现故障声光信号应及时通知产品制造商的维护人员进行维修或者更换。

每季度检查和试验系统的下列功能:

(1)检查消防应急灯具、应急照明集中电源和应急照明控制器的指示状态;

(2)检查应急工作时间;

(3)检查转入应急工作状态的控制功能。

每年检查和试验系统的下列功能:

(1)除季度检查内容外,还应对电池进行容量检测试验;

(2)试验应急功能;

(3)试验自动和手动应急功能,进行与火灾自动报警系统的联动试验。

8.3　消防给水及消火栓的日常管理

消防给水及消火栓系统应有管理、检查检测、维护保养的操作规程,并应保证系统处于准工作状态。消防给水主要包括消防水源、供水设施、水泵接合器。消火栓主要包括室外消火栓(地上消火栓、地下消火栓)、室内消火栓。

1)消防水源

(1)每月对消防水池、高位消防水池、高位消防水箱等消防水源设施的水位等进行一次检测;消防水池、消防水箱玻璃水位计两端的角阀在不进行水位观察时应关闭。

(2)在冬季每天要对消防储水设施进行室内气温和水温检测,当结冰或室内气温低于 5 ℃时,要采取确保不结冰和气温不低于 5 ℃的措施。

(3)每年应检查消防水池、消防水箱等蓄水设施的结构材料是否完好,发现问题时及时处理。

2)供水设施

(1)每月应手动启动消防水泵运转一次,并检查供电电源的情况。

(2)每周应模拟消防水泵自动控制的条件自动启动消防水泵运转一次,且自动记录自动巡检情况,每月应检查记录。

(3)每日应对稳压泵的停泵、启泵压力和启泵次数等进行检查和记录运行情况。

(4)每日应对柴油机消防水泵的启动电池的电量进行检测,每周应检查储油箱的储油量,每月应手动启动柴油机消防水泵运转一次。

（5）每季度应对消防水泵的出水流量和压力进行一次试验。

（6）每月应对气压水罐的压力和有效容积等进行一次检测。

3）水泵接合器

（1）查看水泵接合器周围有无放置构成操作障碍的物品。

（2）查看水泵接合器有无破损、变形、锈蚀及操作障碍,确保接口完好、无渗漏、闷盖齐全。

（3）查看闸阀是否处于开启状态。

（4）查看水泵接合器的标志是否明显。

4）给水管网

（1）每月应对铅封、锁链进行一次检查,当有破坏或损坏时应及时修理更换。

（2）每月应对电动阀和电磁阀的供电和启闭性能进行检测。

（3）每季度应对室外阀门井中进水管上的控制阀门进行一次检查,并确保其处于全开启状态。

（4）每日应对水源控制阀进行外观检查,并保证系统处于无故障状态。

（5）每季度应对系统所有的末端试水阀和报警阀的放水试验阀进行一次放水试验,并检查系统启动、报警功能以及出水情况是否正常。

（6）在市政供水阀门处于完全开启状态时,每月应对倒流防止器的压差进行检测,且应符合现行国家标准《减压型倒流防止器》（GB/T 25178—2020）和《双止回阀倒流防止器》（CJ/T 160—2010）等的有关规定。

5）地下消火栓

地下消火栓应每季度进行一次检查保养,主要包括以下内容。

（1）用专用扳手转动消火栓启闭杆,观察其灵活性。必要时加注润滑油。

（2）检查橡胶垫圈等密封件有无损坏、老化或丢失等情况。

（3）检查栓体外表油漆有无脱落,有无锈蚀,如有应及时修补。

（4）入冬前检查消火栓的防冻设施是否完好。

（5）重点部位消火栓,每年应逐一进行一次出水试验,出水应满足压力要求。在检查中可使用压力表测试管网压力,或者连接水带进行射水试验,检查管网压力是否正常。

（6）随时消除消火栓井周围及井内可能积存的杂物。

（7）地下消火栓应有明显标志,要保持室外消火栓配套器材和标志的完整有效。

6）地上消火栓

（1）用专用扳手转动消火栓启动杆,观察其灵活性。必要时加注润滑油。

（2）检查出水口闷盖是否密封,有无缺损。

（3）检查栓体外表油漆有无脱落,有无锈蚀,如有应及时修补。

（4）入冬前应逐一进行出水试验,出水应满足压力要求。在检查中可使用压力表测试管网压力,或者连接水带进行射水试验,检查管网压力是否正常。

（5）定期检查消火栓前端阀门井。

（6）保持配套器材的完备有效,无遮挡。

7）室内消火栓

室内消火栓箱内应保持清洁、干燥,防止锈蚀、碰伤或其他损坏。每半年至少进行一次全面的检查维修。

室外阀门井中,进水管上的控制阀门应每个季度检查一次,确保其处于全开启状态。系统中所有的控制阀门均采用铅封或锁链固定在开启或规定的状态。每月应对铅封、锁链进行一次检查,当有破坏或损失时应及时修理更换。

8）其他

自动喷水灭火系统的维护与管理人员要经过消防专业培训,具备相应的从业资格证书。单位设有经过消防专业培训的维护管理人员,定期自行或委托具有维护保养资格的企业对系统进行检测、维护,确保机械防烟、排烟系统的正常运行。火灾自动报警系统的维护、管理和操作人员应持证上岗。

第9章　消防相关法律法规

9.1　《中华人民共和国消防法》

消防工作贯彻预防为主、防消结合的方针,按照政府统一领导、部门依法监管、单位全面负责、公民积极参与的原则,实行消防安全责任制,建立健全社会化的消防工作网络。

1)单位消防安全职责

（1）落实消防安全责任制,制定本单位的消防安全制度、消防安全操作规程,制定灭火和应急疏散预案。

（2）按照国家标准、行业标准（《消防安全标志　第1部分:标志》（GB 13495.1—2015））配置消防设施、器材,设置消防安全标志,并定期组织检验、维修,确保完好有效。

（3）对建筑消防设施每年至少进行一次全面检测,确保完好有效,检测记录应当完整准确,存档备查。

（4）保障疏散通道、安全出口、消防车通道畅通,保证防火防烟分区、防火间距符合消防技术标准。

（5）组织防火检查,及时消除火灾隐患。

（6）组织进行有针对性的消防演练。

（7）履行法律法规规定的其他消防安全职责。

2)消防安全重点单位安全职责

消防安全重点单位除履行单位消防安全职责外,还应当履行下列特殊的消防安全职责。

（1）确定消防安全管理人,组织实施本单位的消防安全管理工作。

（2）建立消防档案,确定消防安全重点部位,设置防火标志,实行严格管理。

（3）实行每日防火巡查,并建立巡查记录。

（4）对职工进行岗前消防安全培训,定期组织消防安全培训和消防演练。

任何单位不得损坏、挪用或者擅自拆除、停用消防设施、器材,不得埋压、圈占、遮挡消火栓或者占用防火间距,不得占用、堵塞、封闭疏散通道、安全出口、消防车通道。

9.2　《中华人民共和国刑法》

1)失火罪

失火罪是由于行为人的过失而引起火灾,造成严重后果,危害公共安全的行为。

立案标准:①导致死亡 1 人以上,或者重伤 3 人以上的;②导致公共财产或者他人财产直接经济损失 50 万元以上的;③造成 10 户以上家庭的房屋以及其他基本生活资料烧毁的。

犯失火罪的,处三年以上七年以下有期徒刑;情节较轻的,处三年以下有期徒刑或者拘役。

2)消防责任事故罪

消防责任事故罪指违反消防管理法规,经消防监督机构通知采取改正措施而拒绝执行,造成严重后果,危害公共安全的行为。

立案标准:①导致死亡 1 人以上,或者重伤 3 人以上的;②直接经济损失 50 万元以上的。

犯消防责任事故罪的,处三年以下有期徒刑或者拘役;后果特别严重的,处三年以上七年以下有期徒刑。

9.3 《公共娱乐场所消防安全管理规定》

公共娱乐场所应当依法办理消防设计审核、竣工验收和消防安全检查,其消防安全由经营者负责。

(1)公共娱乐场所内严禁带入和存放易燃易爆物品。

(2)严禁在公共娱乐场所营业时进行设备检修、电气焊、油漆粉刷等施工、维修作业。

(3)演出、放映场所的观众厅内禁止吸烟和明火照明。

(4)公共娱乐场所在营业时,不得超过额定人数等。

公共娱乐场所及其从业人员的消防安全管理责任:公共娱乐场所应当制定防火安全管理制度、全员防火安全责任制度,制定紧急安全疏散方案,指定专人在营业期间、营业结束后进行安全巡视检查工作。

9.4 《机关、团体、企业、事业单位消防安全管理规定》

1)消防安全责任人、消防安全管理人的确定

单位应当确定消防安全责任人、消防安全管理人,并依法报当地公安机关消防机构备案。法人单位的法定代表人或者非法人单位的主要负责人,对本单位的消防安全工作全面负责。

2)消防安全责任人的消防安全职责

(1)贯彻执行消防法规,保障单位消防安全符合规定,掌握本单位的消防安全情况。

(2)将消防工作与本单位的生产、科研、经营、管理等活动统筹安排,批准实施年度消防工作计划。

（3）为本单位的消防安全提供必要的经费和组织保障。

（4）确定逐级消防安全责任，批准实施消防安全制度和保障消防安全的操作规程。

（5）组织防火检查，督促落实火灾隐患整改，及时处理涉及消防安全的重大问题。

（6）根据消防法规的规定建立专职消防队、义务消防队。

（7）组织制定符合本单位实际的灭火和应急疏散预案，并实施演练。

3）消防安全管理人的消防安全职责

（1）拟订年度消防工作计划，组织实施日常消防安全管理工作。

（2）组织制订消防安全制度和保障消防安全的操作规程并检查督促其落实。

（3）拟订消防安全工作的资金投入和组织保障方案。

（4）组织实施防火检查和火灾隐患整改工作。

（5）组织实施对本单位消防设施、灭火器材和消防安全标志的维护保养，确保其完好有效，确保疏散通道和安全出口畅通。

（6）组织管理专职消防队和义务消防队。

（7）在员工中组织开展消防知识、技能的宣传教育和培训，组织灭火和应急疏散预案的实施和演练。

（8）单位消防安全责任人委托的其他消防安全管理工作。

消防安全管理人应当定期向消防安全责任人报告消防安全情况，及时报告涉及消防安全的重大问题。

4）其他消防安全职责

实行承包、租赁或者委托经营、管理时，当事人在订立的合同中依照有关规定明确各方的消防安全责任。消防车通道、涉及公共消防安全的疏散设施和其他建筑消防设施应当由产权单位或者委托管理的单位统一管理。

居民住宅区的物业管理单位应当在管理范围内履行下列消防安全职责：

（1）制定消防安全制度，落实消防安全责任，开展消防安全宣传教育；

（2）开展防火检查，消除火灾隐患；

（3）保障疏散通道、安全出口、消防车通道畅通；

（4）保障公共消防设施、器材以及消防安全标志完好有效。

其他物业管理单位应当对受委托管理范围内的公共消防安全管理工作负责。

单位应当对动用明火实行严格的消防安全管理。禁止在具有火灾、爆炸危险的场所使用明火；因特殊情况需要进行电气焊等明火作业的，动火部门和人员应当按照单位的用火管理制度办理审批手续，落实现场监护人，在确认无火灾、爆炸危险后方可动火施工。动火施工人员应当遵守消防安全规定，并落实相应的消防安全措施。

单位应当保障疏散通道、安全出口畅通，并设置符合国家规定的消防安全疏散指示标志和应急照明设施，保持防火门、防火卷帘、消防安全疏散指示标志、应急照明、机械排烟送风、火灾事故广播等设施处于正常状态。

严禁下列行为：

（1）占用疏散通道；

（2）在安全出口或者疏散通道上安装栅栏等影响疏散的障碍物；

（3）在营业、生产、教学、工作等期间将安全出口上锁、遮挡或者将消防安全疏散指示标志遮挡、覆盖；

（4）其他影响安全疏散的行为。

单位发生火灾时,应当立即实施灭火和应急疏散预案,务必做到及时报警,迅速扑救火灾,及时疏散人员。单位应当为公安消防机构抢救人员、扑救火灾提供便利和条件。火灾扑灭后,起火单位应当保护现场,接受事故调查。未经公安消防机构同意,不得擅自清理火灾现场。

5）防火检查

消防安全重点单位应当进行每日防火巡查,并确定巡查的人员、内容、部位和频次。其他单位可以根据需要组织防火巡查。巡查的内容应当包括：

（1）用火、用电有无违章情况；

（2）安全出口、疏散通道是否畅通,安全疏散指示标志、应急照明是否完好；

（3）消防设施、器材和消防安全标志是否在位、完整；

（4）常闭式防火门是否处于关闭状态,防火卷帘下是否堆放物品影响使用；

（5）消防安全重点部位的人员在岗情况。

公众聚集场所在营业期间的防火巡查应当至少每 2 h 一次；医院、养老院、寄宿制的学校、托儿所、幼儿园应当加强夜间防火巡查,其他消防安全重点单位可以结合实际组织夜间防火巡查。

防火巡查人员应当及时纠正违章行为,妥善处置火灾危险,无法当场处置的,应当立即报告。发现初起火灾应当立即报警并及时扑救。

防火巡查应当填写巡查记录,巡查人员及其主管人员应当在巡查记录上签名。

机关、团体、事业单位应当至少每季度进行一次防火检查,生产、经营单位应当至少每月进行一次防火检查。检查的内容应当包括：

（1）火灾隐患的整改情况以及防范措施的落实情况；

（2）安全疏散通道、疏散指示标志、应急照明和安全出口情况；

（3）消防车通道、消防水源情况；

（4）灭火器材配置及有效情况；

（5）用火、用电有无违章情况；

（6）重点工种人员以及其他员工消防知识的掌握情况；

（7）消防安全重点部位的管理情况；

（8）易燃易爆危险物品和场所防火防爆措施的落实情况以及其他重要物资的防火安全情况；

（9）消防（控制室）值班情况和设施运行、记录情况；

（10）防火巡查情况；

（11）消防安全标志的设置情况和完好、有效情况。

防火检查应当填写检查记录。检查人员和被检查部门负责人应当在检查记录上签名。

严禁下列行为：

（1）在门窗上设置影响逃生和灭火救援的障碍物；

（2）违反有关消防技术标准和管理规定生产、储存、运输、销售、使用、销毁易燃易爆危险品；

（3）违反规定使用明火作业或者在具有火灾、爆炸危险的场所吸烟、使用明火；

（4）未根据用电负荷的多少，选用适当大小的电线，超负荷用电，或随意乱拉乱接电线，或电源开关、线路直接敷设在可燃物上，或电源线路裸露，或可燃易燃物靠近火源、热源，等等。

6）火灾隐患整改

下列违反消防安全规定的行为，单位应当责成有关人员当场改正并督促落实，并做好记录存档备查：

（1）违章进入生产、储存易燃易爆危险物品场所的；

（2）违章使用明火作业或者在具有火灾、爆炸危险的场所吸烟、使用明火等违反禁令的；

（3）将安全出口上锁、遮挡或者占用、堆放物品影响疏散通道畅通的；

（4）消火栓、灭火器材被遮挡影响使用或者被挪作他用的；

（5）常闭式防火门处于开启状态，防火卷帘下堆放物品影响使用的；

（6）消防设施管理、值班人员和防火巡查人员脱岗的；

（7）违章关闭消防设施、切断消防电源的。

在火灾隐患未消除之前，单位应当落实防范措施，保障消防安全。不能确保消防安全，随时可能引发火灾或者一旦发生火灾将严重危及人身安全的，应当将危险部位停产停业整改。

7）消防安全宣传教育和培训

消防安全重点单位对每名员工应当至少每年进行一次消防安全培训。宣传教育和培训内容应当包括：

（1）有关消防法规、消防安全制度和保障消防安全的操作规程；

（2）本单位、本岗位的火灾危险性和防火措施；

（3）有关消防设施的性能、灭火器材的使用方法；

（4）报火警、扑救初起火灾以及自救逃生的知识和技能。

公众聚集场所对员工的消防安全培训应当至少每半年进行一次，培训的内容还应当包括组织、引导在场群众疏散的知识和技能。

单位应当组织新上岗和进入新岗位的员工进行上岗前的消防安全培训。

下列人员应当接受消防安全专门培训：

（1）单位的消防安全责任人、消防安全管理人；

（2）专、兼职消防管理人员；

（3）消防控制室的值班、操作人员；

（4）其他依照规定应当接受消防安全专门培训的人员。

8）灭火、应急疏散和演练

消防安全重点单位制定的灭火和应急疏散预案应当包括下列内容：

（1）组织机构，包括灭火行动组、通讯联络组、疏散引导组、安全防护救护组；

（2）报警和接警处置程序；

（3）应急疏散的组织程序和措施；

（4）扑救初起火灾的程序和措施；

（5）通讯联络、安全防护救护的程序和措施。

消防安全重点单位应当按照灭火和应急疏散预案，至少每半年进行一次演练，并结合实际，不断完善预案。其他单位应当结合本单位实际，参照制定相应的应急方案，至少每年组织一次演练。

第 10 章　火灾处置与恢复生产

10.1　室内火灾发展过程

根据室内火灾温度随时间的变化特点,可将火灾发展过程分为三个阶段,即起火阶段、全面发展阶段、熄灭阶段(本节只讨论一个普通房间的火灾发展过程)。

10.1.1　起火阶段

1)着火后的三种情形

(1)火自发燃烧,未蔓延到其他可燃物。

(2)通风不足,火熄灭,或者以很慢的速度继续燃烧。

(3)可燃物足够,通风条件良好,发展到整个房间,所有表面都在燃烧。

2)起火阶段的特征

(1)火灾燃烧范围不大,火灾仅限于初始起火点附近。

(2)室内温度差别大,在燃烧区域及其附近存在高温,室内平均温度低。

(3)火灾发展速度较慢,在发展过程中火势不稳定。

(4)火灾发展时间受点火源、可燃物的性质和分布、通风条件等因素的影响,长短差别很大。

3)初期起火阶段对防灭火的重要意义

(1)火灾初期是灭火最为有利的时机。应设法尽早发现火灾,把火灾及时控制消灭在起火点。为此,应在建筑物内安装和配备适当数量的灭火设备,设置及时发现火灾和报警的装置是很有必要的。

(2)建筑材料的燃烧性能对火灾的初期阶段影响很大。易燃和难燃(或不燃)结构建筑起火后,火灾初期阶段的持续时间有很大差别。为保证防火安全,建筑物应尽可能不使用易燃建筑材料,或使用经过阻燃处理的建筑材料。

10.1.2　全面发展阶段

房间内局部燃烧向全室性燃烧过渡的这种现象通常称为轰燃。轰燃是室内火灾最显著的特征之一,它标志着火灾全面发展阶段的开始。

1)轰燃

(1)燃烧强度加大,室内温度逐渐升高至危险值(>600 ℃)。

(2)室内燃烧状态发生重大转变。绝大多数可燃物开始热解,产生大量的可燃性气体。

（3）当可燃气体达到着火浓度极限后,室内将发生整体燃烧。

（4）轰燃是由初期增长阶段向充分发展阶段转变的过渡阶段,时间相对较短,将其作为事件对待。

2）全面发展阶段的特征

室内火灾进入全面发展阶段后,可燃物猛烈燃烧,燃烧处于稳定期,可燃物的燃烧速度接近定值,火灾温度上升到最高点。如果可燃物充足且通风良好,室内温度可升到1 000 ℃以上,这将严重损毁室内物品,乃至破坏建筑结构。

火灾进入全面发展阶段的时间主要取决于可燃物的燃烧性能、可燃物数量和通风条件,而与起火原因无关。

3）全面发展阶段对防灭火的重要意义

（1）建筑结构的耐火性能显得格外重要。人们在建筑设计时,应注意选用耐火性能好、耐火时间长的结构,以便加强防火安全。

（2）为减少火灾损失,阻止热对流,限制燃烧面积扩大,建筑物应有必要的防火分隔措施。

（3）轰燃之前人员应全部撤离。

10.1.3　熄灭阶段

1）熄灭阶段的特征

在全面发展阶段的后期,随着室内可燃物的挥发物质不断减少,以及可燃物数量的减少,火灾燃烧速度递减,温度逐渐下降。当室内平均温度降到最高温度的80%时则认为火灾进入熄灭阶段。随着可燃物的消耗,燃烧强度逐渐减弱,明火逐渐消失,残炭燃烧还可持续相当长的阶段,最终火灾熄灭。

实验发现,室内温度衰减的速度与火灾持续时间的关系是,火灾持续时间越长,温度衰减速度越慢。火灾持续时间在1 h以内,室内火灾温度衰减速度为12 ℃/min;火灾持续时间大于1 h,温度衰减速度为8 ℃/min。

2）熄灭阶段对防灭火的重要意义

（1）要防止火势蔓延,切不可疏忽大意,但因可燃物数量已不多,也不必投入过多的灭火力量。

（2）防止建筑构件因经受火焰高温作用和灭火射水的冷却作用出现裂隙、下沉、倾斜或倒塌,要保证灭火人员的生命安全。

（3）注意防止火灾向相邻建筑蔓延。

10.2　室内火灾的动力学过程

室内火灾动力学过程如图10-1所示。

火羽流:火源上方的火焰及烟气通称火羽流。火羽流包括火焰区和烟气羽流区。火焰区包括连续火焰区和间歇火焰区（自然扩散火焰）。其中间歇火焰区占大部分,并存在如下特性：①存在规律性的振荡；②振荡频率随直径增加而减小；③由火羽流与空气边界层的不稳定造成；④具有闪烁特性（此特性可用于判别是火焰还是其他物体，为火灾探测提供了一种依据）。

顶棚射流：在火羽流热浮力的驱动下，顶棚表面下部薄层中流动相对较快的气流。

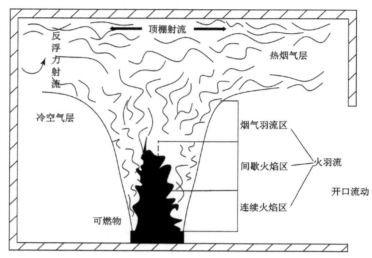

图 10-1　室内火灾动力学过程

10.2.1　烟囱效应

一般而言，着火房间中常见的通风口有门、窗、通风管道、缝隙、电线孔等。假设有一个相对封闭的房间，一旦其中着火燃烧，势必存在室内烟气向室外扩散，而室外空气向室内补充氧气的过程，否则燃烧将无法继续。室内火灾中性层如图 10-2 所示。

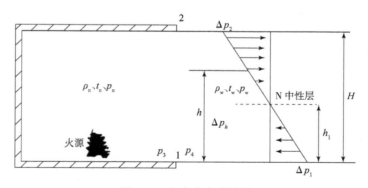

图 10-2　室内火灾中性层

室内压强：

$$p_n = p_3 - \rho_n gh \tag{10-1}$$

室外压强：

$$p_w = p_4 - \rho_w gh \tag{10-2}$$

室内、外水平面的压差：

$$\Delta p_1 = p_3 - p_4 \qquad\qquad (10\text{-}3)$$

距地面高度为 h 处：

$$\Delta p_h = \Delta p_1 + (\rho_w - \rho_n)\, gh \qquad\qquad (10\text{-}4)$$

顶棚高度为 H 处：

$$\Delta p_2 = \Delta p_1 + (\rho_w - \rho_n)\, gH \qquad\qquad (10\text{-}5)$$

令中性层离地面的高度为 h_1，则

$$\Delta p_{h_1} = \Delta p_1 + (\rho_w - \rho_n)\, gh_1 = 0 \qquad\qquad (10\text{-}6)$$

火灾时：$t_n > t_w$，$\rho_n < \rho_w$，$\rho_w - \rho_n > 0$。

中性层以下（ $h < h_1$，$\Delta p_h < 0$ ）：

$$\Delta p_h = \Delta p_1 + (\rho_w - \rho_n)\, gh < \Delta p_1 + (\rho_w - \rho_n)\, gh_1 = 0$$

中性层以上（ $h > h_1$，$\Delta p_h > 0$ ）：

$$\Delta p_h = \Delta p_1 + (\rho_w - \rho_n)\, gh > \Delta p_1 + (\rho_w - \rho_n)\, gh_1 = 0$$

在中性层以下，室外空气的压力总高于着火房间内气体的压力，空气将从室外流入室内；在中性层以上，着火房间内气体的压力总高于室外空气的压力，烟气将从室内排至室外。

当建筑物内部气温高于室外空气温度时，由于浮力的作用，在建筑物的各种竖直通道（如楼梯间、电梯间、管道井等）中，往往存在着一股上升气流，这种现象称为正向烟囱效应，也叫正热压作用，如图 10-3（a）所示。当建筑物的高度较高时，正向烟囱效应也存在于建筑物的单层中。当建筑物内部气温低于室外空气温度时，在建筑物的各种竖直通道中，则往往存在着一股下降气流，这种现象称为反向烟囱效应，也叫反热压作用，如图 10-3（b）所示。

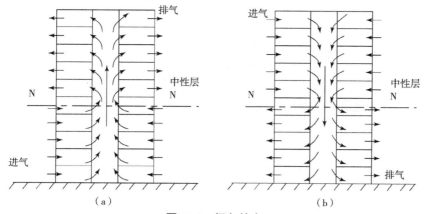

图 10-3　烟囱效应

（a）正热压作用　（b）反热压作用

高层建筑中火灾所生成的烟气流动完全受到热压作用支配。在正热压作用下，着火点位于中性层之下或之上时,火灾烟气流动分别如图 10-4(a)和(b)所示;在反热压作用下,着火点位于中性层之上或之下时,火灾烟气流动分别如图 10-5(a)和(b)所示。

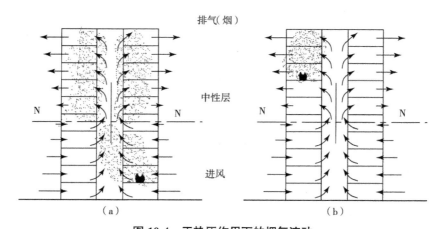

图 10-4 正热压作用下的烟气流动
(a)着火点位于中性层之下 (b)着火点位于中性层之上

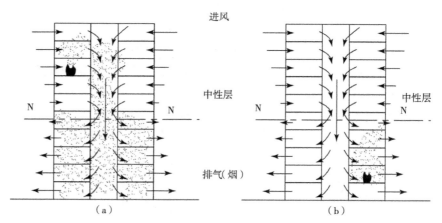

图 10-5 反热压作用下的烟气流动
(a)着火点位于中性层之上 (b)着火点位于中性层之下

简言之,高层建筑的烟囱效应具有如下现象。

(1)高层建筑由于具有较大的高度,当建筑物内外存在一定温差时,就将产生比单层或低层建筑更加明显的热压作用。

(2)除使用空调季节外,建筑内的温度总比室外温度高,在正热压作用下,空气从室外进入高层建筑的下层部分,然后通过竖直通道输送到上层,最后排出室外,形成了一个自然对流过程。

(3)当处于正热压作用下的高层建筑的底层发生火灾时,火灾所产生的烟气将随空气流进入竖直通道,导致竖直通道中的气温相比正常情况有较大幅度的上升,正压加大,自然对流循环加强,这种现象称为高层建筑的烟囱效应。

　　火灾学上,烟囱效应就是在建筑物的竖直通道中,由于自然对流循环促使烟气上升流动的效应。高层建筑的楼梯间、电梯间以及管道井等,是高层建筑发生火灾时造成烟气扩散流动和蔓延扩大的主要途径。烟囱效应则是高层建筑烟气扩散流动和火灾蔓延扩大的重要机理。因此,高层建筑要做好防火分隔,设置合理的烟气控制系统。

10.2.2　建筑火灾蔓延方式

　　建筑火灾的蔓延主要有以下方式。

　　(1)火焰接触。起火点的火舌直接点燃周围的可燃物,使之发光燃烧,将火灾蔓延开来。火焰蔓延的速度取决于火焰的传热速度。

　　(2)延烧。固体可燃物表面或易燃、可燃液体表面上的一点起火,通过导热升温点燃可燃物,使燃烧沿表面连续不断地向外发展下去。

　　(3)热传导。火灾产生的热量,经导热性能好的建筑构件或建筑设备传导至相邻或上下层房间,引起其周围直接接触的可燃物燃烧,造成火灾的蔓延。薄壁隔墙、楼板、金属管壁、金属构件或金属设备等都是良好的导热媒介。特点:有导热媒介,蔓延的距离近。案例:电焊工在顶层焊接水暖管道,引燃下层水暖管道周围的可燃物。

　　(4)热对流。对流是初期建筑火灾蔓延的主要形式。房间内的燃烧产生的热烟气与周围的冷空气存在密度差,使热气流不断上升,冷气流不断下沉,形成对流。对流换热使房间的温度不断升高,在空间进行质量和能量的交换,热气流使火灾蔓延至其他房间。

　　(5)热辐射。起火点附近的易燃、可燃物,在没有与火源接触,没有中间导热物体作为媒介的条件下而起火燃烧,靠的是热辐射。热辐射是确定建筑之间防火间距时主要考虑的因素。研究火灾的蔓延途径,是在建筑中采取防火隔断、设置防火分隔物的根据,也是采取堵截包围、重点突破、穿插分割、逐片消灭的灭火战术的需要。

　　建筑火灾沿水平方向的蔓延主要有以下途径。

　　(1)内墙门。最开始燃烧的房间只有 1 个,但最后火灾蔓延到整个楼层,甚至整栋建筑物,其原因大多数是内墙门没能把火挡住,火烧穿内门,窜到走廊,再通过相邻房间开敞的内门进入邻间。

　　(2)房间隔墙。当隔墙为木板或其他不耐火材料时,火很容易穿过板缝,窜到另一面。当隔墙为非燃烧体但厚度较小时,隔壁靠墙的易燃物体可能因为导热和热辐射而自燃起火。

　　(3)没有防火分隔的吊顶(闷顶)。框架式大空间建筑,使用人在内部进行分隔时只将分隔墙封到吊顶下部,若干个房间的吊顶上部空间是贯通的。火灾在一个房间内发生,热烟气上升至顶棚后沿吊顶上部空间蔓延至其他相邻房间。

　　(4)失效的防火分隔物。设置的防火门、防火卷帘等防火分隔物在发生火灾时没能及时关闭或伪劣产品没能起到在一定时间内阻止火势的作用;防火墙封堵不严密或发生穿透裂缝,造成火灾蔓延。

建筑火灾沿竖直方向的蔓延主要有以下途径。

（1）楼板。火灾通过楼板上的开口、楼板本身的传热从下层空间蔓延至上层空间。

（2）各种竖井通道，例如楼梯间、电梯井、电缆井、垃圾井、楼板的孔洞等。热烟气在垂直方向的蔓延速度为 3~4 m/s，是水平方向的 10 倍。如一座高为 100 m 的高层建筑，在没有阻挡烟气的情况下，半分钟左右烟气即可从底层上升至顶层。

（3）穿越楼板、墙壁的管线和缝隙。例如空调系统的竖向风管。如风管保温材料使用了易燃或可燃材料，风管本身使用了易燃或可燃材料，风管连通上下楼层，那么火灾通过风管和各风口将从下层迅速蔓延至上部各层。

10.3　火灾报警

发生火警时不要惊慌失措，要保持镇静，要牢记火警电话号码"119"。

（1）火警电话打通后，应讲清楚着火单位详细地址。

（2）要讲清什么东西着火，火势怎样。

（3）要讲清是平房还是楼房，最好能讲清起火部位、燃烧物质和燃烧情况。

（4）报警人要讲清自己的姓名、工作单位和电话号码。

（5）报警后要派专人到街道路口等候消防车，及时指引消防车去火场的道路，以便迅速、准确到达起火地点。

1）手动报警

每个防火分区应至少设置一个手动火灾报警按钮。从一个防火分区内的任何位置到最邻近的一个手动火灾报警按钮的距离不应大于 30 m。手动火灾报警按钮宜设置在公共活动场所的出入口处。

手动报警：当确认火灾发生后按下按钮上的有机玻璃片，可向控制器发出火灾报警信号，控制器接收到报警信号后，显示出报警按钮的编号或位置并发出报警音响。

2）开展初期火灾灭火

员工发现火灾应当立即呼救，起火部位现场员工应于 1 min 内形成灭火第一战斗力量，在第一时间采取如下措施。

（1）灭火器材和设施附近的员工利用现场灭火器、消火栓等器材、设施灭火。

（2）电话或火灾报警按钮附近的员工打"119"进行电话报警，并向消防控制室或单位值班人员报告。

（3）安全出口或通道附近的员工负责引导人员疏散。

火灾确认后，单位应于 3 min 内形成灭火第二战斗力量，及时采取如下措施。

（1）通信联络组按照灭火和应急预案要求通知预案涉及的员工赶赴火场，向消防队报警，向火场指挥员报告火灾情况，将火场指挥员的指令下达至有关员工。

（2）灭火行动组根据火灾情况，利用本单位的消防器材、设施扑救火灾。

（3）疏散引导组按各自分工，组织引导现场人员疏散。

（4）安全救护组负责协助抢救、护送受伤人员。

（5）现场警戒组要阻止无关人员进入火场,维持火场秩序。

10.4　火灾调查

（1）一次火灾死亡 10 人以上的,重伤 20 人以上或者死亡、重伤 20 人以上的,受灾 50 户以上的,由省、自治区人民政府公安机关消防机构负责组织调查。

（2）一次火灾死亡 1 人以上的,重伤 10 人以上的,受灾 30 户以上的,由设区的市或者相当于同级的人民政府公安机关消防机构负责组织调查。

（3）一次火灾重伤 10 人以下的或者受灾 30 户以下的,由县级人民政府公安机关消防机构负责调查。

（4）直辖市人民政府公安机关消防机构负责组织调查一次火灾死亡 3 人以上的,重伤 20 人以上或者死亡、重伤 20 人以上的,受灾 50 户以上的火灾事故,直辖市的区、县级人民政府公安机关消防机构负责调查其他火灾事故。

（5）仅有财产损失的火灾事故调查,由省级人民政府公安机关结合本地实际作出管辖规定,报公安部备案。

10.5　恢复生产

《中华人民共和国消防法》(简称《消防法》)规定,消防救援机构有权根据需要封闭火灾现场,负责调查火灾原因,统计火灾损失。火灾扑灭后,发生火灾的单位和相关人员应当按照消防救援机构的要求保护现场,接受事故调查,如实提供与火灾有关的情况。因此,受灾单位不得擅自清理或变动火灾现场。

1）事故调查

（1）查明事故发生的经过。

（2）查明事故发生的原因和性质。

（3）查明人员伤亡情况。

（4）调查直接经济损失情况。

（5）认定事故性质和分析事故责任。

（6）给出对事故责任者的处理意见。

（7）总结事故教训。

（8）提出防范和整改措施。

2）"四不放过"原则

（1）事故原因未查清不放过。

（2）责任人员未处理不放过。

（3）整改措施未落实不放过。

（4）有关人员未受到教育不放过。

本篇参考文献

[1]　梁锋,王海勇. 消防安全知识读本[M]. 北京:气象出版社,2013.

[2]　程远平,李增华. 消防工程学[M]. 徐州:中国矿业大学出版社,2002.

[3]　中国消防协会. 消防安全技术综合能力[M]. 北京:中国人事出版社,2019.

[4]　机关、团体、企业、事业单位消防安全管理规定[EB/OL]. [2022-07-01]. https://www.mem.gov.cn/gk/gwgg/xgxywj/xfhz/200111/t20011114_232661.shtml.

[5]　天津市消防条例[EB/OL]. [2022-07-01]. https://flk.npc.gov.cn/detail2.html?ZmY4M-DgxODE3Yzc5MzQ5NzAxN2M3YzdkOWU4ZjAzNjk.

[6]　火灾事故调查规定[EB/OL]. [2022-07-01]. https://www.mem.gov.cn/gk/zfxxgkpt/fdzdgknr/gz11/201207/t20120717_405721.shtml.

第 4 篇

通风设计与除尘

第 11 章　通风设计基础知识

11.1　通风的分类

通风是指空气流动。通风系统是指促使空气流动的动力、通风风路及相关设施等的组合体。工业通风的作用是既将外界的新鲜空气送入有限空间内,又将有限空间内的废气排至外界。

工业通风降温有以下三方面的作用。

(1)稀释或排除生产过程中产生的有毒有害、易燃易爆气体及粉尘,保障工业生产安全。

(2)给作业场所送入足够的新鲜空气,供作业人员呼吸。

(3)调节作业场所的温度、湿度等条件,为作业人员提供舒适的环境。

工业通风方法分为以下三类。

(1)按通风动力分为机械通风和自然通风。

(2)按照通风的作用范围分为局部通风和全面通风。

(3)按通风机械设备的工作方法分为压入式通风、抽出式通风、混合式通风。

11.1.1　按通风动力分类

1)自然通风

自然通风是以风压和热压作用使空气流动所形成的一种通风方式。其依靠室外风力造成的风压与室内外空气的温差形成的热压实现空气流动。这种通风完全依靠自然形成的动力来实现生产车间内外空气的交换,当生产车间中的有害气体、粉尘浓度较低或者温度、湿度较高时,可以实现既经济又有效的自然通风。自然通风通常用于有余热的房间,要求进风空气中的有害物质浓度不超过车间和工作地点空气中的有害物质最高容许浓度的 30%。当工艺要求进风需经过滤和处理或进风能产生雾或凝结水时,不能采用自然通风。自然通风容易受外界条件影响,通风效果不稳定。

2)机械通风

机械通风依靠通风机械设备造成有限空间内的空气流动,从而进行通风换气。这种通风方法能保证所需要的通风量和风压,控制有限空间内的气流方向和速度,对进风和排风进行必要的处理,使有限空间内的空气达到所要求的参数。

11.1.2　按作用范围分类

1)局部通风

局部通风是指在指定的空间内对局部地点或区域进行通风换气的方法。一般用于全面通风未能达到安全、卫生要求的局部地点,或没有必要全面通风的区域。如操作人员少、面积大的车间。

2)全面通风

全面通风是指在指定的空间内对整个空间均进行通风换气的方法。适用于作业区有害物质的扩散不能控制在一定的范围内或污染源不固定的场所。

11.1.3　按工作方法分类

1)压入式通风

压入式通风也叫送风,是将通风机械设备提供的压力大于外界空气压力的空气送入待通风换气区域的通风方法,如图 11-1 所示。

特征:保持待通风换气区域内的空气压力高于外界空气压力。

优点:在外界环境恶劣的情况下,可有效保持通风区域内的环境条件良好。

2)抽出式通风

抽出式通风也叫排风或吸风,是将通风区域内的污浊空气由通风机械设备吸出并排至区域外的通风方法,如图 11-2 所示。

特征:保持待通风换气区域内的空气压力低于外界空气压力。

优点:对于有持续污染源的区域,通过设计可有效保持通风区域内的环境条件良好。

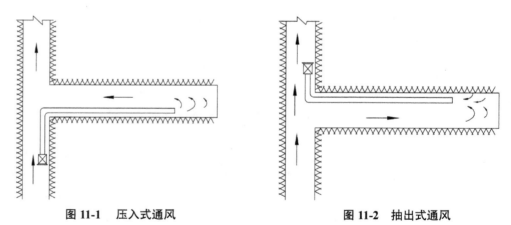

图 11-1　压入式通风　　　　　　　　图 11-2　抽出式通风

3)混合式通风

混合式通风是压入式和抽出式两种通风方法的联合运用,兼有压入式和抽出式通风的特点,如图 11-3 所示。

特征:压入式将通风机械设备提供的压力大于外界空气压力的新鲜空气送入待通风换气区域,抽出式由通风机械设备将待通风换气区域的污浊空气吸出并送入外界。

优点:对于有持续污染源的区域,通过设计可有效保持通风区域内的环境条件良好。

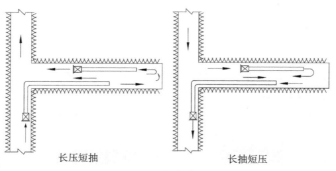

长压短抽　　　　　　　　　　　　　长抽短压

图 11-3　混合式通风

11.2　空气幕

空气幕又称风幕机、门帘机、风帘机、空气门,是局部送风的一种形式。可以产生空气隔层,以减少和阻隔室内外空气的对流,或改变污染空气气流的方向。

空气幕产生的气流对隔热、隔冷、隔尘,甚至对防虫、防止有害气体的侵入都能起到良好的作用。

1)空气幕的作用

(1)全面隔绝冷(暖)气的流失,保持室内恒温,节省大量电能。

(2)可防止尘埃、污烟、异味及昆虫进入室内,保持室内空气清新。

(3)让大门随时保持开启,出入更加方便。

2)空气幕的组成

(1)空气幕通常由空气处理设备、通风机、风管系统及空气分布器组成。

(2)单台空气幕多采用单相电容运行式电动机驱动,带动外形均匀的贯流风轮产生分布均匀的幕式气流。

(3)组合式空气幕一般由风机与制热和制冷系统连接组成,以形成冷暖可调的空气幕。

3)空气幕的送风方式

(1)上送式:空气幕安装在需要隔绝气流交换的门洞或其他场合的上部,属于向下送风的方式。安装简便,不占建筑面积,不影响建筑美观,送风气流的卫生条件较好,适用于一般的公共建筑。

(2)侧送式:空气幕安装在需要隔绝气流交换的门洞或其他场合的单侧或双侧,属于水平送风的方式。为了不阻挡气流,装有侧送式空气幕的大门严禁向内开启。

(3)下送式:空气幕安装在需要隔绝气流交换的门洞或其他场合的下部,属于向上送风的方式。送风口在地面下,容易被脏物堵塞,而且下送式送风的气流容易将衣裙扬起因而不受人们欢迎。

11.3　全面通风

全面通风的效果主要取决于通风换气量和车间内的气流组织两个因素。

1)全面通风的分类

按照通风动力的不同,全面通风可分为自然通风和机械通风;按照对有害物质控制机理的不同,全面通风可分为稀释通风、单向流通风、均匀流通风和置换通风。

稀释通风:稀释有害物质浓度,所需的通风量大,控制效果差。

单向流通风:控制气流运动方向,所需的通风量小,控制效果好,如图 11-4 所示。

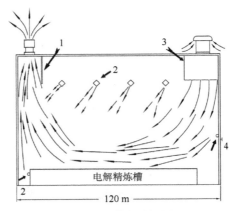

图 11-4　单向流通风

1—屋顶排风机组;2—局部加压射流;3—屋顶送风小室;4—基本射流

均匀流通风:用速度和方向完全一致的宽大气流(称为均匀流)进行的通风。气流速度一般控制在 0.2~0.5 m/s。这种通风方式效果较好,目前主要应用于汽车喷漆室等对气流、温度、湿度要求比较高的场合,如图 11-5 所示。

置换通风:置换通风的概念和均匀流通风基本相同。置换通风的效果和送风条件有关,与稀释通风方式相比,具有节能、通风效率高等优点,如图 11-6 所示。

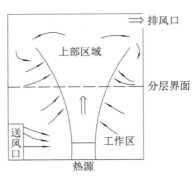

图 11-5　均匀流通风

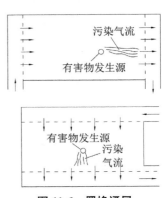

图 11-6　置换通风

2）全面通风的气流组织

气流组织就是合理布置送、排风口和分配风量,选用相应的风口形式,以便用最小的通风量获得最佳的通风效果。气流组织效果对比如图 11-7 所示。

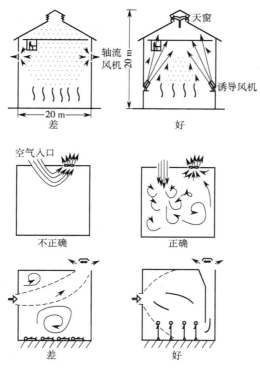

图 11-7　气流组织效果对比

3）气流组织设计原则

（1）排风口应尽量靠近有害物发生源,或有害物浓度较高的区域,以便迅速排出有害物。

（2）送风口应尽量靠近操作地点,送入通风房间的清洁空气应先经操作地点,再经污染区域排至室外。

（3）在整个通风房间内,应尽量使送风气流均匀分布,减少涡流,避免有害物在局部区域的积聚。

（4）对设置机械通风的房间,当其周围环境较差时,送风量应大于排风量,保持室内正压;室内产生有害气体或粉尘,可能污染周围相邻房间时,送风量应小于排风量,使室内保持负压。一般送风量为排风量的 80%~90%。

（5）同时放散热、蒸汽和有害气体,或仅放散密度比空气小的有害气体的生产厂房,除设局部排风外,宜在上部地带进行自然或机械的全面排风,其排风量不宜小于每小时一次换气。当房间高度大于 6 m 时,排风量可按每平方米地面面积 6 m³/h 计算。

（6）当有害气体和蒸汽密度比空气小,或在相反情况下会形成稳定的上升气流时,宜从房间上部地带排出所需风量的 2/3,从下部地带排出 1/3。

（7）当有害气体和蒸汽密度比空气大,且不会形成稳定的上升气流时,宜从房间上部地带排出所需风量的 1/3,从下部地带排出 2/3。

注:从房间上部地带排出的风量,不应小于每小时一次换气。当排出有爆炸危险的气体和蒸汽时,排风口上缘距顶棚不应大于 0.4 m。从房间下部地带排出的风量,包括距地面 2 m 以内的局部排风量。

11.4　局部通风

局部通风系统一般由排风罩、通风管道、风机和净化装置四部分构成。

1）排风罩

排风罩是用于捕集有害气体、粉尘等有害物质的设备。排风罩应根据不同的工艺过程和有害物质的特性来选择。

（1）排风的类型:①密闭罩,分为局部密闭罩、整体密闭罩、大容积密闭罩(密闭小室);②柜式排风罩;③外部吸气罩;④槽边排风罩;⑤热源上部接受式排风罩;⑥吹吸式排风罩。

（2）排风罩设置应遵循的原则:①排风罩应尽可能包围或靠近有害物发生源;②排风罩的吸入气流方向尽可能与污染气流方向一致;③被污染的气流不能通过人的呼吸区进入排风口;④排风罩的设置不应影响工艺操作;⑤应避免外界气流干扰;⑥排风罩罩口要有控制风速的装置;⑦对于腐蚀性的气体,排风罩应耐腐蚀。

注:排风罩的控制风速应大于有害物质向外逸散的速度且能防止横向气流干扰。

2）通风管道

通风管道用于将排风罩捕集到的有害物质通过管道输送到净化装置或排放到室外。通风管道应选用耐腐蚀、耐高温的材料,并且设计合理,避免风阻过大。通风管道主要分为两种类型:金属通风管道和非金属通风管道。

（1）金属通风管道:主要有镀锌板、铝板、不锈钢等材质。其优点是强度高、耐腐蚀、易于加工、密封性好,适合在高温、高压、易燃、易爆等恶劣环境下使用。

（2）非金属通风管道:主要有塑料、玻璃钢、橡胶等材质。其优点是质量小、安装方便、绝缘性好、不易生锈、不会影响室内环境。但也存在着易老化、易变形、不耐高温等缺点。

在选择通风管道时,需要根据实际情况进行选择,如环境温度、湿度,有无腐蚀性气体等。同时,通风管道的设计和安装也需要考虑防火、防震、隔音等要求。对于一些特殊场合,如医院、实验室等,还需要考虑通风管道的消毒和清洗问题。

3）风机

局部通风风机是一种用于局部通风降温、排烟或吸尘等的设备,通常安装在需要通风的区域或设备旁边。它们通过产生强制对流来提高空气质量和进行温度控制。局部通风风机可分为离心式、轴流式和混流式三种类型。

（1）离心式局部通风风机：具有较高的压力和流量，适用于需要长距离输送气体的场合，如吸尘、排烟等。

（2）轴流式局部通风风机：具有较高的风量和较低的噪声，适用于需要大量空气流动的场合，如通风循环、降温等。

（3）混流式局部通风风机：结合了离心式和轴流式的特点，既能满足较高的压力和流量需求，又能保证较低的噪声水平。

根据实际需求，选择局部通风风机时需要考虑以下几个因素。

（1）通风需求：根据通风需求确定所需要的风量和压力，选择合适的型号。

（2）环境条件：考虑环境温度、湿度、气压等因素，选择适合用于工作温度和湿度范围内的型号。

（3）噪声要求：如果需要在噪声敏感区域使用局部通风风机，则需要选择低噪声的型号。

（4）安全性：选择符合安全标准的局部通风风机，以确保操作人员和设备的安全。

（5）维护成本：选择具有较高可靠性和耐用性的品牌和型号，可以减少维护和更换成本。

4）净化装置

净化装置是通风系统中用于处理空气中有害物质的设备，其主要作用是将空气中的污染物质通过过滤、吸附、分解、氧化等方式进行处理，使空气达到一定的洁净度要求。净化装置的种类较多，根据不同的工作原理可以分为以下几种。

（1）过滤器：通过机械过滤的方式去除空气中的颗粒物，如粉尘、烟雾、花粉等。

（2）吸附剂：通过化学吸附的方式去除空气中的有机物、恶臭等。

（3）活性炭：通过物理吸附和化学吸附的方式去除空气中的有机物、异味等。

（4）紫外线杀菌器：利用紫外线对空气中的细菌、病毒等进行杀灭。

第 12 章　职业病防护设施

就通风系统而言,判定职业病防护设施的有效性主要包括:①职业接触限值。按《工作场所有害因素职业接触限值　第 1 部分:化学有害因素》(GBZ 2.1—2019)规定的相关粉尘、毒物和生物因素的职业接触限值;《工作场所有害因素职业接触限值　第 2 部分:物理因素》(GBZ 2.2—2007)规定的物理因素的职业接触限值。②通风效果。通风效果取决于全面通风量、气流组织和控制风速。控制风速是指控制点(面)处的有害物质吸入罩内所需的最小风速。目前,国内没有相关的法规和标准。

12.1　全面通风量

当数种溶剂(苯及其同系物、醇类或醋酸酯类)的蒸气或数种刺激性气体同时放散于空气中时,应按各种气体分别稀释至规定的接触限值所需要的空气量的总和计算全面通风换气量。其他有害物质同时放散于空气中时,通风量仅按需要空气量最大的有害物质计算。

下列情况不宜采用循环空气:

(1)空气中含有燃烧或爆炸危险的粉尘、纤维,含尘浓度大于或等于其爆炸下限的 25%时;

(2)在局部通风除尘、排毒系统中,排风经净化后,循环空气中粉尘、有害气体浓度大于或等于其职业接触限值的 30%时;

(3)空气中含有病原体、恶臭物质及有害物质浓度可能突然增高的工作场所。

1)全面通风量的计算

全面通风量可按式(12-1)来计算:

$$Y_s - Y_0 \geq \frac{M}{L} \qquad\qquad (12\text{-}1)$$

式中　Y_s——职业接触限值,mg/m³;

Y_0——新鲜空气中有害物质的浓度,mg/m³;

M——有害物质产生量,mg/h;

L——全面通风量,m³/h。

当 $L \geq M/Y_s$(新鲜空气中有害物质的浓度忽略不计)时,满足作业场所达到职业接触限值所需的风量。

$$L = nV \qquad\qquad (12\text{-}2)$$

式中　L——全面通风量,m³/h;

n——通风换气次数,次/h;

V——通风车间的容积，m^3。

$$L = qN \tag{12-3}$$

式中　L——全面通风量，m^3/h；

　　　q——每人每小时所需的新鲜空气量，$m^3/(人 \cdot h)$，根据《室内空气质量标准》（GB/T 18883—2022），$q \geq 30\ m^3/(人 \cdot h)$；

　　　N——人数。

计算作业区域全面通风量时，应全面考虑职业接触限值（mg/m^3）、换气次数和人员新风量的要求，取满足三者的最大风量作为设计风量。

如：某计算机房面积 S 为 $65\ m^2$，净高 h 为 $3\ m$，人数 N 为 25 人，求设计风量。

按人均所需新风量计算：

取人均所需新风量 $q=30\ m^3/(人 \cdot h)$，则总新风量 $Q_1=qN=30 \times 25=750\ m^3/h$。

按新风换气次数计算：

取房间新风通风换气次数 $n=4$ 次/h，则新风量 $Q_2=nSh=4 \times 65 \times 3=780\ m^3/h$。

由于 $Q_2 > Q_1$，故取 Q_2 作为设备选型的依据。

由 $L \geq M/Y_s$ 确定达到职业接触限值所需的风量。

计算过程中，"有害物质产生量"这个指标是很难确定的，所以一般全面通风量可按通风换气次数和人均所需新风量来综合确定。

2）事故通风

事故通风是指用于排除或稀释生产房间内发生事故时突然散发的大量有害物质、有爆炸危险的气体或蒸气的通风方式。

《工业企业设计卫生标准》（GBZ 1—2010）中规定，在生产中可能突然逸出大量有害物质或易造成急性中毒或易燃易爆的化学物质的室内作业场所，应设置事故通风装置与事故排风系统相连锁的泄漏报警装置。事故通风的风量宜根据工艺设计要求通过计算确定，但换气次数不宜小于 12 次/h。

3）换气次数的测定

测定室内的换气次数主要依赖于示踪气体，一般选用六氟化硫和二氧化碳。测定步骤如下。

（1）关闭门窗在室内均匀释放示踪气体，每立方米室内空气释放 0.5~1.0 g 六氟化硫或 2~4 g 二氧化碳。

（2）用 100 mL 的玻璃注射器或真空采样瓶，约 1 h 后按对角线（3 点）或梅花状（5 点）布点采集室内空气。

用六氟化碳和二氧化碳测定换气次数的计算式分别如式（12-4）和式（12-5）所示。

换气次数 $n=M_a/M$。

$$M_a = 2.302\,57 \times M \times \lg \frac{C_1}{C_2} \tag{12-4}$$

$$M_a = 2.302\,57 \times M \times \lg \frac{C_1 - C_a}{C_2 - C_a} \tag{12-5}$$

式中　M_a——每小时进入室内的空气量，m³/h；

2.302 57——常用对数（lg）与自然对数（ln）的换算系数；

M——室内空气量（房间体积-物品总体积），m³；

C_1——试验前六氟化硫的含量，mg/m³；

C_2——1 h后六氟化硫的含量，mg/m³；

C_a——空气中二氧化碳的含量，mg/m³。

12.2　风速的测定

1）风速的测定方法

（1）直读法。一般选用热球式风速仪或旋桨叶轮式风速计。

（2）间接法。计算公式如式（12-6）所示。

$$u_i = \sqrt{\frac{2p_d}{\rho}} \qquad (12\text{-}6)$$

式中　u_i——风管内某测定断面上测点处的风速，m/s；

ρ——空气密度，kg/m³；

p_d——测定断面上测点处的动压值，Pa。

2）测点的布置

矩形管道：将管道断面划分为若干等面积的小矩形，测点布置在每个小矩形的中心，小矩形每边长 200 mm 左右，如图 12-1 所示。

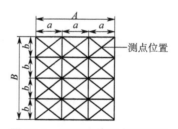

图 12-1　矩形风管测点布置图

圆形管道：在同一断面设置两个彼此垂直的测孔，并将管道断面分成一定数量的等面积同心环，如图 12-2 所示。

计算公式如式（12-7）所示。

$$R_i = R_0 \sqrt{\frac{2i-1}{2n}} \qquad (12\text{-}7)$$

式中　R_i——风管中心到第 i 点的距离，mm；

R_0——风管的半径，mm；

n——风管断面上划分的同心环数量；

i——从风管中心算起的同心圆环的顺序号。

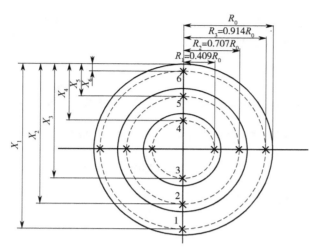

图 12-2　圆形风管测点布置图

圆形风管和烟道的分环数分别如表 12-1 和表 12-2 所示。

表 12-1　圆形风管的分环数

风管直径 D/mm	≤300	300~500	500~800	850~1 100	≥1 150
划分的环数 n	2	3	4	5	6

表 12-2　圆形烟道的分环数

烟道直径 D/mm	≤0.5	0.5~1.0	1~2	2~3	3~5
划分的环数 n	1	2	3	4	5

管内气体压力的测量如图 12-3 所示。

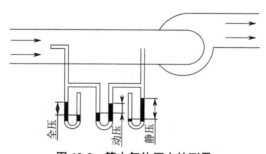

图 12-3　管内气体压力的测量

12.3　通风除尘

含尘气体从除尘器进风口进入除尘器气箱内进行含尘气体的预处置,然后进入箱体的各除尘室内；粉尘吸附在滤筒的表面上，过滤后的洁净气体透过滤筒进入箱体的净气腔并聚集至出风口排出。通风除尘器主要由集尘罩、风机、除尘器组成，基本结构如图 12-4 所示。

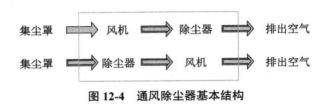

图 12-4　通风除尘器基本结构

除尘器主要分为机械式除尘器、湿式除尘器、过滤式除尘器等。

12.3.1　机械式除尘器

机械式除尘器是依靠机械力（重力、惯性力、离心力等）将尘粒从气流中去除的装置。它可分为惯性除尘器和旋风除尘器。

1）惯性除尘器

惯性除尘器是使含尘气流方向急剧变化或与挡板、百叶等障碍物碰撞，利用尘粒自身惯性力从含尘气流中分离尘粒的装置，如图 12-5 所示。一般可用于收集粒径大于 20 μm 的尘粒。

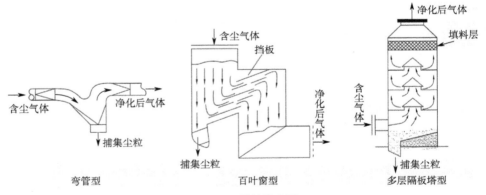

图 12-5　惯性除尘器

2）旋风除尘器

旋风除尘器是利用离心力从气流中除去尘粒的设备，如图 12-6 所示。

旋风除尘器的优点：结构简单，收集的颗粒可回收利用。

旋风除尘器的缺点：对超细粉尘无效，并且除尘效率受气流速度以及系统漏风率影响较大。

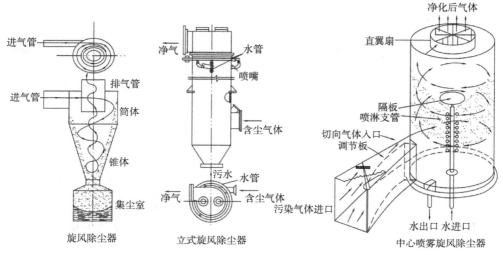

图 12-6 旋风除尘器

12.3.2 湿式除尘器

湿式除尘器通过含尘气流与液滴或液膜的接触,在液体与粗尘的相互碰撞、滞留,细尘的扩散、相互凝聚等净化机理的共同作用下,使尘粒从气流中分离出来。图 12-7 所示为湿式除尘器中的立式旋风水膜除尘器。

湿式除尘器的优点:结构简单,可同时对有害气体进行净化处理。

湿式除尘器的缺点:对超细粉尘无效,物料不能回收,泥浆处理比较困难,有时要设置专门的废水处理系统。

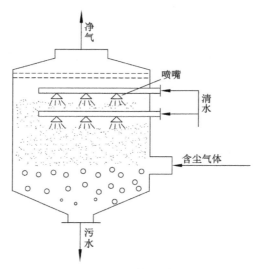

图 12-7 立式旋风水膜除尘器

12.3.3　过滤式除尘器

过滤式除尘器是利用多孔过滤材料的作用从气固两相流中捕集粉尘并使气体得以净化的设备。图 12-8 所示为过滤式除尘器中的脉冲喷吹清灰式布袋除尘器,它是一种袋式除尘器。

过滤式除尘器的优点:除尘效率较高。

过滤式除尘器的缺点:成本较高。

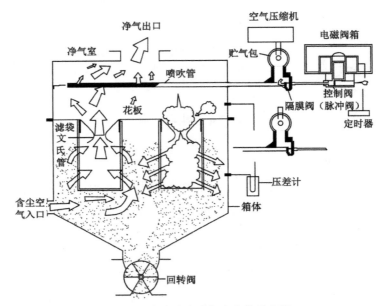

图 12-8　脉冲喷吹清灰式布袋除尘器

本篇参考文献

[1]　孙一坚. 简明通风设计手册[M]. 北京：中国建筑工业出版社，1997.

[2]　王德明. 矿井通风与安全[M]. 徐州：中国矿业大学出版社，2005.

[3]　樊越盛. 工业通风[M]. 北京：机械工业出版社，2020.

[4]　陈沅江，吴超，吴桂香. 职业卫生与防护[M]. 北京：机械工业出版社，2009.

[5]　中华人民共和国国家卫生健康委员会. 工作场所有害因素职业接触限值　第1部分：化学有害因素：GBZ 2.1—2019[S]. 北京：中国标准出版社，2019.

[6]　中华人民共和国卫生部. 工作场所有害因素职业接触限值　第2部分：物理因素：GBZ 2.2—2007[S]. 北京：人民卫生出版社，2007.

第5篇

危险化学品事故案例分析

第 13 章　天津港 "8·12" 特别重大火灾爆炸事故

2015 年 8 月 18 日,经国务院批准,成立由公安部、国家安全生产监督管理总局、监察部、交通运输部、环境保护部、全国总工会和天津市等有关方面组成的国务院天津港 "8·12" 瑞海公司危险品仓库特别重大火灾爆炸事故调查组(简称"事故调查组"),邀请最高人民检察院派员参加,聘请爆炸、消防、刑侦、化工、环保等方面专家参与调查工作。2016 年 2 月 5 日事故调查组发布了《天津港 "8·12" 瑞海公司危险品仓库特别重大火灾爆炸事故调查报告》(简称《天津港事故调查报告》)。经事故调查组认定,天津港 "8·12" 瑞海公司危险品仓库火灾爆炸事故是一起特别重大生产安全责任事故。事故造成 165 人遇难、8 人失踪、798 人受伤住院治疗, 304 幢建筑物、12 428 辆商品汽车、7 533 个集装箱受损。已核定直接经济损失 68.66 亿元。

13.1　天津港的历史地位

天津港位于天津市滨海新区,地处渤海湾西端,背靠雄安新区,辐射东北、华北、西北等内陆腹地,连接东北亚与中西亚,是京津冀的海上门户,是中国北方重要的综合性港口和对外贸易口岸,其历史源远流长,最早可以追溯到唐朝。清咸丰十年(1860 年),天津港对外开埠,成为通商口岸。在中华人民共和国成立以前,天津港各种设施损坏严重,几乎瘫痪。1949 年中华人民共和国成立之后,经过三年恢复性建设,天津港于 1952 年重新开港。1952 年 10 月 17 日,随着万吨巨轮"长春"号驶入天津港,嘹亮的汽笛声宣告了天津港的新生(如图 13-1 所示)。天津港是在淤泥质浅滩上挖海建港、吹填造陆建成的世界航道,也是等级最高的人工深水港。天津港拥有各类泊位 192 个,同世界上 200 多个国家和地区的 800 多个港口保持航运贸易往来,货物吞吐量和集装箱吞吐量稳居世界港口前十。

图 13-1　"长春"号首航天津港

13.2　事故经过及损失

2015 年 8 月 12 日 22 时 51 分 46 秒,瑞海公司危险品仓库运抵区最先起火,着火物质为硝化棉,随后其他集装箱(罐)内的精萘、硫化钠、糠醇、三氯氢硅、一甲基三氯硅烷、甲酸等多种危险化学品相继被引燃并介入燃烧,火焰蔓延到邻近的硝酸铵集装箱。随着温度持续升高,硝酸铵分解速度不断加快,最终爆炸。23 时 34 分 06 秒,发生了第一次爆炸。距第一次爆炸点西北方向约 20 m 处,有多个装有硝酸铵、硝酸钾、硝酸钙、甲醇钠、金属镁、金属钙、硅钙、硫化钠等氧化剂、易燃固体和腐蚀品的集装箱。受到南侧集装箱火焰蔓延作用以及第一次爆炸冲击波影响,23 时 34 分 37 秒发生了第二次更剧烈的爆炸。

两次爆炸分别形成一个直径 15 m、深 1.1 m 的月牙形小爆坑和一个直径 97 m、深 2.7 m 的圆形大爆坑(如图 13-2 所示)。事故现场形成 6 处大火点及数十个小火点。8 月 14 日 16 时 40 分,现场明火被扑灭。

事故造成 165 人遇难(参与救援处置的公安现役消防人员 24 人,天津港消防人员 75 人,公安民警 11 人,事故企业、周边企业员工和周边居民 55 人),8 人失踪(天津港消防人员 5 人,周边企业员工、天津港消防人员家属 3 人),798 人受伤住院治疗(伤情重、较重的伤员 58 人,轻伤员 740 人);304 幢建筑物(其中办公楼宇、厂房及仓库等单位建筑 73 幢,居民 I 类住宅 91 幢、II 类住宅 129 幢,居民公寓 11 幢)、12 428 辆商品汽车、7 533 个集装箱受损。截至 2015 年 12 月 10 日,事故调查组依据《企业职工伤亡事故经济损失统计标准》(GB 6721—1986)等标准和规定统计,已核定直接经济损失 68.66 亿元。

本次事故残留的化学品与产生的二次污染物逾百种,对大气环境、水环境和土壤环境造成了不同程度的污染。其中,大气方面,事故发生后至 9 月 12 日之前,事故中心区检出的二氧化硫、氰化氢、硫化氢、氨气超过《工作场所有害因素职业接触限值》(GBZ 2—2007)中规定的标准值 1~4 倍;水质方面,事故主要对距爆炸中心周边约 2.3 km 范围内的水体(东侧北段起吉运东路、中段起北港东三路、南段起北港路南段,西至海滨高速;南起京门大道、北港路、新港六号路一线,北至东排明渠北段)造成污染,主要污染物为氰化物;土壤方面,本次事故对事故中心区土壤造成污染,部分点位氰化物和砷浓度分别超过《场地土壤环境风险评价筛选值》(DB11/T 811—2011)中公园与绿地筛选值的 0.01~31.0 倍和 0.05~23.5 倍,检出苯酚、多环芳烃、二甲基亚砜、氯甲基硫氰酸酯等物质。

运抵区

图 13-2　事故中心航拍图

13.3　应急处置

《天津港事故调查报告》显示,2015 年 8 月 12 日 22 时 52 分,天津市公安局 110 指挥中心接到该公司火灾报警,立即转警给天津港公安局消防支队。与此同时,天津市公安消防总队 119 指挥中心也接到群众报警。接警后,天津港公安局消防支队立即调派与该公司仅一路之隔的消防四大队紧急赶赴现场,天津市公安消防总队也快速调派开发区公安消防支队三大街中队赶赴增援。22 时 56 分,天津港公安局消防四大队首先到场,指挥员侦查发现该公司运抵区南侧一垛集装箱火势猛烈,且通道被集装箱堵塞,消防车无法靠近灭火。指挥员向该公司现场工作人员询问具体起火物质,但现场工作人员均不知情。随后,组织现场吊车清理被集装箱占用的消防通道,以便消防车靠近灭火,但未果。在这种情况下,为阻止火势蔓延,消防员利用水枪、车载炮冷却保护毗邻集装箱堆垛。后因现场火势猛烈、辐射热太高,指挥员命令所有消防车和人员立即撤出运抵区,在外围利用车载炮射水控制火势蔓延,根据现场情况,指挥员又向天津港公安局消防支队请求增援,天津港公安局消防支队立即调派五大队、一大队赶赴现场。与此同时,天津市公安消防总队 119 指挥中心根据报警量激增的情况,立即增派开发区公安消防支队全勤指挥部及其所属特勤队、八大街中队,保税区公安消防支队天保大道中队,滨海新区公安消防支队响螺湾中队、新北路中队前往增援。其间,连续 3 次向天津港公安局消防支队 119 指挥中心询问灾情,并告知力量增援情况。至此,天津港公安局消防支队和天津市公安消防总队共向现场调派了 3 个大队、6 个中队、36 辆消防车、200 人参与灭火救援。23 时 08 分,天津市开发区公安消防支队八大街中队到场,指挥员立即开展火情侦查,并组织在该公司东门外侧建立供水线路,利用车载炮对集装箱进行泡沫覆盖保护。23 时 13 分许,天津市开发区公安消防支队特勤中队、三大街中队等增援力量陆续到场,分别在跃进道、吉运二道建立供水线路,在运抵区外围利用车载炮对集装箱堆垛进行射水冷却和泡沫覆盖保护。同时,组织疏散该公司和相邻企业在场工作人员以及附近群众 100 余人。23 时 34 分 06 秒,发生了第一次爆炸。受到南侧集装箱火焰蔓延作用以及第一次爆炸冲击波影响,23 时 34 分 37 秒发生了第二次更剧烈的爆炸。爆炸发生后,国务院工作组在郭声琨同志的带领下,不惧危险,靠前指挥,科学决策,始终坚持生命至上的原则,千方百计搜救失踪人员,全面组织做好伤员救治、现场清理、环境监测、善后处置和调查处理等各项工作。应急处置流程如图 13-3 所示。

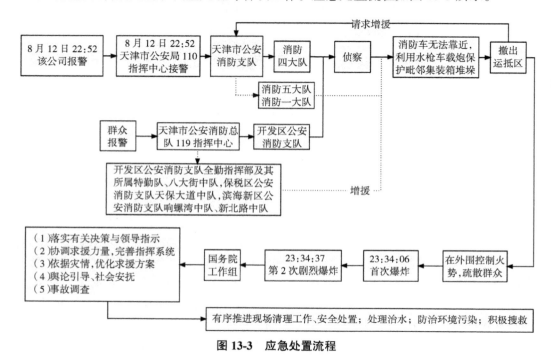

图 13-3　应急处置流程

13.4　事故原因分析

事故调查组先后调阅文字资料 600 多万字,调取监控视频 10 万 h,开展模拟实验 8次,召开专家论证会 56 场,对 600 余名相关人员逐一调查取证,通过反复现场勘验、检测鉴定、调查取证、模拟实验、专家论证,查明了事故经过、原因、人员伤亡和直接经济损失,认定了事故性质和责任,提出了对有关责任单位和责任人员的处理建议,分析了事故暴露出的突出问题和教训,提出了加强和改进工作的意见和建议。

1)直接原因

根据《天津港事故调查报告》,最初的着火物质是硝化棉($C_{12}H_{16}N_4O_{18}$)。硝化棉为白色或微黄色棉絮状物,易燃且具有爆炸性,化学稳定性较差,常温下能缓慢分解并放热,超过 40 ℃时会加速分解,放出的热量如不能及时散失,会造成硝化棉温升加剧,达到 180 ℃时发生自燃。硝化棉通常加乙醇或水作为湿润剂,一旦湿润剂散失,极易引发火灾。根据《危险化学品目录》,硝化棉(硝化纤维素)一般可能划分为 1.1D、1.3 C 项爆炸物,第 3 类易燃液体,4.1 项易燃固体、自反应物质和固态退敏爆炸品。

(1)起火原因:由于野蛮操作,在装卸作业中造成硝化棉包装破损,在高温条件(当天最高气温为 36 ℃,集装箱内温度可达 65 ℃以上)下硝化棉湿润剂散失,出现局部干燥,加速分解反应,集装箱内热量不断积聚,硝化棉温度持续升高,达到其自燃温度,发生自燃。

(2)爆炸原因:硝化棉局部自燃后火灾扩散,引燃周围集装箱内的其他危险化学品,火焰蔓延到邻近的硝酸铵后发生了第一次爆炸,爆炸当量约为 15 t TNT;受到集装箱火焰蔓延及第一次爆炸冲击波影响, 23 时 34 分 37 秒发生了第二次更剧烈的爆炸,爆炸当量约为 430 t TNT。

通过现场调查及技术分析认定,最初起火部位为该公司危险品仓库运抵区南侧集装箱区的中部。通过排除人为破坏、雷击因素和来自集装箱外部的引火源,调取储存的危险货物数据及对比实验认定最初着火物质为硝化棉。

2)间接原因

根据《天津港事故调查报告》,造成事故的间接原因是事故企业、有关职能部门和中介机构的安全管理体系不健全。

(1)事故企业严重违法违规经营。该公司无视安全生产主体责任,置国家法律法规、标准于不顾,追求经济利益、不顾生命安全,不择手段变更及扩展经营范围,长期违法违规经营危险货物,安全管理混乱,安全责任不落实,安全教育培训流于形式,特别是违规大量储存硝酸铵等易爆危险品,直接造成此次特别重大火灾爆炸事故的发生。

(2)有关地方政府安全发展意识不强。该公司长时间违法违规经营,有关政府部门在该公司经营问题上一再违法违规审批、监管失职,最终导致天津港"8·12"事故的发生,造成严重的生命财产损失和恶劣的社会影响。

(3)有关地方和部门违反法定城市规划。天津市规划、国土资源管理部门和天津港(集团)有限公司严重不负责任、玩忽职守,违法通过该公司危险品仓库和易燃易爆堆场的行政审批,致使该公司与周边居民住宅小区、天津港公安局消防支队办公楼等重要公共建筑物,以及高速公路和轻轨车站等交通设施的距离均不满足标准规定的安全距离要求,导致事故伤亡和财产损失扩大。

(4)有关职能部门有法不依、执法不严,有的人员甚至贪赃枉法。天津市涉及该公司行政许可审批的交通运输等部门,没有严格执行国家和地方的法律法规、工作规定,没有严格履行职责,甚至与企业相互串通,以批复的形式代替许可,行政许可形同虚设。

(5)港口管理体制不顺、安全管理不到位。天津市交通运输委员会、天津市建设管理委员会、滨海新区规划和国土资源管理局违法将多项行政职能委托天津港集团公司行使,客观上造成交通运输部、天津市政府以及天津港集团公司对港区管理职责交叉、责任不明,天津港集团公司政企不分,安全监管工作同企业经营形成内在关系,难以发挥应有的监管作用。另外,港口海关监管区(运抵区)安全监管职责不明,致使该公司违法违规行为长期得不到有效纠正。

(6)危险化学品安全监管体制不顺、机制不完善。目前,危险化学品生产、储存、使用、经营、运输和进出口等环节涉及部门多,地区之间、部门之间的相关行政审批、资质管理、行政处罚等未形成完整的监管"链条"。同时,全国缺乏统一的危险化学品信息管理平台,部门之间没有做到互联互通,信息不能共享,不能实时掌握危险化学品的去向和情况,难以实现对危险化学品全时段、全流程、全覆盖的安全监管。

(7)危险化学品安全管理法律法规标准不健全。国家缺乏统一的危险化学品安全管理、环境风险防控的专门法律;《危险化学品安全管理条例》对危险化学品流通、使用等环节要求不明确、不具体,特别是针对物流企业危险化学品安全管理的规定空白点更多;现行有关法规对危险化学品安全管理违法行为处罚偏轻,单位和个人违法成本很低,不足以起到惩戒和震慑作用。

(8)危险化学品事故应急处置能力不足。该公司没有开展风险评估和危险源辨识评估工作,应急预案流于形式,应急处置力量、装备严重缺乏,不具备初起火灾的扑救能力。天津港公安局消防支队没有针对不同性质的危险化学品准备相应的预案、灭火救援装备和物资,消防队员缺乏专业训练演练,危险化学品事故处置能力不强;天津市公安消防部队也缺乏处置重大危险化学品事故的预案以及相应的装备。

13.5　事故处理

根据事故原因调查和事故责任认定,该公司严重违反有关法律法规,是造成事故发生的主体责任单位。该公司无视安全生产主体责任,严重违反天津市城市总体规划和滨海新区控制性详细规划,违法建设危险货物堆场,违法经营、违规储存危险货物,安全管理极其混乱,安全隐患长期存在。事故调查组同时认定,有关地方党委、政府和部门存在有法不依、执法不严、监管不力、履职不到位等问题。天津交通、港口、海关、安监、规划和国土、市场和质检、海事、公安以及滨海新区环保、行政审批等部门单位,未认真贯彻落实有关法律法规,未认真履行职责,违法违规进行行政许可和项目审查,日常监管严重缺失;有些负责人和工作人员贪赃枉法、滥用职权。天津市委、市政府和滨海新区区委、区政府未全面贯彻落实有关法律法规,对有关部门、单位违反城市规划行为和在安全生产管理方面存在的问题失察失管。交通运输部作为港口危险货物监管主管部门,未依照法定职责对港口危险货物安全管理督促检查,对天津交通运输系统工作指导不到位。海关总署督促指导天津海关工作不到位。有关中介及技术服务机构弄虚作假,违法违规进行安全审查、评价和验收等。

《刑法》第 135 条规定,安全生产设施或者安全生产条件不符合国家规定,因而发生重大伤亡事故或者造成其他严重后果的,对直接负责的主管人员和其他直接责任人员,处三年以下有期徒刑或者拘役;情节特别恶劣的,处三年以上七年以下有期徒刑。第 136 条规定,违反爆炸性、易燃性、放射性、毒害性、腐蚀性物品的管理规定,在生产、储存、运输、使用中发生重大事故,造成严重后果的,处三年以下有期徒刑或者拘役;后果特别严重的,处三年以上七年以下有期徒刑。第 137 条规定,建设单位、设计单位、施工单位、工程监理单位违反国家规定,降低工程质量标准,造成重大安全事故的,对直接责任人员,处五年以下有期徒刑或者拘役,并处罚金;后果特别严重的,处五年以上十年以下有期徒刑,并处罚金。《安全生产法》《危险化学品安全管理条例》等有关法律法规和党纪政纪规定,对事故有关责任人员和责任单位作出如表 13-1 和表 13-2 所示的处理。

表 13-1　对事故责任人的处理

处罚对象	违法依据	处罚结果
瑞海公司(13 人)	主要违反《安全生产法》第 25 条,《港口法》第 15 条,《消防法》第 11 条,《港口危险货物安全管理规定》第 5、35、36、38 条,等等	采取刑事强制措施(13 人)
天津港(集团)有限公司(22 人)	主要违反《港口法》第 46 条,《建设工程质量监督机构监督工作指南》第 1 条,《建设工程消防监督管理规定》第 15 条,等等	采取刑事强制措施(5 人)
		给予党纪政纪处分(13 人)
		给予诫勉谈话或批评教育(4 人)
天津市交通运输部门(14 人)	主要违反《港口法》第 24、22 条,《港口危险货物安全管理规定》第 18、25 条,《危险化学品安全管理条例》第 76 条,等等	采取刑事强制措施(7 人)
		给予党纪政纪处分(4 人)
		给予诫勉谈话或批评教育(3 人)
天津市海关系统(18 人)	主要违反《海关实施行政许可办法》第 28、57 条,《海关监管场所管理办法》第 7、9、11、17 条,《集装箱港口装卸作业安全规程》第 4.4、8.3 条,等等	采取刑事强制措施(5 人)
		给予党纪政纪处分(5 人)
		给予诫勉谈话或批评教育(8 人)
天津市安全生产监督管理部门(21 人)	主要违反《安全生产法》《危险化学品安全管理条例》等	采取刑事强制措施(4 人)
		给予党纪政纪处分(9 人)
		给予诫勉谈话或批评教育(8 人)
天津市规划部门(15 人)	主要违反《行政许可法》第 24 条,《城乡规划法》第 60、64 条,等等	采取刑事强制措施(2 人)
		给予党纪政纪处分(7 人)
		给予诫勉谈话或批评教育(6 人)
天津市环境保护部门(5 人)	主要违反《建设项目环境影响技术评估导则》第 4、5.1.1、6.14 条,《环境保护法》第 36 条,等等	给予党纪政纪处分(4 人)
		给予诫勉谈话或批评教育(1 人)
天津市公安和消防部门(6 人)	主要违反《铁路、交通、民航系统消防监督职责范围协调会议纪要》第 6 条等	给予党纪政纪处分(4 人)
		给予诫勉谈话或批评教育(2 人)

续表

处罚对象	违法依据	处罚结果
天津市工商和质检部门（9人）	主要违反《特种设备安全法》第57条,《特种设备安全监察条例》第4条,《公司法》第10条,等等	给予党纪政纪处分（3人） 给予诫勉谈话或批评教育（6人）
天津市海事部门（11人）	主要违反《港口危险货物安全管理规定》《港口法》等	采取刑事强制措施（1人） 给予党纪政纪处分（4人） 给予诫勉谈话或批评教育（6人）
中介评估机构和设计单位（24人）	主要违反《安全评价监督管理规定》第21、23条等等	采取刑事强制措施（11人） 给予党纪政纪处分（9人） 给予诫勉谈话或批评教育（4人）
地方党委、政府（共7人）	主要违反《安全生产法》《城乡规划法》《消防法》《中华人民共和国监控化学品管理条例》等	给予党内严重警告处分、降级处分或记大过处分,给予撤销党内职务、撤职处分
国务院相关部委（共6人）	主要违反《危险化学品安全管理条例》《生产安全事故应急条例》等	采取刑事强制措施（1人） 给予党纪政纪处分（5人）

表 13-2　对责任单位的处理

处罚对象	违法依据	处罚结果
瑞海公司	主要违反《集装箱港口装卸作业安全规程》《危险货物集装箱港口作业安全工程》等	建议吊销有关证照并处罚款,企业相关主要负责人终身不得担任本行业生产经营单位的主要负责人
中滨海盛安全评价公司	主要违反《安全评价机构监督管理规定》第21、23条等	建议没收违法评价所得并罚款,撤销评价资质,吊销执业资格
天津市化工设计院	主要违反《建设工程勘察设计管理条例》第25条,《集装箱港口装卸作业安全规程》第4.4、5.3.1条,等等	建议吊销设计资质
天津市交通建筑设计院	主要违反《工程建设法》《建筑法》《交通建筑设计规范》等	建议处罚三万元罚款
天津博维永诚科技有限公司	主要违反《天津市城乡规划条例》第45、56条,《天津市建设工程规划许可证管理规定》第13条,等等	建议没收违法测绘所得,并处标准测绘费百分之一百的罚款

　　客观来说,这起事故在一定程度上加速了我国安全管理尤其是危化品领域安全管理的进程。面对堪称中华人民共和国成立以来最大的安全生产责任事故,我们必须认真分析暴露出的问题,深刻汲取教训。

　　事故促使"三个必须"理念深入人心。"管行业必须管安全、管业务必须管安全、管生产经营必须管安全"是习近平总书记在 2013 年考察中石化黄岛经济开发区输油管线泄漏引发爆燃事故抢险工作时首先提出来的理念;事故发生后,积极采取措施解决责任落实不到位、安全检查不系统、重大安全隐患未及时消除等问题的理念得到进一步加强；2021 年修改的《安全生产法》将"三个必须"写入了法律，进一步明确了各方面的安全生产责任。

事故暴露了港口管理体制、危险化学品安全监管体制、危险化学品安全管理法律法规标准不健全等问题，也加速了安全生产的法治建设、制度建设、机制建设。应进一步理顺港口安全管理体制，明确相关部门安全监管职责；完善规章制度，着力提高危险化学品安全监管法治化水平；建立健全危险化学品安全监管体制机制，完善法律法规和标准体系；依法依规建设经营，落实安全生产责任制和规章制度，提高本质安全水平。

各相关部门加强法规标准制度引导，建立上级管理部门对下级管理部门的督促检查制度。2015 年 8 月，国家能源局综合司下发《关于深刻吸取天津港"8·12"火灾爆炸事故教训　认真做好当前安全生产工作的紧急通知》。2016 年 4 月，交通运输部印发《危险货物港口作业安全治理专项行动方案（2016—2018）》，这是自天津港"8·12"特大火灾爆炸事故后行业内展开的相对系统、全面的港口危化品安全作业专项整治行动。

如今，《安全生产法》《刑法》《消防法》《危险化学品安全管理条例》《港口危险货物集装箱堆场技术标准》《港口经营管理规定》等多部法律或规范已得到修订，《安全生产事故应急条例》《危险化学品安全生产风险监测预警系统五项制度》《易制毒化学品管理条例》《危险化学品安全专项整治三年行动实施方案》等多个规范新发布，制度建设取得明显成效。

事故单位违法建设、违法经营、违规储存危险货物等行为的背后反映出其安全法治意识极度淡薄、安全管理水平极其低下的事实；而属地责任落实不到位，政企不分，管理职责相互交叉，有关部门日常监管严重缺失，在执行城市规划、交通运输、消防工作、安全生产等方面存在漏洞则是监督作用发挥不力。近几年，为深刻吸取天津港"8·12"事故安全管理不到位的教训，政府、企业、第三方等各类责任主体都积极采取措施，切实落实安全生产主体责任，全面提升本质安全管理水平。一是集中开展危险化学品安全专项整治行动。2020 年 4 月，《全国安全生产专项整治三年行动计划》发布，建立公共安全隐患排查和安全预防控制体系，推进安全生产由企业被动接受监管向主动加强管理转变、安全风险管控由政府推动为主向企业自主开展转变、隐患排查治理由部门行政执法为主向企业日常自查自纠转变。二是严格监管安全评价等中介机构。2021 年 5 月，《安全评价机构执业行为专项整治方案》发布，国家坚决整治安全评价机构弄虚作假问题，系统剖析制约安全评价高质量发展的深层次原因，全面净化安全评价市场，强化生产经营单位主体责任管理。三是建立全国统一的危险化学品监管信息平台。2021 年 4 月，应急管理部印发了《"工业互联网+危化安全生产"试点建设方案》，"工业互联网+危化安全生产"整体架构设计上，按照感知层、企业层、园区层、政府层"多层布局、三级联动"的思路，推动企业、园区、行业、政府各主体多级协同、纵向贯通，覆盖危险化学品生产、储存、使用、经营、运输等各环节，实现全要素、全价值横向一体化。

思政天地

有关天津港"8·12"特别重大火灾爆炸事故的重要指示批示

2015 年 8 月 12 日,天津港瑞海公司危险品仓库发生火灾爆炸事故。事故发生后,党中央、国务院高度重视。中共中央总书记、国家主席、中央军委主席习近平立即作出重要指示,要求天津市组织强有力力量,全力救治伤员,搜救失踪人员;尽快控制消除火情,查明事故原因,严肃查处事故责任人;做好遇难人员亲属和伤者安抚工作,维护好社会治安,稳定社会情绪;注意科学施救,切实保护救援人员安全。国务院速派工作组前往指导救援和事故处理。各地要汲取此次事故的沉痛教训,坚持人民利益至上,认真进行安全隐患排查,全面加强危险品管理,切实搞好安全生产,确保人民生命财产安全。中共中央政治局常委、国务院总理李克强立即作出批示,要求全力组织力量扑灭爆炸火势,并对现场进行深入搜救,注意做好科学施救,防止发生次生事故;抓紧组织精干医护力量全力救治受伤人员,最大限度减少因伤死亡;查明事故原因,及时公开透明向社会发布信息。同时,要督促各地强化责任,切实把各项安全生产措施落到实处。①

2015 年 8 月 15 日,中共中央总书记、国家主席、中央军委主席习近平再次作出重要指示,要求确保安全生产、维护社会安定、保障人民群众安居乐业是各级党委和政府必须承担好的重要责任。天津港"8·12"瑞海公司危险品仓库特别重大火灾爆炸事故以及近期一些地方接二连三发生的重大安全生产事故,再次暴露出安全生产领域存在突出问题、面临形势严峻。血的教训极其深刻,必须牢牢记取。各级党委和政府要牢固树立安全发展理念,坚持人民利益至上,始终把安全生产放在首要位置,切实维护人民群众生命财产安全。要坚决落实安全生产责任制,切实做到党政同责、一岗双责、失职追责。要健全预警应急机制,加大安全监管执法力度,深入排查和有效化解各类安全生产风险,提高安全生产保障水平,努力推动安全生产形势实现根本好转。各生产单位要强化安全生产第一意识,落实安全生产主体责任,加强安全生产基础能力建设,坚决遏制重特大安全生产事故发生。

中共中央政治局常委、国务院总理李克强作出重要批示,指出安全生产事关人民群众生命财产安全,事关经济发展和社会稳定大局。近期,一些地方相继发生重特大安全生产事故,特别是天津港"8·12"瑞海公司危险品仓库特别重大火灾爆炸事故造成重大人员伤亡,损失极其惨重,教训极为深刻,警钟震耳。各地区、各部门要以对人民群众生命高度负责的态度,切实落实和强化安全生产主体责任,全面开展各类隐患排查,特别是要坚决打好危化品和易燃易爆物品等安全专项整治攻坚战,采取有力有效措施加快薄弱环节整改,形成长效机制,切实防范各类重大事故发生。②

---

① 习近平对天津港"8·12"瑞海公司危险品仓库特别重大火灾爆炸事故作出重要指示, http://cpc.people.com.cn/n/2015/0814/c64094-27460275.html,访问日期:2022 年 7 月 1 日。

② 习近平就切实做好安全生产工作作出重要指示:要求各级党委和政府牢固树立安全发展理念 坚决遏制重特大安全生产事故发生, http://cpc.people.com.cn/n/2015/0816/c64094-27468127.html,访问日期:2022 年 7 月 1 日。

13.6　硝酸铵爆炸事故

硝酸铵是天津港"8·12"特别重大火灾爆炸事故的"罪魁祸首",国内外由硝酸铵造成的典型爆炸事故如下。

1)国外

(1)肯特大爆炸:1916 年 4 月 2 日,肯特沼泽地的一家弹药厂发生火灾,进而发生爆炸。爆炸造成至少 108 人死亡,炸伤 97 人,并造成广泛的现场破坏。最初的火灾引发了工厂内存放的硝酸铵和 2, 4, 6-三硝基甲苯(TNT)发生爆炸。这被称为"英国炸药工业史上最严重的一次爆炸"。

(2)德国奥堡爆炸:1921 年 9 月 21 日,德国路德维希港的奥堡发生了一起惨烈的化工厂爆炸事故,造成 500~600 人丧生,约 2 000 人受伤。爆炸的直接原因是工厂将硫酸盐和硝酸盐大量囤积于库房内储备,欲待市场旺销时上市。事故发生时,工作人员试图使用炸药来松动 4 500 t 已经固化的硝酸铵和硫酸铵混合物,却引爆了硝酸铵和硫酸铵混合物,爆炸释放出巨大的能量。剧烈的爆炸导致 25 km 内 80%的建筑物受到严重损坏,7 500 多人无家可归。

(3)得克萨斯城灾难:1947 年 4 月 16 日,一艘停泊于美国得克萨斯城的货轮起火,引爆了船上的 2 300 t 硝酸铵。爆炸还产生了连锁反应,导致附近的化工厂爆炸。这次爆炸造成约 600 人丧生,3 500 多人受伤。

(4)法国图卢兹市爆炸:2001 年 9 月 21 日,位于法国西南部工业重镇图卢兹市的 AZF 化工厂发生爆炸火灾,事故造成 31 人死亡,2 500 多人受伤。爆炸发生于 AZF 工厂 221 号仓库,当时仓库内有 300 t 硝酸铵,并与 500 kg 二氯异氰酸钠(具有强氧化性,主要用作消毒剂)混合存放,因散热不良、局部过热,最终导致猛烈爆炸。

(5)美国得克萨斯州爆炸:2013 年 4 月 17 日,美国得克萨斯州韦科市韦斯特化肥厂发生爆炸,造成 15 人死亡、260 人受伤、150 多座建筑受损。爆炸产生巨大的冲击波,波及方圆 80 km,爆炸的强度相当于 2.1 级地震。事故发生时厂内约存有 240 t 硝酸铵和 50 t 无水氨,危险品储量超过政府规定上报最低限量的 1 350 倍。

(6)黎巴嫩大爆炸:2020 年 8 月 4 日,位于地中海东岸的黎巴嫩首都贝鲁特港口区发生巨大爆炸,爆炸至少造成 190 人死亡,6 500 多人受伤,几十万人无家可归。黎巴嫩司法部门公布信息显示:爆炸由 2014 年即存放在港口仓库内的 2 750 t 硝酸铵引起。

2)国内

(1)深圳市危化品仓库爆炸:1993 年 8 月 5 日,深圳市清水河危险品仓库发生了大爆炸,起因是仓库内混装了多种化学物品,其中就有大量的硝酸铵。由于天气炎热,混装的硝酸铵与其他化学物品发生反应后发热自燃,导致了爆炸事故的发生。事故造成直接经济损失 2.4 亿元,死伤人员达 800 多人。

(2)天津市铝材厂爆炸:1994 年 6 月 23 日,天津市某铝材厂在为硝酸铵升温过程中,因未严格按照安全操作规程操作,致使池内的硝酸铵发生爆炸,与该厂相邻的大部分建筑物被摧毁,造成 10 人死亡,23 人受伤。

（3）四川省化肥厂火灾：1994 年 7 月 28 日,四川蓬溪县某化肥厂由于管理不善，4 名儿童混入了该厂硝酸铵库房背后,利用库房通风洞给灶炉点火烤鱼吃,结果火苗从通风洞引燃了百叶窗,紧接着又引燃了库房内的硝酸铵。由于人们的奋力扑救,硝酸铵没有发生爆炸,但却发生了震惊全国的重大人身伤亡事故——由于参加救火的人员未穿戴防护用品,致使 147 人中毒住院抢救,3 人抢救无效死亡。

（4）陕西省硝酸铵爆炸：1998 年 1 月 6 日,陕西省某公司硝铵装置发生爆炸,造成 22 人死亡，58 人受伤,直接经济损失达 7 000 万元。事故的直接原因是供氨系统不平衡,氨系统累积的含油和氯离子的液体从氨系统带入硝铵生产系统。含油和含氯离子含量高的硝铵溶液在造粒系统停车的状态下温度升高,自催化分解放热,极短的时间内产生的高热和大量高温气体产物积聚,导致硝酸铵爆炸。

第 14 章　危险化学品安全管理

14.1　危险化学品相关法律法规和标准

危险化学品相关法律法规和标准见表 14-1。

表 14-1　危险化学品相关法律法规和标准

法律	《中华人民共和国刑法》（第 135、136、137、138、139 条）（2021 年）； 《中华人民共和国安全生产法》（第 24、26、27、32、34、35、39、49、98 条）（2021 年）； 《中华人民共和国职业病防治法》（第 29、34、64、76、79 条）（2018 年）； 《中华人民共和国劳动法》（第 52、53、54、55、56、92、93 条）（2018 年）； 《中华人民共和国消防法》（第 19、21、22、23、39、61 条）（2021 年）
行政法规	《危险化学品安全管理条例》（2013 年）； 《生产安全事故应急条例》（2019 年）； 《烟花爆竹安全管理条例》（2016 年）； 《民用爆炸物品安全管理条例》（2014 年）； 《使用有毒物品作业场所劳动保护条例》（2002 年）； 《生产安全事故报告和调查处理条例》（2007 年）； 《易制毒化学品管理条例》（2018 年）； 《中华人民共和国监控化学品管理条例》（2011 年）； 《安全生产许可证条例》（2014 年）； 《危险废物经营许可证管理办法》（2016 年）
部门规章	《危险化学品生产企业安全生产许可证实施办法》（2017 年）； 《危险化学品安全使用许可证实施办法》（2017 年）； 《危险化学品输送管道安全管理规定》（2015 年）； 《危险化学品建设项目安全监督管理办法》（2015 年）； 《危险化学品经营许可证管理办法》（2015 年）； 《危险化学品重大危险源监督管理暂行规定》（2015 年）； 《危险化学品登记管理办法》（2012 年）； 《特别管控危险化学品目录（第一版）》（2020 年）； 《危险化学品企业安全分类整治目录（2020 年）》； 《安全生产违法行为行政处罚办法》（2015 年）； 《危险化学品包装物、容器定点生产管理办法》（2010 年）； 《工作场所安全使用化学品规定》（1996 年）； 《爆炸危险场所安全规定》（1995 年）； 《易制爆危险化学品治安管理办法》（2019 年）
地方性法规	《天津市安全生产条例》（2016 年）； 《天津市危险化学品安全管理办法》（2018 年）； 《天津市危险化学品企业安全治理规定》（2015 年）

续表

国家标准	生产阶段	《化学品分类和危险性公示　通则》(GB 13690—2009); 《化学品分类和标签规范》(GB 30000 系列); 《危险货物分类定级基本程序》(GB 21175—2007); 《危险货物分类和品名编号》(GB 6944—2012); 《化学品安全标签编写规定》(GB 15258—2009); 《危险货物品名表》(GB 12268—2012); 《危险货物命名原则》(GB/T 7694—2008); 《危险化学品重大危险源辨识》(GB 18218—2018); 《危险化学品有机过氧化物包装规范》(GB 27833—2011); 《危险化学品自反应物质包装规范》(GB 27834—2011); 《危险化学品包装液压试验方法》(GB/T 21279—2007); 《危险货物例外数量及包装要求》(GB 28644.1—2012); 《危险货物有限数量及包装要求》(GB 28644.2—2012)
	储存阶段	《危险化学品生产装置和储存设施外部安全防护距离确定方法》(GB/T 37243—2019); 《危险化学品生产装置和储存设施风险基准》(GB 36894—2018); 《危险品绝热储存试验方法》(GB/T 39090—2020); 《危险化学品仓库储存通则》(GB 15603—2022); 《危险化学品经营企业安全技术基本要求》(GB 18265—2019); 《易燃易爆性商品储存养护技术条件》(GB 17914—2013); 《毒害性商品储存养护技术条件》(GB 17916—2013); 《腐蚀性商品储存养护技术条件》(GB 17915—2013); 《建筑设计防火规范(2018 年版)》(GB 50016—2014); 《危险废物贮存污染控制标准》(GB 18597—2023)
	运输阶段	《危险货物运输车辆结构要求》(GB 21668—2008); 《危险货物运输包装通用技术条件》(GB 12463—2009); 《危险货物运输　爆炸品的认可和分项试验方法》(GB/T 14372—2013); 《危险货物运输　爆炸品的认可和分项程序及配装要求》(GB 14371—2013); 《危险货物运输包装通用技术条件》(GB 12463—2009); 《道路运输危险货物车辆标志》(GB 13392—2005)
	安全监管 阶段	《化学品安全评定规程》(GB/T 24775—2009); 《化学品理化及其危险性检测实验室安全要求》(GB/T 24777—2009); 《危险品检验安全规范　化学氧气发生器》(GB 28645.1—2012); 《危险品检验安全规范　密封蓄电池》(GB 28645.2—2012); 《电子工厂化学品系统工程技术规范》(GB 50781—2012)
行业标准	储存阶段	《危险化学品储罐区作业安全通则》(AQ 3018—2008); 《危险化学品重大危险源　罐区现场安全监控装备设置规范》(AQ 3036—2010)
	运输阶段	《危险化学品汽车运输　安全监控车载终端安装规范》(AQ 3006—2007); 《危险化学品汽车运输安全监控系统　车载终端与通信中心间数据接口协议和数据交换技术规范》(AQ 3007—2007); 《危险化学品汽车运输安全监控系统　通信中心与运营控制中心、客户端监控中心间数据接口和数据交换技术规范》(AQ 3008—2007); 《危险化学品汽车运输安全监控系统通用规范》(AQ 3003—2005); 《危险化学品汽车运输安全监控车载终端》(AQ 3004—2005)

行业标准	安全监管阶段	《危险化学品从业单位安全标准化通用规范》（AQ 3013—2008）； 《危险化学品生产单位主要负责人安全生产培训大纲及考核标准》（AQ/T 3029—2010）； 《危险化学品生产单位安全生产管理人员安全生产培训大纲及考核标准》（AQ/T 3030—2010）； 《危险化学品经营单位主要负责人安全生产培训大纲及考核标准》（AQ/T 3031—2010）； 《危险化学品经营单位安全生产管理人员安全生产培训大纲及考核标准》（AQ/T 3032—2010）； 《危险化学品重大危险源安全监控通用技术规范》（AQ 3035—2010）

14.2　危险化学品分类

危险化学品指《危险化学品安全管理条例》第 3 条规定的具有毒害、腐蚀、爆炸、燃烧、助燃等性质，对人体、设施、环境具有危害的剧毒化学品和其他化学品。

针对危险化学品分类和公示，《全球化学品统一分类和标签制度》（GHS）和《关于危险货物运输的建议书　规章范本》（TDG）是联合国通用化学品分类体系中最重要的两个指导性文件。大多数国家和地区都是基于联合国这两个文件来制定本国有关危险化学品或有害物质的分类及运输法律法规。目前，我国对于危险化学品分类的标准有《危险货物分类和品名编号》（GB 6944—2012）、《危险货物品名表》（GB 12268—2012）、《化学品分类和危险性公示　通则》（GB 13690—2009）和《化学品分类和标签规范》（GB 30000 系列），其中最为常见的分类标准主要有两种，分别是依据《危险货物分类和品名编号》将危险化学品分为九大类和依据《化学品分类和危险性公示　通则》将危险化学品分成三大类。

14.2.1　依据《危险货物分类和品名编号》分类

1）爆炸品

（1）定义：爆炸品指在外界作用（如受热、受摩擦、撞击等）下，能发生剧烈的化学反应，瞬时产生大量的气体和热量，使周围压力急骤上升，发生爆炸，对周围环境造成破坏的物品，也包括无整体爆炸危险，但具有燃烧、抛射及较小爆炸危险，或仅产生热、光、声响或烟雾等一种或几种作用的物品。

（2）举例：常见爆炸品有叠氮钠、黑索金、TNT、三硝基苯酚、硝化甘油、雷酸汞[Hg（ONC）$_2$]等。

（3）主要特性：①发生化学反应速度极快；②爆炸时产生大量的热，能量在极短的时间内释放出来；③产生大量的气体，造成高压，形成的冲击波对周围的建筑物造成极大的破坏；④对温度、撞击、摩擦等外界条件敏感。

2）气体

（1）定义：在 50 ℃时，蒸气压力大于 300 kPa 的物质或 20 ℃时在 101.3 kPa 标准压力下完全是气态的物质，满足其中一个条件的物质即可称为气体，包括易燃气体、不燃气体、有毒气体。

（2）举例：常见气体有氢气、甲烷、一氧化碳、二氧化碳、氧气、氮气等。

（3）主要特性：可压缩性、膨胀性、与空气能形成爆炸性混合物、毒性窒息性和腐蚀性。

3）易燃液体

（1）定义：易燃的液体、液体混合物或在溶液或悬浮液中有固体的液体，其闭杯试验闪点等于或低于60 ℃，或开杯试验闪点不高于65.6 ℃。

（2）举例：常见的易燃液体有乙醚、乙醛、苯、乙醇、丁醇、氯苯等。

（3）主要特性：①具有高度易燃性，极易燃烧；②黏度一般都很小，流动性好，当容器有细微裂痕时，液体就易于泄漏出来，造成燃烧或爆炸；③部分易燃液体，如苯、甲苯、汽油等，电阻率很大，容易积聚静电荷，有发生静电火花点燃的危险；④膨胀系数大，受热后体积明显增大，易发生容器破裂或爆裂；⑤有毒性。

4）易燃固体、易于自燃的物质、遇水放出易燃气体的物质

（1）定义：①易燃固体是指燃点低，对热、撞击、摩擦敏感，易被外部火源点燃，燃烧迅速，并可能散发出有毒烟雾或有毒气体的固体；②易于自燃的物质是指自燃点低，在空气中易于发生氧化反应放出热量而自行燃烧的物品；③遇水放出易燃气体的物质是指遇水或受潮时发生剧烈化学反应，放出大量的易燃气体和热量的物品。

（2）举例：①易燃固体，如红磷、硫黄等；②自燃物品，如白磷、三乙基铝等；③遇湿易燃物品，如钠、钾等。

（3）主要特性：①易燃固体，易被氧化，受热易分解，遇到明火会引起强烈的燃烧，与酸类或氧化剂接触时会发生剧烈反应，对摩擦、撞击、震动等外界条件敏感；②自燃物品，自燃点低，易发生自燃；③遇湿易燃物品，遇潮湿或水就有可能自燃，也易与酸类或氧化剂反应。

5）氧化性物质和有机过氧化物

（1）定义：氧化剂指具有强氧化性，易分解并放出氧和热量的物质；有机过氧化物指分子组成中含有过氧键的有机物。

（2）举例：氧化性物质包括过氧化钠、高锰酸钾等；有机过氧化物包括过氧化苯甲酰、过氧化甲乙酮等。

（3）主要特性：二者都具有强氧化性，易燃、易爆、易分解，对外界环境较为敏感。

6）毒性物质和感染性物质

（1）定义：毒性物质是指经吞食、吸入或与皮肤接触后可能造成死亡或严重伤害或损害人类健康的物质；感染性物质是指已知或有理由认为含有病原体的物质。

（2）举例：毒性物质如氰化钠、氰化钾、砷酸盐、农药、酚类、氯化钡、硫酸二甲酯等；感染性物质如细菌、病毒、立克次氏体、寄生生物、真菌等。

（3）主要特性：毒性、感染性。

7）放射性物品

（1）定义：放射性物品是指放射性比活度大于 7.4×10^4 Bq/kg 的物品。

（2）举例：金属铀、六氟化铀、金属钍等。

（3）主要特性如下。①放射性：虽然各种放射性物品放出的射线种类和强度不尽相同，但是各种射线对人体的危害都很大，它们具有不同程度的穿透能力，过量的射线照射，对人体细胞有杀伤作用。若放射性物质进入体内，会对人体造成内照射危害。②不可抑制性：不能用化学方法使其不放出射线，只能设法把放射性物质清除或者用适当的材料吸收，屏蔽射线。③易燃性：多数放射性物品具有易燃性，有的燃烧十分强烈，甚至引起爆炸。④氧化性：有些放射性物品有氧化性。

8）腐蚀性物质

（1）定义：能灼烧人体组织，对金属等物品也能造成损害的固体或液体。

（2）举例：硫酸、硝酸、氢氧化钠、氢氧化钾、亚氯酸钠溶液等。

（3）主要特性：腐蚀性、毒性、易燃性。

9）杂项危险物质和物品

本类是指存在危险性但不满足其他类别定义的物质和物品。

14.2.2　依据《化学品分类和危险性公示　通则》分类

依据危险化学品的基本性质和危害方式，《化学品分类和危险公示　通则》将危险化学品共分为三大类：理化危险、健康危险、环境危险。具体分类见表 14-2。

表 14-2　化学品分类

理化危险	健康危险	环境危险
爆炸物	急性毒性	危害水生环境
易燃气体	皮肤腐蚀/刺激	危害臭氧层
易燃气溶液	严重眼损伤/眼刺激	
氧化性气体	呼吸或皮肤过敏	注 2：GHS 指出，退敏爆炸物指经过退敏处理的固态或液态爆炸性物质或混合物，抑制其爆炸性，使之不会整体爆炸，也不会迅速燃烧，因此可不划入"爆炸物"这一危险种类。一些爆炸性物质和混合物经用水或酒精湿润、用其他物质稀释，或溶解或悬浮于水或其他液态物质中，以抑制或降低其爆炸性。为某些管理目的（例如运输），可将它们划为退敏爆炸物，或（作为退敏爆炸物）给予其不同于爆炸性物质和混合物的对待
压力下气体	生殖细胞致突变性	
易燃液体	致癌性	
易燃固体	生殖毒性	
自反应物质或混合物	特异性靶器官系统毒性——一次接触	
自燃液体	特异性靶器官系统毒性——反复接触	
自燃固体	吸入危险	
自热物质和混合物		
遇水放出易燃气体的物质或混合物	注 1：《全球化学品统一分类和标签制度》（GHS）理化危险分类比《化学品分类和危险公示　通则》（GB 13690—2009）理化危险分类多列出一项退敏爆炸物	
氧化性液体		
氧化性固体		
有机过氧化物		
金属腐蚀物		

1）理化危险

（1）爆炸物。爆炸物质（或混合物）是一种固态或液态物质（或物质的混合物），其本身能够通过化学反应产生气体，而产生气体的温度、压力和速度能对周围环境造成破坏。其中也包括发火物质，即使它们不放出气体。

发火物质（或发火混合物）旨在通过非爆炸自持放热化学反应产生的热、光、声、气体、烟或所有这些的组合来产生效应。

爆炸性物品是含有一种或多种爆炸物质的物品。

烟火物品是包含一种或多种发火物质的物品。

（2）易燃气体。易燃气体是在 20 ℃和 101.3 kPa 标准压力下，与空气有易燃范围的气体。

（3）易燃气溶胶。气溶胶常盛装于气溶胶喷雾罐中，该种容器由金属、玻璃或塑料制成，内装强制压缩、液化或溶解的气体，包含或不包含液体、膏剂或粉末，配有释放装置，可使所装物质喷射出来，形成在气体中悬浮的固态或液态微粒或形成泡沫、膏剂或粉末。如果气溶胶含有任何根据 GHS 分类为易燃物的成分时，该气溶胶为易燃气溶胶。

（4）氧化性气体。氧化性气体是一般通过提供氧气，比空气更能导致或促使其他物质燃烧的任何气体。

（5）压力下气体。压力下气体是指在压力等于或大于 200 kPa（表压）下装入储器的气体，或液化气体或冷冻液化气体。压力下气体包括压缩气体、液化气体、溶解液体、冷冻液化气体。

（6）易燃液体。易燃液体是指闪点不高于 93 ℃的液体。

（7）易燃固体。易燃固体是容易燃烧或通过摩擦可能引燃或助燃的固体。易于燃烧的固体为粉状、颗粒状或糊状物质，它们在与燃烧着的火柴等火源短暂接触即可点燃和火焰迅速蔓延的情况下，都非常危险。

（8）自反应物质或混合物。自反应物质或混合物是即使没有氧（空气）也容易激烈放热分解的热不稳定液态或固态物质或混合物。定义中不包括根据统一分类制度分类为爆炸物、有机过氧化物或氧化性物质的物质和混合物。自反应物质或混合物如果在实验室试验中容易起爆、迅速爆燃或在封闭条件下加热时显示剧烈效应，应视为具有爆炸性质。

（9）自燃液体。自燃液体是即使数量小也能在与空气接触后 5 min 之内引燃的液体。

（10）自燃固体。自燃固体是即使数量小也能在与空气接触后 5 min 之内引燃的固体。

（11）自热物质和混合物。自热物质是除发火液体或固体以外，与空气反应不需要能源供应就能够自己发热的固体或液体物质或混合物；这类物质或混合物与发火液体或固体不同，因为这类物质只有数量很大（公斤级）并经过长时间（几小时或几天）才会燃烧。

注:物质或混合物的自热导致自发燃烧是由于物质或混合物与氧气发生反应并且所产生的热没有足够迅速地传导到外界而引起的。当热产生的速度超过热损耗的速度而达到自燃温度时,自燃便会发生。

（12）遇水放出易燃气体的物质或混合物。遇水放出易燃气体的物质或混合物是通过与水作用,容易具有自燃性或放出危险数量的易燃气体的固态或液态物质或混合物。

（13）氧化性液体。氧化性液体是本身未必燃烧,但通常因放出氧气可能引起或促使其他物质燃烧的液体。

（14）氧化性固体。氧化性固体是本身未必燃烧,但通常因放出氧气可能引起或促使其他物质燃烧的固体。

（15）有机过氧化物。有机过氧化物是含有二价—O—O—结构的液态或固态有机物质,可以看作一个或两个氢原子被有机基替代的过氧化氢衍生物。该术语也包括有机过氧化物配方（混合物）。有机过氧化物是热不稳定物质,容易放热自加速分解。另外,有机过氧化物可能具有这样一种或几种性质:①易于爆炸分解;②迅速燃烧;③对撞击或摩擦敏感;④与其他物质发生危险反应。如果有机过氧化物在实验室试验中,在封闭条件下加热时组分容易爆炸、迅速爆燃或表现出剧烈效应,则可认为它具有爆炸性质。

（16）金属腐蚀剂。金属腐蚀剂是通过化学作用显著损坏或毁坏金属的物质。

2）健康危险

（1）急性毒性。急性毒性是指单剂量或在 24 h 内多剂量口服或皮肤接触一种物质或吸入接触 4 h 之后出现的有害效应。

（2）皮肤腐蚀/刺激。皮肤腐蚀是指对皮肤造成不可逆损伤,即施用试验物质达到 4 h 后,可观察到表皮和真皮坏死。腐蚀反应的特征是溃疡、出血、有血的结痂,而且在观察期 14 d 结束时,皮肤、完全脱发区域和结痂处由于漂白而褪色。应考虑通过组织病理学来评估可疑的病变。皮肤刺激是指施用试验物质达到 4 h 后对皮肤造成可逆损伤。

（3）严重眼损伤/眼刺激。严重眼损伤是在眼前部表面施用试验物质之后,对眼部造成组织损伤或严重的视觉衰弱,且在 21 d 内尚不能完全恢复。眼刺激是在眼前部表面施加试验物质之后,在 21 d 内恢复正常。

（4）呼吸或皮肤过敏。呼吸过敏物是吸入后会导致气管超敏反应的物质。皮肤过敏物是皮肤接触后会导致过敏反应的物质。

过敏包含两个阶段:第一个阶段是某人因接触某种变应原而引起特定免疫记忆;第二阶段是引发,即某一致敏个人因接触某种变应原而产生细胞介导或抗体介导的过敏反应。

（5）生殖细胞致突变性。生殖细胞致突变性涉及的主要是可能导致人类生殖细胞发生可传播给后代的突变的化学品。

此处的突变,定义为细胞中遗传物质的数量或结构发生永久性改变,可能表现为表型水平的可遗传基因改变和已知的基本 DNA 改性(例如特定的碱基对改变和染色体易位)。

(6)致癌性。致癌物是指可导致癌症或增加癌症发生率的物质。

需要注意的是,在实施良好的动物实验性研究中诱发良性和恶性肿瘤的物质也被认为是假定的或可疑的人类致癌物,除非有确凿证据显示该肿瘤形成机制与人类无关。

(7)生殖毒性。生殖毒性包括对成年雄性和雌性性功能和生育能力的有害影响,以及在后代中的发育毒性。有些生殖毒性效应不能明确地归因于性功能和生育能力受损害或者发育毒性。尽管如此,具有这些效应的化学品将划为生殖有毒物并附加一般危险说明。

对性功能和生育能力的有害影响指的是化学品干扰生殖能力的任何效应。对哺乳期的有害影响或通过哺乳期产生的有害影响也属于生殖毒性的范围,但为了分类目的,对这样的效应进行了单独处理。

对后代发育的有害影响指的是发育毒性,包括在出生前或出生后干扰孕体正常发育的任何效应,这种效应的产生是由于受孕前父母一方的接触,或者正在发育之中的后代在出生前或出生后性成熟之前这一期间的接触。

(8)特异性靶器官系统毒性———一次接触。具有特异性靶器官系统毒性的物质指的是由于单次接触而产生特异性、非致命性目标器官或毒性的物质。所有可能损害机能的,可逆和不可逆的,即时和/或延迟的,并且在上面的(1)~(7)中未具体论述的,显著健康影响都包括在内。

(9)特异性靶器官系统毒性———反复接触。特异性靶器官系统毒性———反复接触强调由于反复接触而产生特定靶器官或毒性。所有可能损害机能的,可逆和不可逆的,即时和/或延迟的显著健康影响都包括在内。

(10)吸入危险。列出"吸入危险"条款的目的是对那些可能对人类造成吸入毒性危险的物质进行分类。目前,吸入危险性在我国还未转化为国家标准。

所谓的吸入,是指液态或固态化学品的气态形式通过口腔或鼻腔直接进入或者因呕吐间接进入气管和下呼吸系统。吸入毒性包括化学性肺炎、不同程度的肺损伤或吸入后死亡等严重急性效应。

3)环境危险

(1)危害水生环境。对水生环境的危害分为急性水生毒性和慢性水生毒性。其中,急性水生毒性是指物质对短期接触它的生物体造成伤害的固有性质。慢性水生毒性是指物质在与生物体生命周期相关的接触期间,对水生生物产生有害影响的潜在性质或实际性质。

慢性毒性数据不像急性毒性数据那么容易得到,而且试验程序范围也未标准化。

(2)危害臭氧层。危害臭氧层指的是《关于消耗臭氧层物质的蒙特利尔议定书》附件中列出的任何受管制物质,或在任何混合物中,至少含有一种浓度不小于 0.1%的被列入该议定书的物质的组分。

14.3　危险化学品的危险特性及危害

14.3.1　危险化学品的危险特性

危险化学品的危险特性主要可归纳为以下五个方面。

（1）化学品活性与危险性：许多具有爆炸特性的物质，其活性都很强，活性越强的物质，其危险性就越大。

（2）燃烧性：压缩气体和液化气体、易燃液体、易燃固体、自燃物品和遇湿易燃物品、氧化剂和有机过氧化物等均可能发生燃烧而导致火灾事故。

（3）爆炸危险：除了爆炸品之外，压缩气体和液化气体、易燃液体、易燃固体、自燃物品和遇湿易燃物品、氧化剂和有机过氧化物等都有可能引发爆炸。

（4）毒性：除毒害品和感染性物品外，压缩气体和液化气体、易燃液体、易燃固体等中的一些物质也会致人中毒。

（5）腐蚀性：除了腐蚀性物品外，爆炸品、易燃液体、氧化剂和有机过氧化物等都具有不同程度的腐蚀性。

14.3.2　危险化学品的危害

危险化学品的危害很大，主要归纳为以下三方面。

（1）绝大部分危险化学品为易燃易爆物品。爆炸品、压缩气体和液化气体、易燃液体、易燃固体、自燃物品和遇湿易燃物品、氧化剂和有机过氧化物自不必说，就是有毒品和腐蚀品也有许多本身就属于易燃易爆物品，加之生产或者使用危险化学品的过程中，往往处于温度、压力的非常态（如高温或低温、高压或低压等），因此如果在生产、储存、使用、经营以及运输危险化学品时管理不当，失去控制，很容易引起火灾爆炸事故，造成巨大损失。

（2）相当一部分危险化学品属于化学性职业危害因素，可能导致职业病。如现在已经有 150~200 种危险化学品被认为是致癌物。如果有毒品和腐蚀品因生产事故或管理不当而散失，则可能危及人的生命。

（3）如果危险化学品流失（如汽车倾翻、容器破裂等），可能造成严重的环境污染（如对水、大气层空气、土壤等的污染），进而影响人的健康。

14.4　危险化学品安全信息

危险化学品安全信息对于研发、生产、储存、运输都具有重要的作用。安全信息来源包括化学品安全说明书（MSDS/SDS），危险化学品安全标签、标识等。

14.4.1　化学品安全说明书(MSDS/SDS)

化学品安全说明书,国际上称为化学品安全信息卡,是化学品生产商和经销商按法律要求必须提供的一份关于化学品理化特性(如 pH 值、闪点、反应活性等)、毒性、环境危害以及对使用者健康可能产生的危害(如致癌、致畸等)的综合性文件。它包括危险化学品的燃爆性能、毒性和环境危害,以及安全使用、泄漏应急救护处置、主要理化参数、法律法规等方面的信息。

一般来说,MSDS/SDS 主要包括以下几个方面。

(1)化学品名称及企业标识。主要标明化学品名称,生产企业名称、地址、邮编、电话、应急电话、传真和电子邮件地址等信息。

(2)危险性概述。概述本化学品最重要的危害和效应,主要包括危害类别、侵入途径、健康危害、环境危害、燃爆危险等信息。

(3)成分信息。标明该化学品是纯化学品还是混合物。纯化学品应给出其化学品名称或商品名和通用名。混合物应给出危害性组分的浓度或浓度范围。无论是纯化学品还是混合物,如果其中包含有害组分,则都应给出化学文摘索引登记号(CAS 号)。

(4)急救措施。急救措施指作业人员意外受到伤害(包括眼睛接触、皮肤接触、吸入、食入)时应当采取的现场自救或互救的简要处理方法。

(5)消防措施。主要标明化学品的物理和化学特殊危险性、适合灭火的介质、不适合灭火的介质以及消防人员个体防护等方面的信息,包括危险特性、灭火介质和方法、灭火注意事项等。

(6)泄漏应急处理。泄漏应急处理指化学品泄漏后现场可采用的简单有效的应急措施和消除方法以及应当注意的事项,包括应急行动、应急人员防护、环保措施、消除方法等内容。

(7)操作处置与储存。主要指化学品操作处置和安全储存方面的信息资料,包括操作处置作业中的安全注意事项、安全储存条件和储存时的注意事项。

(8)接触控制与个体防护。主要指在生产、操作处置、搬运和使用化学品的作业过程中,为保护作业人员免受化学品危害而采取的防护方法和手段,包括最高容许浓度、工程控制、呼吸系统防护、眼睛防护、身体防护、手防护及其他防护要求。

(9)理化特性。主要描述化学品的外观及理化性质等方面的信息,包括外观与性状、pH 值、沸点、熔点、相对密度(水的相对密度为 1)、相对蒸气密度(空气的相对蒸气密度为 1)、饱和蒸气压、燃烧热、临界温度、临界压力、辛醇/水分配系数、闪点、引燃温度、爆炸极限、溶解性、主要用途和其他一些特殊理化性质。

(10)稳定性和反应性。主要描述化学品的稳定性和反应活性方面的信息,包括稳定性、禁配物、应避免接触的条件、聚合危害、分解产物。

(11)毒理学资料。提供化学品的毒理学信息,包括不同接触方式的急性毒性(LD_{50}、LC_{50})、刺激性、致敏性、亚急性和慢性毒性、致突变性、致畸性、致癌性等。

(12)生态学资料。主要描述化学品的环境生态效应、行为和转归,包括生物效应

（如 LD_{50}、LC_{50}）、生物降解性、生物富集、环境迁移及其他有害的环境影响等。

（13）废弃处置。主要指对被化学品污染的包装和无使用价值的化学品的安全处理方法，包括废弃处置方法和注意事项。

（14）运输信息。主要指国内、国际化学品包装、运输的要求及运输规定的分类和编号，包括危险货物编号、包装类别、包装标志、包装方法、联合国危险货物编号（即 UN 编号）及运输注意事项等。

（15）法规信息。主要指化学品管理方面的法律条款和标准。

（16）其他信息。主要提供其他对安全有重要意义的信息，包括参考文献、填表时间、填表部门、数据审核单位等。

14.4.2　危险化学品安全标签、标识

（1）安全标签。危险化学品安全标签是指危险化学品在市场上流通时，由生产销售单位提供的附在化学品包装上的标签，是向作业人员传递安全信息的一种载体。它用简单、易于理解的文字和图形表述有关化学品的危险特性及其安全处置的注意事项，警示作业人员进行安全操作和处置。化学品安全标签应包括物质名称、编号，危险性标识，警示词，危险性概述，安全措施，灭火方法，生产厂家、地址、电话，应急咨询电话，提示参阅安全技术说明书等内容（如图 14-1 所示）。

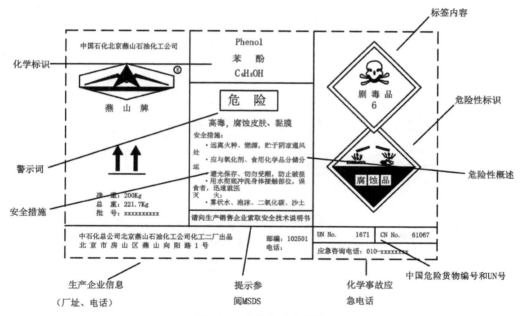

图 14-1　危化品安全标签

安全标签的主要内容如下。

①化学品和其主要有害组分标识。包括化学品中文和英文的通用名称、分子式、化学成分及组成、联合国危险货物编号和中国危险货物编号（分别用 UNNO 和 CNNO 表

示）。标识采用联合国《关于危险货物运输的建议书》和《化学品分类和危险公示　通则》（GB 13690—2009）规定的符号。每种化学品最多可选用两个标识。

②警示词。根据化学品的危险程度，分别用"危险""警告""注意"三个词进行警示。当某种化学品具有两种或两种以上的危险性时，用危险性最大的警示词。警示词一般位于化学品名称下方，要求醒目、清晰。

③危险性概述。概述化学品的燃爆危险、毒性、对人体健康和环境的危害。

④安全措施。包括在化学品处置、搬运、储存和使用作业中所必须注意的事项和发生意外时应当采取的简单有效的救护措施等，要求内容简明扼要、重点突出。

⑤灭火方法。若化学品为易（可）燃或助燃物质，应提示有效的灭火剂和禁用的灭火剂以及灭火注意事项。

⑥批号。注明生产日期及生产班次。生产日期用"××××年××月××日"表示，班次用"××"表示。

⑦提示向生产销售企业索取安全技术说明书。

⑧生产企业名称、地址、邮编、电话。

⑨应急咨询电话。填写生产应急咨询电话。

（2）安全标识。安全标识设计牌是通过图案、文字说明、颜色等信息鲜明、形象、简单地表征危险化学品的危险特性和类别，向人们传递安全信息的警示性资料（如图14-2所示）。此外，还有补充标志，它是安全标识设计的文字说明，必须与安全标志同时使用。

设计安全标识的作用是便于对危险化学品的运输、贮存及使用安全进行管理以避免事故发生。

图 14-2　常见危险化学品的安全标识

14.5　危险化学品的储存

危险化学品因具有不同程度的爆炸、易燃、毒害、腐蚀、放射性等危险特性，在储存保管上,不同于其他一般物质,需要加以特别防护。在做好一般物质储存管理工作的基础上,还要根据各类危险化学品的特性,采取各种有效的办法和措施加以严格管理。确保危险化学品储存安全,是从事危险化学品工作的人员必须高度重视的一项工作。国家对危险化学品的储存实行统一规划、合理布局和严格控制,并对危险化学品的储存实行审批制度,未经审批,任何单位和个人都不得储存危险化学品。

14.5.1　危险化学品储存火灾危险性分析

危险化学品储存的火灾危险因素表现在危险化学品本身(内因)和储存环境(外因)两个方面。

1)内因

(1)性质相互抵触的物品混存。两种或两种以上物品由于混合或接触而发生燃烧危险,这类物品称为混合危险性物品,有时也称"性质相互抵触的物品"。这类混合危险性物品在储运过程中有可能发生燃烧或爆炸。其原因是,这类物品在储运时,由于储存人员缺乏危险化学品专业知识,或者有些危险化学品出厂时缺少标签,没有说明书,或者一些单位储存场地减少,或者临时任意存放,往往会出现性质相互抵触的危险化学品混放的情况。

(2)物品变质。有些物品由于长期不用,往往因变质而引起事故。

2)外因

(1)包装破坏或不符合要求。危险化学品容器的包装损坏,或者出厂包装不符合要求,都会引起事故。常见的情况有:①硫酸坛之间用稻草等易燃物隔垫;②压缩气瓶不带安全帽;③金属钠、钾的容器泄漏;④盛装黄磷的容器缺水;⑤电石桶内充装的氮气泄漏;⑥盛装易燃液体的瓶盖不严,瓶身上有泡疵点,受阳光照射聚焦等。这些情况往往引起危险。

(2)储存条件差。储存仓库条件差,设施不符合要求,无雷电保护装置等,造成库房内温度过高、通风不良、湿度过大、漏雨进水、阳光直射、设备损坏、着火等,使某些性质不稳定或受储存条件影响易发生燃烧爆炸的化学物品发生燃烧爆炸事故。

(3)违反操作规程。搬运危险化学品没有轻装轻卸;垛堆过高不稳,发生倒桩;在库内改桩打包、封焊修理等,违反安全操作规程,造成事故。

(4)灭火方法不当。发生火警时,因不熟悉危险化学品的性能和灭火方法,使用不适当的灭火器材反使火灾扩散,造成更大的危险。

(5)着火源控制不严。在危险品储存过程中,着火源主要有三个方面:一是外来火种,如烟囱飞火、汽车排气管的火星、库房周围的明火作业、燃着的烟头等;二是内部设备不良、操作不当引起的电火花、撞击火花;三是太阳能、化学能等。如电气设备不防爆或防爆等级不够,装卸作业使用铁质工程工具碰击打火,露天存放时太阳曝晒等。

14.5.2　危险化学品储存的基本要求

(1)储存危险化学品必须遵照国家的法律法规、技术规范和其他有关规定。危险化学品必须储存在经公安部门批准(审核、验收)的仓库内。

（2）储存危险化学品的仓库必须配备具有危险化学品专业知识的技术人员,其库房及场地应设专人管理,管理人员必须配备可靠的个人安全防护用品。

（3）储存的危险化学品应有明显标识,标识应符合国家标准《危险货物包装标志》(GB 190—2009)的规定。同一区域储存两种或两种以上不同级别的危险化学品时,标识应按最高等级危险性能给出。

（4）危险化学品露天堆放,应符合防火、防爆的安全要求。爆炸物品、一级易燃物品、遇湿自燃物品、剧毒物品不得露天堆放。

（5）危险化学品应根据性能分区、分类、分库储存。

（6）存放危险化学品的建筑、区域内严禁吸烟和使用明火。

14.5.3　危险化学品的储存方式

危险化学品必须按照"四定""三分"原则进行储存,即定库房、定品种、定数量、定人员,根据危险化学品的性质分区、分类、分库储存,各类危险化学品不得与禁忌物质混合储存。

危险化学品储存方式分为以下三种。

隔离储存:在同一仓间或同一区域内,不同的物质之间分开一定距离,非禁忌物质之间用通道保持一定空间的储存方式。

隔开储存:在同一建筑或同一区域内,用实体墙等分隔物将其与禁忌物质分离开的储存方式。

分离储存:将危险化学品储存在不同的建筑物内或远离所有建筑的外部区域内的储存方式。

14.5.4　危险化学品的储存安排及储存量限制

（1）化学危险品贮存安排取决于化学危险品分类、分项、容器类型、贮存方式和消防的要求。

（2）贮存量及贮存安排见表 14-3。

表 14-3　储存量及储存安排

储存要求	储存类别			
	露天储存	隔离储存	隔开储存	分离储存
平均单位面积储存量/(t/m²)	1.0~1.5	0.5	0.7	0.7
单一储存区最大储量/t	2 000~2 400	200~300	200~300	400~600
垛距限制/m	2	0.3~0.5	0.3~0.5	0.3~0.5
通道宽度/m	4~6	1~2	1~2	5
墙垛宽度/m	2	0.3~0.5	0.3~0.5	0.3~0.5
与禁忌品距离/m	10	不得同库储存	不得同库储存	7~10

堆垛不得过高、过密,堆垛之间以及堆垛与墙壁之间,要留出一定的空间距离,以利于人员通过和良好通风。货物堆码高度应符合表 14-4 的要求。

表 14-4　货物堆码高度

包装形式	最大高度/m	最低高度/m	一般高度/m
铁桶	4.2	2	3.5
玻璃瓶	1.8	0.74	1.65
麻袋	4.5	2.5	3
木箱	4.2	1.8	3.6
瓷坛	1.8	—	1.2

(3)遇火、遇热、遇潮易引起爆炸化学反应产生有毒气体的物品,不得在露天、潮湿、积水的建筑物中储存。

(4)受光照发生化学反应引起爆炸燃烧等的物品,必须储存在一级建筑物中。

(5)爆炸物品不得和其他类物品同储,必须单独隔离、限量储存。

(6)压缩气体和液化气体必须与爆炸物品、氧化剂、易燃物品、自燃物品、腐蚀性物品分离储存。易燃气体不得与助燃气体、有毒气体同储。

(7)易燃液体、遇湿易燃物品、易燃固体不得与氧化剂混合储存,具有还原性的氧化剂应单独存放。

(8)有毒物品应储存在阴凉、通风、干燥的场所,不得露天存放,不得接近酸类物质。

(9)腐蚀性物品,包装必须严密,不允许泄漏,严禁与液化气体和其他物品共存。

14.5.5　危险化学品的储存安全管理

(1)危险化学品应当储存在专门地点,不得与其他物资混合储存。

(2)危险化学品应该分类、分堆储存,堆垛不得过高、过密,堆垛之间以及堆垛与墙壁之间,应该留出一定间距、通道及通风口。

(3)互相接触容易引起燃烧、爆炸的物品及灭火方法不同的物品,应该隔离储存。

(4)遇水容易发生燃烧、爆炸的危险化学品,不得存放在潮湿或容易积水的地点。受阳光照射容易发生燃烧、爆炸的危险化学品,不得存放在露天或者高温的地方,必要时还应该采取降温和隔热措施。

(5)容器、包装要完整无损,如发现破损、渗漏必须立即进行安全处理。

(6)性质不稳定、容易分解和变质,以及混有杂质而容易引起燃烧、爆炸危险的危险化学品,应该进行检查、测温、化验,以防止自燃和爆炸。

(7)不得在储存危险化学品的库房内或露天堆垛附近进行实验、分装、打包、焊接和其他可能引起火灾的操作。

（8）库房内不得住人,工作结束时,应进行防火检查,一般情况下应切断电源。

14.6　危险化学品运输

1)危险化学品运输的基本要求

《危险化学品安全管理条例》规定,国家对危险化学品的运输实行资质认定制度,没有经过资质认定的单位不得运输危险化学品。通过公路运输危险化学品的托运人,只能委托具有化学危险品运输资质的企业承运,对于从事危险化学品运输的人员如驾驶人员、装卸管理人员、押运人员等,必须经交通管理部门考核合格,取得上岗资格证后,才能上岗作业。

从事危险化学品运输的单位必须组织从业人员学习有关危险化学品运输的法律法规,提高从业人员的法律意识。危险化学品种类繁多,各有各的危险特性,发生事故后的处置方法也不一样,所以企业应组织驾驶员、押运员等进行学习,使其熟练掌握经常接触到的危险化学品的危险性知识以及安全运输的具体要求,了解包装的使用特性和正确的防护处置方法,在发生意外事故时,能在第一时间采取有效措施,减少危害。

2)托运人的规定

《危险化学品安全管理条例》对危险化学品的托运人和邮寄人作出了明确的规定。综合起来有如下四条。

（1）通过公路、水路运输危险化学品的,托运人只能委托有危险化学品运输资质的运输企业承运。

（2）托运人托运危险化学品,应当向承运人说明运输的危险化学品的名称、数量、危害、应急措施等情况。运输危险化学品需要添加抑制剂或者稳定剂的,托运人交付托运时应当添加抑制剂或者稳定剂,并告知承运人。

（3）托运人不得在托运的普通货物中夹带危险化学品,不得将危险化学品匿报或者谎报为普通货物托运。

（4）任何单位和个人不得邮寄或者在邮件内夹带危险化学品,不得将危险化学品匿报或者谎报为普通物品邮寄。

3)剧毒化学品运输的特别要求

《危险化学品安全管理条例》对剧毒化学品的运输进行了专项的规定。

（1）通过公路运输剧毒化学品的,托运人应当向目的地的县级人民政府公安部门申请办理剧毒化学品公路运输通行证。办理剧毒化学品公路运输通行证时,托运人应当向公安部门提交有关危险化学品的名称、数量、运输始发地和目的地、运输路线、运输单位、驾驶人员、押运人员、经营单位和购买单位资质情况的材料。剧毒化学品公路运输通行证的式样和具体申领办法由国务院公安部门制定。

（2）剧毒化学品在公路运输途中发生被盗、丢失、流散、泄漏等情况时,承运人及押运人必须立即向当地公安部门报告,并采取一切可能的警示措施。公安部门接到报告后,应当立即向其他有关部门通报情况,有关部门应当采取必要的安全措施。

（3）禁止利用内河以及其他封闭水域等航运渠道运输剧毒化学品以及国务院交通部门规定禁止运输的其他危险化学品。

（4）铁路发送剧毒化学品时必须按照铁道总公司《铁路剧毒品运输跟踪管理暂行规定》（铁运〔2002〕21 号）执行。

①必须在铁道总公司批准的剧毒品办理站或专用线、专用铁路办理；

②剧毒品仅限采用毒品专用车、企业自备车和企业自备集装箱运输；

③必须配备两名以上押运人员；

④填写运单一律使用黄色纸张印刷，并在纸张上印有骷髅图案；

⑤铁道总公司运输局负责全路剧毒品运输跟踪管理工作；

⑥铁路不办理剧毒品的零担发送业务。

（5）装有剧毒物品的车、船卸货后必须清刷干净。

4）运输工具要求

运输危险化学品的车辆、船舶及其配载的槽罐、容器，必须符合《道路危险货物运输管理规定》《道路运输危险货物车辆标志》和《水路危险货物运输规则》的要求，必须配备必要的应急处理器材和防护用品。用于危险化学品运输工具的槽罐以及其他容器，必须由专业生产企业定点生产，并经国务院质检部门认可的专业检测、检验机构检测、检验合格，方可使用；运输危险化学品的船舶及其配载的容器必须按照国家关于船舶检验的规范进行生产，并经海事管理机构认可的船舶检验机构检验合格，方可投入使用。

（1）运输车辆。运输危险化学品的车辆应专车专用，并有明显标志，要符合交通管理部门对车辆和设备的规定。

车厢、底板必须平坦完好，周围栏板必须牢固。

①机动车辆排气管必须装有有效的隔热和阻火装置，电路系统应有切断总电源和隔离火花的装置。

②车辆左前方必须悬挂黄底黑字"危险品"字样的信号旗。

③根据所装危险货物的性质，配备相应的消防器材和捆扎、防水、防散失等用具。

装运集装箱、大型气瓶、可移动槽罐等的车辆，必须设置有效的紧固装置。

三轮机动车、全挂汽车、人力三轮车、自行车和摩托车不得装运爆炸品、一级氧化品、有机过氧化品；拖拉机不得装运爆炸品、一级氧化品、有机过氧化品、一级易燃品；自卸汽车除二级固体危险货物外，不得装运其他危险货物。

易燃易爆品不能装在铁帮、铁底的车、船内运输；运输危险化学品的车辆、船舶应有防火安全措施。

（2）槽罐及其他容器。运输压缩气体、液化气体和易燃液体的槽罐车的颜色，必须符合国家色标要求，并安装静电接地装置和阻火设备。

用于化学品运输的槽罐以及其他容器，必须依照《危险化学品安全管理条例》的规定，由专业生产企业定点生产，并经检测、检验合格，方可使用。

质检部门应当对前款规定的专业生产企业定点生产的槽罐以及其他容器的产品质量进行定期的或者不定期的检查。

运输危险化学品的槽罐以及其他容器必须封口严密,能够承受正常运输条件下产生的内部压力和外部压力,保证危险化学品运输中不因温度、湿度或者压力的变化而发生任何渗(洒)漏。

装运危险货物的槽罐应适合所装货物的性能,具有足够的强度,并应根据不同货物的需要配备泄压阀、防波板、遮阳物、压力表、液位计、导除静电等安全装置;槽罐外部的附件应有可靠的防护设施,必须保证所装货物不发生"跑、冒、滴、漏",并在阀门外安装积漏器。

5)其他要求

(1)危险化学品在运输中包装应牢固,各类危险化学品包装应符合《危险货物运输包装通用技术条件》(GB 12463—2009)的规定。

(2)易燃品闪点在 28 ℃以下,气温高于 28 ℃时应在夜间运输。

(3)各种装卸机械、工具要有足够的安全系数,装卸易燃易爆危险物品的机械和工具,必须有预防火花产生的措施。

(4)禁止无关人员搭乘运输危险化学品的车、船和其他运输工具。

(5)性质或消防方法相互抵触,以及配装号或类项不同的危险化学品不能装在同一车、船内运输。

(6)通过航空运输危险化学品的,应按照国务院民航部门的有关规定执行。

6)危险化学品的运输安全管理

(1)托运危险物品必须出示有关证明,到指定的铁路、交通、航运等部门办理手续。托运物品必须与托运单上所列的物品相符。

(2)危险物品的装卸和运输人员,应按照装运危险品的性质,佩戴相应的防护用品,装卸时必须轻装、轻卸,严禁摔拖、重压和摩擦,不得损毁包装容器,并注意查看标志,堆放稳妥。

(3)危险物品装卸前,应对车、船等搬运工具进行必要的通风和清扫,不得留有残渣,对装有剧毒物品的车、船,卸车后必须洗刷干净。

(4)装运爆炸、剧毒、放射性、易燃液体、可燃气体等物品,必须使用符合安全要求的运输工具。禁止用电瓶车、翻斗车、铲车、自行车等运输爆炸物品。运输强氧化剂、爆炸品时,不宜用铁底板车及汽车挂车。禁止用叉车、铲车、翻斗车搬运易燃易爆液化气体等危险物品。在温度较高地区装运液化气体和易燃液体等危险物品,要有防晒设施。遇水燃烧物品及有毒物品,禁止用小型机帆船、小木船和水泥船承运。

(5)运输爆炸、剧毒和放射性物品,应指派专人押运,押运人员不得少于 2 人。

(6)运输危险物品的车辆,必须保持安全车速,保持车距,严禁超车、超速和强行会车。按公安交通管理部门指定的路线和时间运输,不可在繁华街道行驶和停留。

(7)运输易燃易爆物品的机动车,其排气管应装阻火器,并悬挂"危险品"标志。

(8)蒸汽机在调车作业中,对装载易燃易爆物品的车辆,必须挂不少于 2 节的隔离车,并严禁溜放。

(9)运输散装固体危险物品,应根据性质采取防火、防爆、防水、防粉尘飞扬和遮阳等措施。

14.7　危险化学品装卸安全

（1）在装卸、搬运化学危险物品前，要预先做好准备工作，了解物品性质，检查装卸、搬运工具。

（2）操作人员应根据不同物资的危险特性，穿戴相应的防护用具，并由专人检查，工作后应对防护用具进行清洗或消毒，并放在专用的箱柜中保管，尤其在装卸毒害性、腐蚀性、放射性物品时更应加强注意。

（3）操作中对化学危险物品应轻拿轻放，防止撞击、摩擦、碰摔、震动。严格按照物品的性质和标识进行装卸，若发现包装破漏，必须移至安全地点整修，或更换包装。整修时不应使用可能发生火花的工具。危险化学品撒落在地面上时，应及时扫除，对易燃易爆物品应用松软物经水浸湿后扫除。

（4）在装卸、搬运化学危险物品时，不得饮酒、吸烟。工作完毕后根据工作情况和危险品的性质及时清洗手、脸，漱口，淋浴。装卸、搬运毒害品时，必须保持现场空气流通，如果发现恶心、头晕等中毒现象，应立即到有新鲜空气处休息，脱去工作服和防护用具，清洗皮肤沾染部分，重者送医院诊治。

（5）装卸、搬运爆炸品、一级易燃品、一级氧化剂时，不得使用铁轮车、电瓶车（指没有装控制火星设备的电瓶车）及其他无防爆装置的运输工具。参加作业的人员不得穿带有铁钉的鞋子。禁止滚动铁桶，不得踩踏危险化学品及其包装（指爆炸品）。装车时，必须力求稳固，不得堆装过高，如氯酸钾（钠）车后亦不准带拖车，装卸搬运一般宜在白天进行，并避免日晒。在炎热季节，应在早晚作业，晚间作业应用防爆式或封闭式的安全照明。雨、雪、冰封时作业，应有防滑措施。

（6）装卸、搬运强腐蚀性物品时，操作前应检查箱底是否已被腐蚀，以防脱底发生危险。搬运时禁止肩扛、背负或用双手揽抱，只能挑、抬或用车子搬运。搬运堆码时，不可倒置倾斜、震荡，以免液体溅出发生危险。在现场须备有清水、苏打水等，以备急救时使用。

（7）装卸搬运放射性物品时，不得肩扛、背负或揽抱，并尽量减少人体与物品包装的接触，应轻拿轻放，防止摔破包装。工作完毕后以肥皂和水清洗手、脸和淋浴后才可进食饮水。对防护用具和使用工具，须仔细洗刷，以除去射线感染。对沾染放射性物品的污水，不得随便流散，应引入深沟或进行处理。

（8）两种性能互相抵触的物品，不得同地装卸，同车（船）并运。对怕热、怕潮物品，应采取隔热、防潮措施。

14.8　危险化学品事故防范

危险化学品事故防范的基本原则一般包括两个方面：操作控制和管理控制。

1）操作控制

操作控制的目的是通过采取适当的措施,消除或降低工作场所的危害,防止工人在正常作业时受到有害物质的侵害。采取的主要措施是替代、变更工艺、隔离、通风、个体防护和保持卫生。工作场所的危害主要取决于化学品的危害及导致危害的制造过程,有的工作场所可能不止一种危害,所以好的控制方法必须是针对具体的加工过程而设计的。

（1）替代。控制、预防化学品危害最理想的方法是不使用有毒有害和易燃易爆的化学品,但这一点并不是总能做到的,通常的做法是选用无毒或低毒的化学品替代已有的有毒有害化学品,选用可燃化学品替代易燃化学品。

替代物较被替代物安全,但其本身并不一定是绝对安全的,使用过程中仍需加倍小心。例如用甲苯替代苯,并不是因为甲苯无害,而是因为甲苯不是致癌物。浓度高的甲苯会伤害肝脏,致人昏眩或昏迷,要求在通风橱中使用。再如用纤维物质替代致癌的石棉。

（2）变更工艺。虽然替代是控制化学品危害的首选方案,但是目前可供选择的替代品往往是很有限的,特别是因技术和经济方面的原因,不可避免地要生产、使用有害化学品。这时可通过变更工艺消除或降低化学品的危害。如改喷涂为电涂或浸涂,改人工装料为机械自动装料,改干法粉碎为湿法粉碎等。

（3）隔离。隔离就是通过封闭、设置屏障等措施,拉开作业人员与危险源之间的距离,避免作业人员直接暴露于有害环境中。

（4）通风。通风是控制作业场所中有害气体、蒸气或粉尘最有效的措施。借助有效的通风,使作业场所空气中有害气体、蒸气或粉尘的浓度低于安全浓度,保证工人的身体健康,防止火灾、爆炸事故的发生。

（5）个体防护。当作业场所中有害化学品的浓度超标时,工人就必须使用合适的个体防护用品。个体防护用品既不能降低作业场所中有害化学品的浓度,也不能消除作业场所的有害化学品,而只是一道阻止有害物进入人体的屏障。

（6）保持卫生。①保持作业场所清洁:经常清洗作业场所,对废物和溢出物加以适当处置,保持作业场所清洁,也能有效地预防和控制化学品危害。②作业人员的个人卫生:作业人员养成良好的卫生习惯也是消除和降低化学品危害的一种有效方法。保持好个人卫生,就可以防止有害物附着在皮肤上,防止有害物通过皮肤渗入体内。

2）管理控制

管理控制是指按照国家法律法规和标准建立起来的管理程序和措施,是预防作业场所中化学品危害的一个重要方面。管理控制主要包括安全标签、安全技术说明书、安全贮存、安全传送、废物处理、接触监测、医学监督和培训教育。

（1）安全标签。所有盛装化学品的容器都要加贴安全标签,而且要经常检查,确保在容器上贴着合格的标签。贴标签的目的是警示使用者此种化学品的危害性以及一旦发生事故应采取的救护措施。

（2）安全技术说明书。安全技术说明书详细描述了化学品的燃爆危害、毒性和环境危害,给出了安全防护、急救措施、安全储运、泄漏应急处理、法规等方面的信息,是了解化学品安全卫生信息的综合性资料。

（3）安全贮存。安全贮存是化学品流通过程中非常重要的一个环节,处理不当,就会造成事故。《常用化学危险品储存通则》（GB 15603—2022）对危险化学品的储存要求进行了规定。

（4）安全传送。作业场所之间,化学品一般是通过管道、传送带或铲车、有轨道的小轮车、手推车传送的。用管道输送化学品时,必须保证阀门与法兰完好,整个管道系统无跑、冒、滴、漏现象。使用密封式传送带,可避免粉尘的扩散。如果化学品在高速高压情况下通过各种系统,必须避免产生热,否则将引起火灾或爆炸。用铲车运送化学品时,道路要足够宽,并有清楚的标志,以减少冲撞及溢出的可能性。

（5）废物处理。所有生产过程都会产生一定数量的废弃物,有害的废弃物处理不当不仅对工人健康有害,而且可能引发火灾和爆炸;不仅对环境有害,而且危害工厂周围的居民。所有的废弃物应装在特制的有标签的容器内,并运送到指定地点进行废弃处理。有害废弃物的处理要有操作规程,有关人员应接受适当的培训。

（6）接触监测。车间有害物质（包括蒸气、粉尘和烟雾）浓度的监测是评价作业环境质量的重要手段,是企业职业安全卫生管理的一个重要内容。接触监测要有明确的监测目标和对象,在实施过程中要拟订监测方案,结合现场实际和生产的特点,合理选用采样方法、方式,正确选择采样地点,掌握好采样的时机和周期,并采用最可靠的分析方法。对所得的监测结果要进行认真分析研究,与国家颁布的接触限值进行比较,若发现问题,应及时采取措施,控制污染和危害源,减少作业人员的接触。

（7）医学监督。医学监督包括健康监护、疾病登记和健康评定。定期的健康检查有助于发现工人在接触有害因素早期的健康改变和职业危害,通过对既往的疾病登记和定期的健康评定,可对接触者的健康状况作出评估。化工行业已开展健康监护工作多年,制订了较为完整的系统管理规定和技术操作方案,取得了很好的社会效益。

（8）培训教育。培训教育在控制化学品危害中起着重要的作用。通过培训使工人能正确使用安全标签和安全技术说明书,了解所使用的化学品的燃爆危害、健康危害和环境危害,掌握必要的应急处理方法和自救、互救措施,掌握个体防护用品的选择、使用、维护和保养等,掌握特定设备（如急救、消防、溅出和泄漏控制设备）和材料的使用,从而达到安全使用化学品的目的。企业有责任对工人进行上岗前培训,考核合格方可上岗,并根据岗位的变动或生产工艺的变化,及时对工人进行重新培训。

本篇参考文献

[1] 国务院事故调查组. 天津港"8·12"瑞海公司危险品仓库特别重大火灾爆炸事故调查报告[R/OL].（2016-02-05）[2022-07-01]. http://www.gov.cn/foot/2016-02/05/content_5039788.htm.

[2] 王伟, 刘志云, 崔福庆, 等. 1981—2020 年我国较大及以上危化品事故统计分析与对策研究[J]. 应用化工, 2021, 50（8）:2187-2193.

[3] 卜全民, 童星. 危险化学品的安全储存研究[J]. 工业安全与环保, 2013, 39（12）:73-75.

[4] 周琳. 我国危险化学品事故的安全管理体系原因研究[D]. 北京:中国矿业大学, 2018.

[5] 绍辉. 化工安全[M]. 北京:冶金工业出版社, 2012.

[6] 孙维生. 常见危险化学品的危害及防治[M]. 北京:化学工业出版社, 2005.

第6篇

粉尘爆炸事故案例分析

第 15 章　昆山 "8·2" 特别重大爆炸事故案例分析

依据《安全生产法》和《生产安全事故报告和调查处理条例》等有关法律法规,经国务院批准,2014 年 8 月 4 日,成立了由国家安全生产监督管理总局局长任组长,国家安全生产监督管理总局、监察部、工业和信息化部、公安部、全国总工会、江苏省人民政府有关负责同志等参加的国务院江苏省苏州昆山市中荣金属制品有限公司 "8·2" 特别重大爆炸事故调查组,开展事故调查工作,并于 2014 年 12 月 30 日发布了《江苏省苏州昆山市中荣金属制品有限公司 "8·2" 特别重大爆炸事故调查报告》(简称《昆山事故调查报告》)。

15.1　事故概况

2014 年 8 月 2 日上午 7 时 34 分,江苏省昆山市中荣金属制品有限公司汽车轮毂抛光车间在生产过程中发生特别重大铝粉尘爆炸事故。事故车间工作时间为早 7 时至晚 7 时,现场共有员工 265 人,其中车间打卡上班员工 261 人(含新入职人员 12 人)、本车间经理 1 人、临时到该车间工作的人员 3 人。当天造成 75 人死亡、185 人受伤。依照《生产安全事故报告和调查处理条例》(国务院令第 493 号)规定的事故发生后 30 日报告期,共有 97 人死亡、163 人受伤(事故报告期后,经全力抢救医治无效陆续死亡 49 人,截至《昆山事故调查报告》发布时,尚有 95 名伤员在医院治疗,病情基本稳定),直接经济损失为 3.51 亿元。经调查,认定这是一起安全生产责任事故。

该公司坐落于昆山经济开发区,创办于 1998 年,主要从事铝合金表面处理,表面镀层有铜、镍、铬,对高低档的铝合金制品均可以进行电动加工。该公司通过了相关的 ISO 和美国的 OEM 认证,厂房面积达到五万多平方米,职工有五百多名,有 4 条现代化全自动电镀生产线。

事故车间位于整个厂区的西南角,建筑面积为 2 145 m²,厂房南北长 44.24 m、东西宽 24.24 m,两层钢筋混凝土框架结构,层高 4.5 m,每层分 3 跨,每跨 8 m。屋顶为钢梁和彩钢板,四周墙体为砖墙。厂房南北两端各设置一部载重 2 t 的货梯和连接二层的敞开式楼梯,每层北端设有男女卫生间,其余为生产区。一层设有通向室外的钢板推拉门(4 m×4 m)2 个,地面为水泥地面,二层楼面为钢筋混凝土。事故车间为铝合金汽车轮毂打磨车间,共设计 32 条生产线,一、二层各 16 条,每条生产线设有 12 个工位,沿车间横向布置,总工位数为 384 个。该车间生产工艺设计、布局与设备选型均由林某(该公司总经理)自己完成。事故发生时,一层实际有生产线 13 条,二层 16 条,实际总工位数为 348 个。打磨抛光均为人工作业,工具为手持式电动磨枪(根据不同光洁度要求,使用粗细不同规格的磨头或砂纸)。2006 年 3 月,该车间一、二层共建设安装 8 套除尘系统。每个工位设置有吸尘罩,每 4 条生产线 48 个工位合用 1 套除尘系统,除尘器为机械振动袋式除尘器。2012 年改造后,8 套除尘系统的室外排放管全部连通,由一个主排放管排出。事故车间除尘设备与收尘管道、手动工具插座及其配电箱均未按规定采取接地措施。除尘系统由昆山菱正机电环保设备有限公司总承包(设计、设备制造、施工安装及后续改造)。除尘系统布置图如图 15-1 所示。

图 15-1　除尘系统布置图

15.2　事故原因

《昆山事故调查报告》显示,2014 年 8 月 2 日 7 时,事故车间员工上班。7 时 10 分,除尘风机开启,员工开始作业。7 时 34 分, 1 号除尘器发生爆炸。爆炸冲击波沿除尘管道向车间传播,扬起的除尘系统内和车间集聚的铝粉尘发生系列爆炸。当场造成 47 人死亡,当天经送医院抢救无效死亡 28 人,185 人受伤,事故车间和车间内的生产设备被损毁,造成直接经济损失 3.51 亿元。事故现场情况如图 15-2 所示。

图 15-2　事故现场情况

8 月 2 日 7 时 35 分,昆山市公安消防部门接到报警,立即启动应急预案,第一辆消防车于 8 分钟内抵达,先后调集 7 个中队、21 辆车、111 人,组织了 25 个小组赴现场救援。8 时 03 分,现场明火被扑灭,共救出被困人员 130 人。交通运输部门调度 8 辆公交车、3 辆卡车运送伤员至昆山各医院救治。环境保护部门立即关闭雨水总排口和工业废水总排口,防止消防废水排入外环境,并开展水体、大气应急监测。安全监管部门迅速检查事故车间内是否使用危险化学品,防范发生次生事故。爆炸后车间内的情形如图 15-3 所示。

图 15-3　爆炸后车间内的情形

1)直接原因

事故车间除尘系统较长时间未按规定清理,铝粉尘集聚。除尘系统风机开启后,打磨过程产生的高温颗粒在集尘桶上方形成粉尘云。1 号除尘器集尘桶锈蚀破损,桶内铝粉受潮,发生氧化放热反应,达到粉尘云的引燃温度,引发除尘系统及车间的系列爆炸。因没有泄爆装置,爆炸产生的高温气体和燃烧物瞬间经除尘管道从各吸尘口喷出,导致全车间所有工位操作人员直接受到爆炸冲击。

由于一系列违法违规行为,整个环境具备了粉尘爆炸的五要素(可燃粉尘、粉尘云、点火源、助燃物、空间受限),引发爆炸。

(1)可燃粉尘。事故车间抛光轮毂产生的抛光铝粉,主要成分为 88.3%的铝和 10.2%的硅,抛光铝粉的粒径中位值为 19 μm,经实验测试,该粉尘为爆炸性粉尘,粉尘云引燃温度为 500 ℃。事故车间除尘系统未按规定清理,铝粉尘沉积。铝粉具有遇湿自燃、遇油脂自燃、点火能量低等特点。铝粉制备生产包括了球磨、干燥、筛粉等工序,生产过程中会产生大量粉尘,极容易发生粉尘爆炸。

(2)粉尘云。除尘系统风机启动后,每套除尘系统负责的 4 条生产线共 48 个工位抛光粉尘通过一条管道进入除尘器内,由滤袋捕集落入到集尘桶内,在除尘器灰斗和集尘桶上部空间形成爆炸性粉尘云。

(3)点火源。集尘桶内超细的抛光铝粉,在抛光过程中具有一定的初始温度,比表面积大,吸湿受潮,与水及铁锈发生放热反应。除尘风机开启后,在集尘桶上方形成一定的负压,加速了桶内铝粉的放热反应,温度升高达到粉尘云引燃温度。

①铝粉沉积:1 号除尘器集尘桶未及时清理,估算沉积铝粉约 20 kg。

②吸湿受潮:事发前两天当地连续降雨;平均气温为 31 ℃,最高气温为 34 ℃,空气湿度最高达到 97%;1 号除尘器集尘桶底部锈蚀破损,桶内铝粉吸湿受潮。

③反应放热:根据现场条件,利用化学反应热力学理论,模拟计算集尘桶内抛光铝粉与水发生的放热反应,在抛光铝粉呈絮状堆积、散热条件差的条件下,可使集尘桶内

的铝粉表层温度达到粉尘云引燃温度 500 ℃。

桶底锈蚀产生的氧化铁和铝粉在前期放热反应触发下,可发生"铝热反应",释放大量热量,使体系的温度进一步升高。

(4)助燃物。在除尘器风机作用下,大量新鲜空气进入除尘器内,支持了爆炸发生。

(5)空间受限。除尘器本体为倒锥体钢壳结构,内部是有限空间,容积约为 8 m³。

2)管理原因

(1)厂房设计与生产工艺布局违法违规。事故车间厂房原设计建设为戊类,依据《建筑设计防火规范(2018 年版)》(GB 50016—2014)第 3.1.1 条,能产生与空气形成爆炸性混合物的浮游状态的粉尘的厂房应设计为乙类。实际该车间被建设为戊类,建筑类别的降低导致一层原设计泄爆面积不足,并且疏散楼梯未采用封闭楼梯间,贯通上下两层。事故车间生产工艺及布局未按规定规范设计。生产线布置过密,作业工位排列拥挤,在每层 1 072.5 m² 的车间内设置了 16 条生产线,在 13 m 长的生产线上布置有 12 个工位,人员密集,有的生产线之间员工背靠背间距不到 1 m,且通道中放置了轮毂,造成疏散通道不畅通,加重了人员伤害。

(2)除尘系统设计、制造、安装、改造违规。事故车间除尘系统改造委托无设计安装资质的昆山菱正机电环保设备公司设计、制造、施工安装。设计公司未按《粉尘爆炸泄压指南》(GB/T 15605—2008)要求设置泄爆装置,集尘器未设置防水防潮设施,集尘桶底部破损后未及时修复,外部潮湿空气渗入集尘桶内,造成铝粉受潮,产生氧化放热反应。

(3)车间铝粉尘集聚严重。事故现场吸尘罩为 500 mm × 200 mm,轮毂中心距离吸尘罩 500 mm,每个吸尘罩的风量为 600 m³/h,每套除尘系统总风量为 28 800 m³/h,支管内平均风速为 20.8 m/s。按照《铝镁粉加工粉尘防爆安全规程》(GB 17269—2003)规定的支管平均风速为 23 m/s 计算,其总风量应达到 31 850 m³/h,原始设计差额为 9.6%。因此,现场除尘系统吸风量不足,不能满足工位粉尘捕集要求,不能有效抽出除尘管道内的粉尘。企业未按《粉尘防爆安全规程》(GB 15577—2018)对于粉尘控制与清理的规定及时清理粉尘,造成除尘管道内和作业现场残留铝粉尘多,加大了爆炸威力。《粉尘防爆安全规程》(GB 15577—2018)第 9.1 条规定,企业对粉尘爆炸危险场所应制定包括清扫范围、清扫方式、清扫周期等内容的粉尘清理制度;第 9.4 条规定,所有可能沉积粉尘的区域(包括粉料贮存间)及设备设施的所有部位应进行及时全面规范清扫。

(4)安全生产管理混乱。该公司安全生产规章制度不健全、不规范,盲目组织生产,未建立岗位安全操作规程,现有的规章制度未落实到车间、班组。未建立隐患排查治理制度,无隐患排查治理台账。风险辨识不全面,对铝粉尘爆炸危险未进行辨识,缺乏预防措施。未开展粉尘爆炸专项教育培训和新员工三级安全培训,安全生产教育培训责任不落实,造成员工对铝粉尘存在爆炸危险没有认知。

(5)安全防护措施不落实。事故车间电气设施设备不符合《爆炸危险环境电力装置设计规范》(GB 50058—2014)的规定,均不防爆,电缆、电线敷设方式违规,电气设备的金属外壳未作可靠接地。现场作业人员密集,岗位粉尘防护措施不完善,未按规定配备防静电工装等劳动保护用品,进一步加重了人员伤害。

思政天地

有关昆山"8·2"特别重大爆炸事故的重要指示批示

2014 年 8 月 2 日,江苏昆山中荣金属制品有限公司汽车轮毂抛光车间发生爆炸。事故发生后,党中央、国务院高度重视。中共中央总书记、国家主席、中央军委主席习近平立即作出重要指示,要求江苏省和有关方面全力做好伤员救治,做好遇难者亲属的安抚工作;查明事故原因,追究责任人责任,汲取血的教训,强化安全生产责任制。正值盛夏,要切实消除各种易燃易爆隐患,切实保障人民群众生命财产安全。中共中央政治局常委、国务院总理李克强作出批示,要求全力组织力量对现场进行深入搜救,千方百计救治受伤人员,抓紧排查隐患,防止发生次生事故,强化安全生产措施,坚决遏制此类事故再度发生。①

---

① 习近平李克强对江苏昆山"8·2"爆炸事故作出重要指示批示, http://www.xinhuanet.com//politics/2014-08/02/c_1111909422.htm? from=groupmessage&isappinstalled=0,访问日期:2022 年 7 月 1 日。

第 16 章　相关法律法规

16.1　有关部门违法违规情况

1）地方人民政府

地方人民政府（昆山开发区、昆山市、苏州市人民政府）不重视安全生产，安全生产责任制不落实，对该公司违反国家安全生产法律法规的行为打击治理严重不力，对安全监管部门未及时开展隐患排查治理工作失察。违反了《安全生产法》第 9 条"国务院和县级以上地方各级人民政府应当加强对安全生产工作的领导，建立健全安全生产工作协调机制，支持、督促各有关部门依法履行安全生产监督管理职责，及时协调、解决安全生产监督管理中存在的重大问题。乡镇人民政府和街道办事处，以及开发区、工业园区、港区、风景区等应当明确负责安全生产监督管理的有关工作机构及其职责，加强安全生产监管力量建设，按照职责对本行政区域或者管理区域内生产经营单位安全生产状况进行监督检查，协助人民政府有关部门或者按照授权依法履行安全生产监督管理职责"，第 10 条"县级以上地方各级人民政府应急管理部门依照本法，对本行政区域内安全生产工作实施综合监督管理。……县级以上地方各级人民政府有关部门依照本法和其他有关法律、法规的规定，在各自的职责范围内对有关行业、领域的安全生产工作实施监督管理。……负有安全生产监督管理职责的部门应当相互配合、齐抓共管、信息共享、资源共用，依法加强安全生产监督管理工作"，第 62 条"县级以上地方各级人民政府应当根据本行政区域内的安全生产状况，组织有关部门按照职责分工，对本行政区域内容易发生重大生产安全事故的生产经营单位进行严格检查。应急管理部门应当按照分类分级监督管理的要求，制定安全生产年度监督检查计划，并按照年度监督检查计划进行监督检查，发现事故隐患，应当及时处理"。违反了《消防法》第 52 条"地方各级人民政府应当落实消防工作责任制，对本级人民政府有关部门履行消防安全职责的情况进行监督检查。县级以上地方人民政府有关部门应当根据本系统的特点，有针对性地开展消防安全检查，及时督促整改火灾隐患"。违反了《环境保护法》第 10 条"国务院环境保护主管部门，对全国环境保护工作实施统一监督管理；县级以上地方人民政府环境保护主管部门，对本行政区域环境保护工作实施统一监督管理。县级以上人民政府有关部门和军队环境保护部门，依照有关法律的规定对资源保护和污染防治等环境保护工作实施监督管理"。

2）安全监管部门

昆山开发区经济发展和环境保护局（下设安全生产科），昆山市、苏州市以及江苏省安全监管局履行安全生产监管职责不到位，安全培训把关不严，专项检查不落实。对该公司安全管理、从业人员安全教育、隐患排查治理及应急管理等监管不力,工贸企业安全隐患排查治理工作不力,未能及时发现和纠正该公司粉尘长期超标问题,未督促该公司对重大事故隐患进行整改消除,对该公司长期存在的事故隐患和安全管理混乱问题失察。违反了《安全生产法》对安全监管工作的规定:第 63 条"负有安全生产监督管理职责的部门依照有关法律、法规的规定,对涉及安全生产的事项需要审查批准(包括批准、核准、许可、注册、认证、颁发证照等,下同)或者验收的,必须严格依照有关法律、法规和国家标准或者行业标准规定的安全生产条件和程序进行审查;不符合有关法律、法规和国家标准或者行业标准规定的安全生产条件的,不得批准或者验收通过。对未依法取得批准或者验收合格的单位擅自从事有关活动的,负责行政审批的部门发现或者接到举报后应当立即予以取缔,并依法予以处理。对已经依法取得批准的单位,负责行政审批的部门发现其不再具备安全生产条件的,应当撤销原批准";第 64 条"负有安全生产监督管理职责的部门对涉及安全生产的事项进行审查、验收,不得收取费用;不得要求接受审查、验收的单位购买其指定品牌或者指定生产、销售单位的安全设备、器材或者其他产品";第 65 条"应急管理部门和其他负有安全生产监督管理职责的部门依法开展安全生产行政执法工作,对生产经营单位执行有关安全生产的法律、法规和国家标准或者行业标准的情况进行监督检查,行使以下职权:(一)进入生产经营单位进行检查,调阅有关资料,向有关单位和人员了解情况;(二)对检查中发现的安全生产违法行为,当场予以纠正或者要求限期改正;对依法应当给予行政处罚的行为,依照本法和其他有关法律、行政法规的规定作出行政处罚决定;(三)对检查中发现的事故隐患,应当责令立即排除;重大事故隐患排除前或者排除过程中无法保证安全的,应当责令从危险区域内撤出作业人员,责令暂时停产停业或者停止使用相关设施、设备;重大事故隐患排除后,经审查同意,方可恢复生产经营和使用;(四)对有根据认为不符合保障安全生产的国家标准或者行业标准的设施、设备、器材以及违法生产、储存、使用、经营、运输的危险物品予以查封或者扣押,对违法生产、储存、使用、经营危险物品的作业场所予以查封,并依法作出处理决定。监督检查不得影响被检查单位的正常生产经营活动"。

3)公安消防部门

昆山市公安消防大队在该公司事故车间建筑工程消防设计审核、验收中未按照《建筑设计防火规范》发现并纠正设计部门错误认定火灾危险等级的问题,简化审核、验收程序不严格。对该公司日常监管不到位,未对该公司进行检查。违反了《消防法》第 53 条"消防救援机构应当对机关、团体、企业、事业等单位遵守消防法律、法规的情况依法进行监督检查。公安派出所可以负责日常消防监督检查、开展消防宣传教育,具体办法由国务院公安部门规定"。

4)环境保护部门

环境保护部门(昆山开发区经济发展和环境保护局,昆山市、苏州市环境保护局)的环境影响评价工作不落实,未发现和纠正该公司事故车间未按规定履行环境影响评价程序即开工建设、未按规定履行环保竣工验收程序即投产运行等问题。对该公司事故车间的粉尘排放情况疏于检查,未对除尘设施设备是否符合相关技术标准及其运行情况进行检查。相关部门违反了《环境保护法》第19条"编制有关开发利用规划,建设对环境有影响的项目,应当依法进行环境影响评价。未依法进行环境影响评价的开发利用规划,不得组织实施;未依法进行环境影响评价的建设项目,不得开工建设"。

5)住房城乡建设部门

昆山开发区规划建设局、昆山市住房城乡建设局对所属的利悦图审公司开发区办公室审查程序不规范、审查质量存在缺陷等问题失察;对该公司工程建设项目审查环节把关不严、违规备案等问题失察。违反了《安全生产法》第10条"国务院交通运输、住房和城乡建设、水利、民航等有关部门依照本法和其他有关法律、行政法规的规定,在各自的职责范围内对有关行业、领域的安全生产工作实施监督管理";违反了《消防法》第56条"住房和城乡建设主管部门、消防救援机构及其工作人员应当按照法定的职权和程序进行消防设计审查、消防验收、备案抽查和消防安全检查,做到公正、严格、文明、高效。住房和城乡建设主管部门、消防救援机构及其工作人员进行消防设计审查、消防验收、备案抽查和消防安全检查等,不得收取费用,不得利用职务谋取利益;不得利用职务为用户、建设单位指定或者变相指定消防产品的品牌、销售单位或者消防技术服务机构、消防设施施工单位"。

6)第三方设计单位与技术服务机构

江苏省淮安市建筑设计研究院在未认真了解各种金属粉尘危险性的情况下,仅凭该公司提供的"金属制品打磨车间"的厂房用途,违规将车间火灾危险性类别定义为戊类。

南京工业大学出具的《昆山中荣金属制品有限公司剧毒品使用、储存装置安全现状评价报告》,在安全管理和安全检测表方面存在内容与实际不符问题,且未能发现企业主要负责人无安全生产资格证书和一线生产工人无职业健康检测表等事实。

江苏莱博环境检测技术有限公司未按照《工作场所空气中有害物质监测的采样规范》要求,未在正常生产状态下对该公司生产车间抛光岗位粉尘浓度进行检测即出具监测报告。

昆山菱正机电环保设备有限公司无设计和总承包资质,违规为该公司设计、制造、施工改造除尘系统,且除尘系统管道和除尘器均未设置泄爆口,未设置导除静电的接地装置,吸尘罩小、罩口多,通风除尘效果差。

这些第三方机构都违背了《安全生产法》第15条"依法设立的为安全生产提供技术、管理服务的机构,依照法律、行政法规和执业准则,接受生产经营单位的委托为其安全生产工作提供技术、管理服务。生产经营单位委托前款规定的机构提供安全生产技术、管理服务的,保证安全生产的责任仍由本单位负责"。

7)生产经营单位

该公司违法违规组织项目建设和生产、安全生产管理混乱、安全防护措施不落实,造成了严重后果。违反了《安全生产法》第20条"生产经营单位应当具备本法和有关法律、行政法规和国家标准或者行业标准规定的安全生产条件;不具备安全生产条件的,不得从事生产经营活动",第21条"生产经营单位的主要负责人对本单位安全生产工作负有下列职责:(一)建立健全并落实本单位全员安全生产责任制,加强安全生产标准化建设;(二)组织制定并实施本单位安全生产规章制度和操作规程;(三)组织制定并实施本单位安全生产教育和培训计划;(四)保证本单位安全生产投入的有效实施;(五)组织建立并落实安全风险分级管控和隐患排查治理双重预防工作机制,督促、检查本单位的安全生产工作,及时消除生产安全事故隐患;(六)组织制定并实施本单位的生产安全事故应急救援预案;(七)及时、如实报告生产安全事故",第 25 条"生产经营单位的安全生产管理机构以及安全生产管理人员履行下列职责:(一)组织或者参与拟订本单位安全生产规章制度、操作规程和生产安全事故应急救援预案;(二)组织或者参与本单位安全生产教育和培训,如实记录安全生产教育和培训情况;(三)组织开展危险源辨识和评估,督促落实本单位重大危险源的安全管理措施;(四)组织或者参与本单位应急救援演练;(五)检查本单位的安全生产状况,及时排查生产安全事故隐患,提出改进安全生产管理的建议;(六)制止和纠正违章指挥、强令冒险作业、违反操作规程的行为;(七)督促落实本单位安全生产整改措施。生产经营单位可以设置专职安全生产分管负责人,协助本单位主要负责人履行安全生产管理职责",第 36 条"安全设备的设计、制造、安装、使用、检测、维修、改造和报废,应当符合国家标准或者行业标准。生产经营单位必须对安全设备进行经常性维护、保养,并定期检测,保证正常运转。维护、保养、检测应当作好记录,并由有关人员签字",第 38 条"国家对严重危及生产安全的工艺、设备实行淘汰制度,具体目录由国务院应急管理部门会同国务院有关部门制定并公布。法律、行政法规对目录的制定另有规定的,适用其规定。省、自治区、直辖市人民政府可以根据本地区实际情况制定并公布具体目录,对前款规定以外的危及生产安全的工艺、设备予以淘汰。生产经营单位不得使用应当淘汰的危及生产安全的工艺、设备",第 44 条"生产经营单位应当教育和督促从业人员严格执行本单位的安全生产规章制度和安全操作规程;并向从业人员如实告知作业场所和工作岗位存在的危险因素、防范措施以及事故应急措施",第 45 条"生产经营单位必须为从业人员提供符合国家标准或者行业标准的劳动防护用品,并监督、教育从业人员按照使用规则佩戴、使用"。

16.2　相关规定

1)生产经营单位相关的法律责任规定

危害公共安全罪。《刑法》第 135 条规定:"安全生产设施或者安全生产条件不符合国家规定,因而发生重大伤亡事故或者造成其他严重后果的,对直接负责的主管人员和其他直接责任人员,处三年以下有期徒刑或者拘役;情节特别恶劣的,处三年以上七年以下有期徒刑。"

《安全生产法》第 94 条规定:"生产经营单位的主要负责人未履行本法规定的安全生产管理职责的,责令限期改正,处二万元以上五万元以下的罚款;逾期未改正的,处五万元以上十万元以下的罚款,责令生产经营单位停产停业整顿。生产经营单位的主要负责人有前款违法行为,导致发生生产安全事故的,给予撤职处分;构成犯罪的,依照刑法有关规定追究刑事责任。生产经营单位的主要负责人依照前款规定受刑事处罚或者撤职处分的,自刑罚执行完毕或者受处分之日起,五年内不得担任任何生产经营单位的主要负责人;对重大、特别重大生产安全事故负有责任的,终身不得担任本行业生产经营单位的主要负责人。"第95条规定:"生产经营单位的主要负责人未履行本法规定的安全生产管理职责,导致发生生产安全事故的,由应急管理部门依照下列规定处以罚款:(一)发生一般事故的,处上一年年收入百分之四十的罚款;(二)发生较大事故的,处上一年年收入百分之六十的罚款;(三)发生重大事故的,处上一年年收入百分之八十的罚款;(四)发生特别重大事故的,处上一年年收入百分之一百的罚款。"第96条规定:"生产经营单位的其他负责人和安全生产管理人员未履行本法规定的安全生产管理职责的,责令限期改正,处一万元以上三万元以下的罚款;导致发生生产安全事故的,暂停或者吊销其与安全生产有关的资格,并处上一年年收入百分之二十以上百分之五十以下的罚款;构成犯罪的,依照刑法有关规定追究刑事责任。"第114条规定:"发生生产安全事故,对负有责任的生产经营单位除要求其依法承担相应的赔偿等责任外,由应急管理部门依照下列规定处以罚款:(一)发生一般事故的,处三十万元以上一百万元以下的罚款;(二)发生较大事故的,处一百万元以上二百万元以下的罚款;(三)发生重大事故的,处二百万元以上一千万元以下的罚款;(四)发生特别重大事故的,处一千万元以上二千万元以下的罚款。发生生产安全事故,情节特别严重、影响特别恶劣的,应急管理部门可以按照前款罚款数额的二倍以上五倍以下对负有责任的生产经营单位处以罚款。"

《环境保护法》第61条规定:"建设单位未依法提交建设项目环境影响评价文件或者环境影响评价文件未经批准,擅自开工建设的,由负有环境保护监督管理职责的部门责令停止建设,处以罚款,并可以责令恢复原状。"

2)安全监管部门相关的法律责任规定

渎职罪。《刑法》第397条规定:"国家机关工作人员滥用职权或者玩忽职守,致使公共财产、国家和人民利益遭受重大损失的,处三年以下有期徒刑或者拘役;情节特别严重的,处三年以上七年以下有期徒刑。本法另有规定的,依照规定。国家机关工作人员徇私舞弊,犯前款罪的,处五年以下有期徒刑或者拘役;情节特别严重的,处五年以上十年以下有期徒刑。本法另有规定的,依照规定。"第408条规定:"负有环境保护监督管理职责的国家机关工作人员严重不负责任,导致发生重大环境污染事故,致使公私财产遭受重大损失或者造成人身伤亡的严重后果的,处三年以下有期徒刑或者拘役。"

贪污贿赂罪。《刑法》第382条规定:"国家工作人员利用职务上的便利,侵吞、窃取、骗取或者以其他手段非法占有公共财物的,是贪污罪。受国家机关、国有公司、企业、事业单位、人民团体委托管理、经营国有财产的人员,利用职务上的便利,侵吞、窃取、骗取或者以其他手段非法占有国有财物的,以贪污论。与前两款所列人员勾结,伙同贪污的,以共犯论处。"第383条规定:"对犯贪污罪的,根据情节轻重,分别依照下列规定处罚:(一)贪污数额较大或者有其他较重情节的,处三年以下有期徒刑或者拘役,并处罚金。（二）贪污数额巨大或者有其他严重情节的，处三年以上十年以下有期徒刑，并处罚金或者没收财产。（三）贪污数额特别巨大或者有其他特别严重情节的，处十年以上有期徒刑或者无期徒刑，并处罚金或者没收财产；数额特别巨大，并使国家和人民利益遭受特别重大损失的，处无期徒刑或者死刑，并处没收财产。对多次贪污未经处理的，按照累计贪污数额处罚。犯第一款罪，在提起公诉前如实供述自己罪行、真诚悔罪、积极退赃，避免、减少损害结果的发生，有第一项规定情形的，可以从轻、减轻或者免除处罚；有第二项、第三项规定情形的，可以从轻处罚。犯第一款罪，有第三项规定情形被判处死刑缓期执行的，人民法院根据犯罪情节等情况可以同时决定在其死刑缓期执行二年期满依法减为无期徒刑后，终身监禁，不得减刑、假释。"

《安全生产法》第 90 条规定："负有安全生产监督管理职责的部门的工作人员，有下列行为之一的，给予降级或者撤职的处分；构成犯罪的，依照刑法有关规定追究刑事责任：（一）对不符合法定安全生产条件的涉及安全生产的事项予以批准或者验收通过的；（二）发现未依法取得批准、验收的单位擅自从事有关活动或者接到举报后不予取缔或者不依法予以处理的；（三）对已经依法取得批准的单位不履行监督管理职责，发现其不再具备安全生产条件而不撤销原批准或者发现安全生产违法行为不予查处的；（四）在监督检查中发现重大事故隐患，不依法及时处理的。负有安全生产监督管理职责的部门的工作人员有前款规定以外的滥用职权、玩忽职守、徇私舞弊行为的，依法给予处分；构成犯罪的，依照刑法有关规定追究刑事责任。"

《消防法》第 71 条规定："住房和城乡建设主管部门、消防救援机构的工作人员滥用职权、玩忽职守、徇私舞弊，有下列行为之一，尚不构成犯罪的，依法给予处分：（一）对不符合消防安全要求的消防设计文件、建设工程、场所准予审查合格、消防验收合格、消防安全检查合格的；（二）无故拖延消防设计审查、消防验收、消防安全检查，不在法定期限内履行职责的；（三）发现火灾隐患不及时通知有关单位或者个人整改的；（四）利用职务为用户、建设单位指定或者变相指定消防产品的品牌、销售单位或者消防技术服务机构、消防设施施工单位的；（五）将消防车、消防艇以及消防器材、装备和设施用于与消防和应急救援无关的事项的；（六）其他滥用职权、玩忽职守、徇私舞弊的行为。产品质量监督、工商行政管理等其他有关行政主管部门的工作人员在消防工作中滥用职权、玩忽职守、徇私舞弊，尚不构成犯罪的，依法给予处分。"

《环境保护法》第 68 条规定："地方各级人民政府、县级以上人民政府环境保护主管部门和其他负有环境保护监督管理职责的部门有下列行为之一的，对直接负责的主管人员和其他直接责任人员给予记过、记大过或者降级处分；造成严重后果的，给予撤职或者开除处分，其主要负责人应当引咎辞职：（一）不符合行政许可条件准予行政许可的；（二）对环境违法行为进行包庇的；（三）依法应当作出责令停业、关闭的决定而未作出的；（四）对超标排放污染物、采用逃避监管的方式排放污染物、造成环境事故以及不落实生态保护措施造成生态破坏等行为，发现或者接到举报未及时查处的；（五）违反本法规定，查封、扣押企业事业单位和其他生产经营者的设施、设备的；（六）篡改、伪造或者指使篡改、伪造监测数据的；（七）应当依法公开环境信息而未公开的；（八）将征收的排污费截留、挤占或者挪作他用的;(九)法律法规规定的其他违法行为。"

3)第三方设计单位与技术服务机构相关的法律责任规定

《安全生产法》第 92 条规定:"承担安全评价、认证、检测、检验职责的机构出具失实报告的,责令停业整顿,并处三万元以上十万元以下的罚款;给他人造成损害的,依法承担赔偿责任。承担安全评价、认证、检测、检验职责的机构租借资质、挂靠、出具虚假报告的,没收违法所得;违法所得在十万元以上的,并处违法所得二倍以上五倍以下的罚款,没有违法所得或者违法所得不足十万元的,单处或者并处十万元以上二十万元以下的罚款;对其直接负责的主管人员和其他直接责任人员处五万元以上十万元以下的罚款;给他人造成损害的,与生产经营单位承担连带赔偿责任;构成犯罪的,依照刑法有关规定追究刑事责任。对有前款违法行为的机构及其直接责任人员,吊销其相应资质和资格,五年内不得从事安全评价、认证、检测、检验等工作;情节严重的,实行终身行业和职业禁入。"

《消防法》第 69 条规定:"消防设施维护保养检测、消防安全评估等消防技术服务机构,不具备从业条件从事消防技术服务活动或者出具虚假文件的,由消防救援机构责令改正,处五万元以上十万元以下罚款,并对直接负责的主管人员和其他直接责任人员处一万元以上五万元以下罚款;不按照国家标准、行业标准开展消防技术服务活动的,责令改正,处五万元以下罚款,并对直接负责的主管人员和其他直接责任人员处一万元以下罚款;有违法所得的,并处没收违法所得;给他人造成损失的,依法承担赔偿责任;情节严重的,依法责令停止执业或者吊销相应资格;造成重大损失的,由相关部门吊销营业执照,并对有关责任人员采取终身市场禁入措施。前款规定的机构出具失实文件,给他人造成损失的,依法承担赔偿责任;造成重大损失的,由消防救援机构依法责令停止执业或者吊销相应资格,由相关部门吊销营业执照,并对有关责任人员采取终身市场禁入措施。"

《环境保护法》第 65 条规定:"环境影响评价机构、环境监测机构以及从事环境监测设备和防治污染设施维护、运营的机构,在有关环境服务活动中弄虚作假,对造成的环境污染和生态破坏负有责任的,除依照有关法律法规规定予以处罚外,还应当与造成环境污染和生态破坏的其他责任者承担连带责任。"

对第三方设计单位与技术服务机构实施以下处罚。

(1)依据《安全生产法》《生产安全事故报告和调查处理条例》等相关法律法规的规定,建议江苏省人民政府责成江苏省安全监管局对该公司处以规定上限的经济处罚。

(2)建议江苏省人民政府责成有关部门按照相关法律法规规定对该公司依法予以取缔。

(3)依据《安全生产法》等法律法规的规定,由江苏省住房城乡建设、安全监管和环境保护部门对江苏省淮安市建筑设计研究院、南京工业大学、江苏莱博环境检测技术有限公司、昆山菱正机电环保设备有限公司等单位和有关人员的违法违规问题进行处罚。构成犯罪的,由公安司法机关进行查处,依法追究其刑事责任。

16.3　粉尘爆炸相关的标准规范

伴随着粉尘爆炸事故的不时发生,相关行业主管部门制定和出台了诸多的粉尘防爆安全规范和标准,我们将这些行业规范大致划分为以下五类,即原则指南、抑爆泄爆、金属粉尘、粮食粉尘与其他有机粉尘,如表 16-1 所示。

表 16-1　粉尘相关行业规范

原则指南	《粉尘防爆术语》(GB/T 15604—2008)
	《粉尘防爆安全规程》(GB 15577—2018)
	《工贸企业粉尘防爆安全规程》(应急部 6 号令)(2021 年)
	《工贸行业重点可燃性粉尘目录》(2015 年)
	《工贸行业可燃性粉尘作业场所工艺设施防爆技术指南》(2015 年)
抑爆泄爆	《粉尘爆炸危险场所用收尘器防爆导则》(GB/T 17919—2008)
	《粉尘爆炸泄压指南》(GB/T 15606—2008)
金属粉尘	《铝镁制品机械加工粉尘防爆安全技术规范》(AQ 4272—2016)
	《粉尘爆炸危险场所用除尘系统安全技术规范》(AQ 4273—2016)
粮食粉尘	《粮食立筒仓粉尘防爆安全规范》(AQ 4229—2013)
	《粮食平房仓粉尘防爆安全规范》(AQ 4230—2013)
	《散粮码头爆炸性粉尘环境施工及装卸设备维修安全规范》(AQ 4231—2013)
	《粮食加工、储运系统粉尘防爆安全规程》(GB 17440—2008)
	《港口散粮装卸系统粉尘防爆安全规程》(GB 17918—2008)
其他有机粉尘	《木材加工系统粉尘防爆安全规范》(AQ 4228—2012)
	《纺织工业粉尘防爆安全规程》(GB 32276—2015)
	《烟草加工系统粉尘防爆安全规程》(GB 18245—2000)
	《饲料加工系统粉尘防爆安全规程》(GB 19081—2008)
	《塑料生产系统粉尘防爆规范》(AQ 4232—2013)

第 17 章 粉尘爆炸及其防控措施

17.1 粉尘爆炸基本知识

粉尘是指悬浮在空气中的固体微粒,如灰尘、尘埃、烟尘、矿尘、砂尘、粉末等。国际标准化组织定义其为"粒径小于 75 μm 的固体悬浮物"(人类头发的直径为 50~80 μm);《粉尘防爆术语》(GB/T 15604—2008)定义其为"细微的固体颗粒"。

可燃性粉尘是指能与气态氧化剂(主要是空气)发生剧烈氧化反应的粉尘;美国消防规范(NFPA)定义其为"直径小于 420 μm,在分散状态下点火会引起火灾或爆炸的细微颗粒物"。

17.1.1 粉尘的分类

粉尘种类繁多,按粉尘的成分可以分为以下几类。

1)无机粉尘

无机粉尘包括矿物性粉尘、金属性粉尘及人工无机粉尘。

(1)矿物性粉尘,如石英、石棉、滑石、煤、石灰石、黏土尘等。

(2)金属性粉尘,如铁、铅、锌、锰、铜、锡粉等。

(3)人工无机粉尘,如金刚砂、水泥、石墨、玻璃粉尘等。

2)有机粉尘

有机粉尘包括动物性粉尘、植物性粉尘和人工有机粉尘。

(1)动物性粉尘,如兽毛、鸟毛、骨质粉尘等。

(2)植物性粉尘,如谷物、棉、麻、烟草、茶叶粉尘等。

(3)人工有机粉尘,如 TNT 炸药、合成纤维、有机染料粉尘等。

3)混合型粉尘

混合型粉尘是指上述两种或多种粉尘的混合物,如铸造厂用混砂机混碾物料时产生的粉尘,既有石英砂和黏土粉尘,又有煤尘;用砂轮机磨削金属时产生的粉尘,既有金刚砂粉尘,又有金属粉尘。

粉尘按所处状态,可分成粉尘层和粉尘云两类。粉尘层(或层状粉尘)是指堆积在某处的处于静止状态的粉尘,而粉尘云(或云状粉尘)则指悬浮在空间中的处于运动状态的粉尘。由于存在重力作用,多数云状粉尘会很快降落在设备表面或地面上而形成层状粉尘;而原来沉积的层状粉尘也会在扰动(如机械振动、人为清扫、冲击波等)作用下"卷扬"起来形成云状粉尘。

17.1.2 粉尘爆炸性参数

（1）粉尘云最小点火能（或着火能量）:粉尘云最小点火能为 10~100 mJ,比可燃气体的最小点火能大 1~2 个数量级。铝粉粉尘云的最小点火能为 47.1~58.2 mJ。

（2）粉尘层最低点火或着火温度与粉尘云最低点火温度:点火温度越低,越容易燃烧或爆炸;在有可燃粉尘沉积的场所,设备热表面的温度不能超过粉尘层最低点火温度;粉尘层最低点火温度<粉尘云最低点火温度;铝粉的粉尘云最低点火温度为 590 ℃。

（3）粉尘云爆炸下限:可以引发爆炸的最低粉尘浓度。

（4）粉尘云最大爆炸压力、粉尘云爆炸指数:反映爆炸猛烈程度。

（5）粉尘爆炸极限氧浓度:可以引发爆炸的最低氧气浓度,用于惰化等防爆设计。

我国颁布了粉尘爆炸性参数测试标准,见表 17-1。

表 17-1　我国粉尘爆炸性参数测试标准

测试内容	国际标准	国家标准
粉尘最低着火温度	Electrical apparatus for use in the presence of combustible dust—Part 2: Test methods—Section 1: Methods for determining the minimum ignition temperature of dust（IEC 61241-2-1:1994）	《爆炸性环境第 12 部分:可燃性粉尘物质特性　试验方法》（GB/T 3836.12—2019）
粉尘层电阻率	Electrical apparatus for use in the presence of combustible dust—Part 2: Test methods—Section 2: Method for determining the electrical resistivity of dust in layers（IEC 61241-2-2:1993）	《粉尘层电阻率测定方法》（GB/T 16427—2018）
粉尘云最小着火能量	Electrical apparatus for use in the presence of combustible dust—Part 2: Test methods—Section 3: Method for determining the ignition energy of dust/air mixtures（IEC 61241-2-3:1994）	《粉尘云最小着火能量测定方法》（GB/T 16428—1996）
最大爆炸压力和爆炸压力上升速率	Explosion protection systems—Part 1: Determination of explosion indices of combustible dusts in air（ISO 6184-1:1985）	《粉尘云最大爆炸压力和最大压力上升速率测定方法》（GB/T 16426—1996）
爆炸下限	Apparatus for use in the presence of ignitable dust（IEC 31H（draft））	《粉尘云爆炸下限浓度测定方法》（GB/T 16425—2018）

17.1.3 粉尘爆炸的条件

如图 17-1 所示,一根木头很难点燃,点燃后燃烧得也很缓慢;同样是这根木头,如果将其劈成很多小块,并且相互交叉堆在一起,各个小木块之间有一定的空隙,这堆木材就变得比较容易点燃,而且点燃后燃烧得也较旺;进一步,将这些细小的木块粉碎成细小的锯末粉尘,如果将这些粉尘堆积起来,用明火点燃后,燃烧只会从外层向内部慢慢拓展,甚至是无火焰的闷燃;但是,如果将这些细粉在一个相对有限的空间里卷扬起来形成粉尘云,并将其点燃,这些粉尘不仅变得特别容易被点燃,而且点燃后,火焰在各个粉尘之间传播得非常快,瞬间释放大量的热量,引起局部空间的气体迅速受热膨胀,从而发生粉尘爆炸。

图 17-1　相同质量不同形态木材的燃烧

从缓慢燃烧到快速燃烧,直至发生爆炸,木材本身并没有发生化学性质的变化,只是由一根木头变成了无数细小的粉尘,也就是物质的接触表面积增大了,每一粒细小的粉尘均可以与空气之中的氧气进行充分接触,当它们受到高温作用时,就会与氧气迅速发生燃烧反应,使得燃烧速度急剧加快,最终导致爆炸。所以说,粉尘的颗粒越细小,越容易被引燃;颗粒越粗大,越不易被引燃。

粉尘爆炸必须同时具备以下五个条件,如图 17-2 所示。

(1)可燃粉尘:依据国内外相关标准、文献和部分粉尘的实验参数,结合国内外粉尘爆炸事故案例,于 2015 年确定了可燃性粉尘名录,见表 17-2。

(2)粉尘形成云状,粉尘呈悬浮状态:堆积成层状的粉尘不会发生爆炸,只有粉尘被卷扬起来呈悬浮状态并与空气充分混合时才能发生爆炸。

(3)点火源:点火源的能量必须达到最小点火能。

(4)助燃物:例如空气中的氧就是很好的助燃物。

(5)空间受限:必须在一个相对密闭的空间才能引发爆炸。

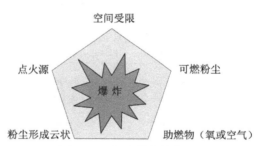

图 17-2　粉尘爆炸的条件

表 17-2　可燃性粉尘名录

序号	名称	中位径/μm	爆炸下限/(g/m³)	最小点火能/mJ	最大爆炸压力/MPa	爆炸指数/(MPa·m/s)	粉尘云引燃温度/℃	粉尘层引燃温度/℃	爆炸危险性级别
一、金属制品加工									
1	镁粉	6	25	<2	1	35.9	480	>450	高
2	铝粉	23	60	29	1.24	62	560	>450	高
3	铝铁合金粉	23			1.06	19.3	820	>450	高
4	钙铝合金粉	22			1.12	42	600	>450	高

续表

序号	名称	中位径/μm	爆炸下限/（g/m³）	最小点火能/mJ	最大爆炸压力/MPa	爆炸指数/（MPa·m/s）	粉尘云引燃温度/℃	粉尘层引燃温度/℃	爆炸危险性级别
5	铜硅合金粉	24	250		1	13.4	690	305	高
6	硅粉	21	125	250	1.08	13.5	>850	>450	高
7	锌粉	31	400	>1 000	0.81	3.4	510	>400	较高
8	钛粉						375	290	较高
9	镁合金粉	21		35	0.99	26.7	560	>450	较高
10	硅铁合金粉	17		210	0.94	16.9	670	>450	较高
二、农副产品加工									
11	玉米淀粉	15	60		1.01	16.9	460	435	高
12	大米淀粉	18		90	1	19	530	420	高
13	小麦淀粉	27			1	13.5	520	>450	高
14	果糖粉	150	60	<1	0.9	10.2	430	熔化	高
15	果胶酶粉	34	60	180	1.06	17.7	510	>450	高
16	土豆淀粉	33	60		0.86	9.1	530	570	较高
17	小麦粉	56	60	400	0.74	4.2	470	>450	较高
18	大豆粉	28			0.9	11.7	500	450	较高
19	大米粉	<63	60		0.74	5.7	360		较高
20	奶粉	235	60	80	0.82	7.5	450	320	较高
21	乳糖粉	34	60	54	0.76	3.5	450	>450	较高
22	饲料	76	60	250	0.67	2.8	450	350	较高
23	鱼骨粉	320	125		0.7	3.5	530		较高
24	血粉	46	60		0.86	11.5	650	>450	较高
25	烟叶粉尘	49			0.48	1.2	470	280	一般
三、木制品/纸制品加工									
26	木粉	62		7	1.05	19.2	480	310	高
27	纸浆粉	45	60		1	9.2	520	410	高

续表

序号	名称	中位径/μm	爆炸下限/(g/m³)	最小点火能/mJ	最大爆炸压力/MPa	爆炸指数/(MPa·m/s)	粉尘云引燃温度/℃	粉尘层引燃温度/℃	爆炸危险性级别
四、纺织品加工									
28	聚酯纤维	9			1.05	16.2			高
29	甲基纤维	37	30	29	1.01	20.9	410	450	高
30	亚麻	300			0.6	1.7	440	230	较高
31	棉花	44	100		0.72	2.4	560	350	较高
五、橡胶和塑料制品加工									
32	树脂粉	57	60		1.05	17.2	470	>450	高
33	橡胶粉	80	30	13	0.85	13.8	500	230	较高
六、冶金/有色/建材行业煤粉制备									
34	褐煤粉尘	32	60		1	15.1	380	225	高
35	褐煤/无烟煤（80:20）粉尘	40	60	>4 000	0.86	10.8	440	230	较高
七、其他									
36	硫黄	20	30	3	0.68	15.1	280		高
37	过氧化物	24	250		1.12	7.3	>850	380	高
38	染料	<10	60		1.1	28.8	480	熔化	高
39	静电粉末涂料	17.3	70	3.5	0.65	8.6	480	>400	高
40	调色剂	23	60	8	0.88	14.5	530	熔化	高
41	萘	95	15	<1	0.85	17.8	660	>450	高
42	弱防腐剂	<15			1	31			高
43	硬脂酸铅	15	60	3	0.91	11.1	600	>450	高
44	硬脂酸钙	<10	30	16	0.92	9.9	580	>450	较高
45	乳化剂	71	30	17	0.96	16.7	430	390	较高

17.1.4　粉尘爆炸的过程及特点

粉尘爆炸是氧化物和可燃物的快速化学反应,是表面反应。粉尘爆炸需经历以下过程:①给予粒子表面热能,使其表面温度上升;②粉尘粒子表面分子热分解并放出气体;③放出的气体与空气混合,形成爆炸性混合气体,遇到火源发生爆炸;④燃烧火焰产生的热量促进粉尘的分解,不断放出可燃性气体使火焰得以继续传播。

一次爆炸,也叫初始爆炸,是由初始点火源引起的爆炸。一次爆炸气浪把沉积在设备或地面上的粉尘吹扬起来,在一次爆炸的余火引燃下引起的爆炸称为二次爆炸。由于爆炸引起极大的震动,沉积在不同部位的粉尘扬起,形成多个粉尘云,从而产生连环爆炸,即多次爆炸。

粉尘爆炸的最大特点就是多次爆炸。一次爆炸的气浪会把沉积在设备或地面上的粉尘吹扬起来,在爆炸后的短时间内爆炸中心区会形成负压,周围的新鲜空气便由外向内填补进来,与扬起的粉尘混合,从而引发二次爆炸。二次爆炸时,粉尘浓度会更高,破坏力更大。粉尘爆炸所需的最小点火能较高,一般在几十毫焦耳以上。与可燃性气体爆炸相比,粉尘爆炸压力上升较缓慢,较高压力持续时间长,释放的能量大,破坏力强。

17.1.5　影响粉尘爆炸的物理、工艺因素及粉尘爆炸的危害

1)影响粉尘爆炸的物理因素

(1)混合物的均匀性及环境因素。粉尘与空气进行混合后,由于惯性力(如重力)作用,悬浮状态的粉尘会很快沉降下来。因此,粉尘浓度分布只能保持较短的时间,若要保持粉尘的悬浮状态必须有连续的扰动因素;流场扰动越严重,爆炸范围越大。粉尘的分散度越高,爆炸强度越高。空气湿度越低,爆炸强度越高。

(2)粉尘的颗粒度。粉尘的粒度、形状及表面条件都是变量,都是影响爆炸发生难易及爆炸后果严重与否的重要参数。氧和粉尘粒子间的反应受到氧的扩散控制,因此与表面积密切相关,表面积越大(粒径越小),反应速率越高。粉尘粒度对最小点火能也有很大影响,当可燃粉尘粒度大于 400 μm 时就较难发生爆炸。燃烧热越大的粉尘越容易爆炸,如煤尘、碳粉、硫黄粉等;氧化速度快的粉尘容易爆炸,如镁粉、铝粉、染料粉末等;容易带电的粉尘容易引起爆炸,如合成树脂粉末、纤维类粉尘、淀粉等。通常不易引起爆炸的粉尘有土、砂、氧化铁、研磨材料、水泥、石英粉尘以及类似于燃烧后的灰尘等。

(3)爆炸浓度。由于粉尘爆炸的浓度只能考虑悬浮粉尘与空气之比,而在实际的工业生产中,悬浮粉尘的量是不断变化的,所以粉尘的爆炸极限难以严格确定。例如料仓底部可能堆积有大量的粉尘,只有上部才有粉尘悬浮于空气中,如果没有扰动,由于粉尘沉降,粉尘浓度会不断下降,而一旦遇到扰动,沉积的粉尘就会扬起,粉尘浓度增大。对于特定的粉尘储存空间来说,难以事先确定粉尘是否处于可爆浓度范围内。一般认为工业粉尘的爆炸下限为 15~60 g/m³,爆炸上限为 2 000~6 000 g/m³,通常认为粉

尘爆炸上限为其下限的 100 倍。

（4）爆炸能量。点火能量越高,越容易爆炸。堆积的可燃性粉尘通常是不会爆炸的,但由于局部的爆炸,爆炸波的传播使堆积的粉尘受到扰动而飞扬形成粉尘雾,从而会连续产生二次、三次爆炸。单纯悬浮粉尘爆炸产生的破坏范围较小,而层状粉尘发生爆炸的范围往往是整个密闭空间,容易造成严重的人员伤亡和巨大的经济损失。

粉尘爆炸总是伴有不完全燃烧,会产生大量 CO,极易引起中毒。而且粉尘爆炸时,若有粒子飞出,更容易伤人或引爆其他可燃物。

2）引起粉尘爆炸的工艺因素

（1）粉碎、切削、抛光、打磨过程。由于机械力的作用会产生并扬起大量粉尘,作业空间及设备内悬浮的粉尘往往处于爆炸浓度范围之内,且各种力的作用更容易产生摩擦、撞击火花、静电等点火源,导致粉尘爆炸的发生。

（2）气固分离过程。在风力作用下,分离器内的粉尘均处于悬浮状态,此时如存在足够能量的点火源,就会发生爆炸事故。

（3）干式除尘过程。除尘前粉尘是处于悬浮状态的,黏附在滤材上的粉尘在清灰状态下也处于悬浮状态,若恰好有足够能量的点火源,将导致粉尘爆炸事故。

（4）干燥过程。使用喷雾、气流或沸腾干燥器干燥颗粒状物料或粉料时,设备内形成的可燃粉尘-空气混合物的爆炸事故在生产实践中时有发生。

（5）输送过程。气力输送过程中,工业粉尘处于蓬松的悬浮状态,若遇足够能量的点火源则极易爆炸,并且输送管线与分离和除尘设备相连,极易引起二次爆炸,造成更大的伤亡和损失。

（6）清扫、吹扫过程。生产过程中粉尘难免要从设备中逸出,这些粉尘堆积在厂房及设备表面,若不及时清除,在达到一定浓度并且飞扬起来之后,很容易造成爆炸事故,并且在清扫过程中,也极易导致粉尘飞扬,形成悬浮爆炸条件。

3）粉尘爆炸的主要危害

（1）具有极强的破坏性。

（2）容易产生二次爆炸。二次爆炸时,粉尘浓度会更高,破坏性更强,威力更大。

（3）产生有毒气体。一种是一氧化碳;另一种是爆炸物（如塑料）自身分解的毒性气体。有毒气体的产生往往造成爆炸过后大量人畜中毒伤亡,必须充分重视。

17.2 粉尘爆炸的预防措施

从预防的角度看,只要控制住粉尘爆炸的五个因素之一,就可以防止爆炸灾害的发生。将控制爆炸发生的条件与实际生产流程相结合,从生产环境管理、消除火源、粉尘控制与消除氧化剂四个角度提出控制粉尘的措施。

17.2.1　生产环境管理

1）建筑物结构与布局

（1）有粉尘爆炸危险的建筑采用钢筋混凝土柱、梁的框架结构,墙不承重;门、窗框架均应采用金属材料制作。

（2）最好采用单层建筑,屋顶用轻型结构。

（3）存在粉尘爆炸危险的工艺设备宜设置在露天场所;如厂房内有粉尘爆炸危险的工艺设备,宜设置在建筑物内较高的位置,并靠近外墙。

（4）有粉尘爆炸危险的作业场所要留出足够的防火间距。

（5）厂房内的地面或平台应采用硬质防滑导静电的非燃性材料,且不应有积尘接缝。

2）生产装置

（1）工艺必须做到的设计合理,以确保所有的机械设备能够正常工作。

（2）针对粉碎、研磨、造粒、砂光等易产生机械点火源的工艺,粉尘涉爆企业应当规范采取杂物去除或者火花探测消除等防范点火源措施,并定期清理维护,做好相关记录。

（3）粉尘涉爆企业应当规范选用与爆炸危险区域相适应的防爆型电气设备。

3）控制作业场所空气相对湿度

当空气相对湿度增加时,可减小粉尘飞扬,降低粉尘的分散度,提高粉尘的沉降速度,避免粉尘达到爆炸浓度极限;还可消除部分静电,相当于消除了部分点火源。此外,空气相对湿度的提高也使可燃粉尘爆炸的最小点火能相应提高;空气相对湿度增加还会占据一定空间,从而降低氧气浓度,降低粉尘燃烧速度,抑制粉尘爆炸的发生。

17.2.2　粉尘控制

控制可燃粉尘在助燃物中的浓度,确保爆炸浓度不在极限范围内,就可从根本上预防可燃粉尘爆炸事故的发生。控制粉尘的方法主要有防止粉尘飞扬、通风除尘等。

1）防止粉尘飞扬

（1）制定粉尘清理制度,包括清扫范围、清扫方式、清扫周期等内容。根据粉尘特性采用不产生扬尘的清扫方法,不应使用压缩空气进行吹扫,宜采用负压吸尘方式清洁。根据可燃粉尘的特性制定相应的清扫收集方式。

（2）生产、加工、储运可燃性粉尘的工艺设备应有防止粉尘泄漏的措施,工艺设备的接头、检查口、挡板、泄爆口盖应封闭严密。

（3）对不能完全防止粉尘泄漏的特殊地点,应采取有效的除尘措施。

2）通风除尘

可燃粉尘浓度的控制主要通过除尘设备完成。除尘器是用于捕集气体中固体颗粒的一种设备。除尘设备按其作用原理分成以下五类:①机械力除尘器,包括重力除尘器、惯性除尘器、离心除尘器等;②洗涤式除尘器,包括水浴式除尘器、泡沫式除尘器、文丘里管除尘器、水膜式除尘器等;③过滤式除尘器,包括布袋除尘器和颗粒层除尘器等;④静电除尘器;⑤磁力除尘器。这些类型的除尘器都有各自的特点,需要针对具体情况进行选择。

（1）不同类别的可燃性粉尘不应合用同一除尘系统。

（2）按工艺分片（分区域）设置相对独立的除尘系统;不同防火分区的除尘系统不应连通。

（3）除尘系统不能与带有可燃气体、高温气体或其他工业气体的风管及设备连通。

（4）除尘系统的启动应先于生产加工系统启动,生产加工系统停机时除尘系统应至少延时停机 10 min,应在停机后将箱体和灰斗内的粉尘全部清除和卸出。

（5）铝、镁等金属粉尘禁止采用正压吹送的除尘系统;其他可燃性粉尘除尘系统采用正压吹送时,应采取可靠的防范点火源的措施。对在铝、镁等金属制品加工过程中产生可燃性金属粉尘的场所宜采用湿法除尘。

（6）结合工艺实际情况,应规范安装和使用锁气卸灰、火花探测熄灭、风压差监测等装置,以及相关安全设备的监测预警信息系统,加强对可能存在点火源和粉尘云的粉尘爆炸危险场所的实时监控。

（7）存在粉尘爆炸危险的工艺设备应当采用泄爆、隔爆、惰化、抑爆、抗爆等一种或者多种控爆措施,但不得单独采取隔爆措施。

17.2.3　消除火源

作业现场常见的能引起粉尘爆炸的点火源有明火、焊接火弧、电气火花、吸烟、撞击火花、静电火花、高温设备等,见表 17-3。对这些点火源,相关企业能消除的给予消除,确因生产作业需要不能消除的应采取一定的保护措施,避免点火源与可燃粉尘、助燃气体相互作用而形成爆炸。

表 17-3　引发粉尘爆炸的点火源

点火源	举例
明火焰	吸烟、工业动火（如气焊割）
高温物体	加热设备、供暖设备和管线（电烙铁、暖气片、未加保温的热力管道）,非防爆电机、灯具的热表面（过热马达、白炽灯）,其他（汽车排气管、烟囱火星、焊割作业金属熔渣）
电气火花	电气线路短路（电缆老化、电缆因环境原因被破坏）,非防爆电气设备启停或运行过程产生的火花、非防爆的接插件、非防爆开关、非防爆电机
静电放电	火花放电、刷形放电、电晕放电、静电积累、人体静电
撞击与摩擦	使用铁制工具、运输工具撞刮,风机叶轮与壳体或外物摩擦或撞击,采用不防爆作业工具
光线照射与聚集、绝热压缩	雷闪电、光线聚焦
化学反应放热	氧化燃烧、自燃

在生产现场,可以从以下几个方面避免明火。

(1)风机。风机应选用防爆型且安装在除尘系统的负压段;风机电机及连接电气线路应符合电气防爆要求;风机叶片及转动轴承应无积尘;风机及叶片应安装紧固、运转正常,不应产生碰撞、摩擦,无异常杂音。

(2)除尘器。除尘器应设在屋外,且不应设置于建筑物屋顶;除尘器及风管设静电接地连接。

(3)电气设备。电气线路及用电设备应装设短路、过负载保护;设备金属外壳、机架、管道等应可靠接地,连接处有绝缘时应做跨接,形成良好的通路,不得中断;电气线路采用钢管配线绝缘。

(4)安全操作方面。粉尘输送管道中存在火花等点火源时,设置火花探测与消除火花的装置;采取防止发生摩擦、碰撞的措施;严控火花和明火作业;除尘系统运行正常,保持风量。清扫积尘:制定包括清扫范围、清扫方式、清扫周期等内容的粉尘清理制度;在停机和切断动力情况下进行定期清扫,每周不少于一次;除尘器中的集尘应每班清理。

(5)个体安全防护。粉尘爆炸危险场所作业人员不应穿化纤类易产生静电的工作服;作业人员应经培训考核合格,方准上岗。

17.2.4　消除氧化剂

惰化技术是控制氧化剂浓度的主要手段之一。在生产或处理易燃粉末的工艺设备中,采取防止点燃措施后仍不能保证安全时,宜采用惰化技术。对采用惰化防爆的工艺设备应进行氧浓度监测。

按惰化物质形态,惰化技术可以分为两种:气体惰化技术与固体惰化技术。气体惰化技术是指在可燃物所处的环境中充入惰性气体(氮气、二氧化碳等)或惰性粉尘(灭火粉、矿岩粉等),以稀释空气中的氧含量。固体惰化技术是把耐燃的惰性粉体(碳酸钙、硅胶等)混入可燃性粉尘中,降低可燃粉尘的浓度。目前固体惰化技术主要应用于防范煤尘爆炸。

按惰化作用原理可分为降温缓燃型和化学抑制型。降温缓燃型惰化物质主要有氮气、氩气、矿岩粉等,它们不参与燃烧反应,主要起到稀释作用,一旦发生燃烧,它们会吸收反应热,使温度降低,从而使反应速度减慢甚至反应停止。化学抑制型惰化介质主要是卤代烃、铵盐类干粉等,它们的分子或其分解产物可与燃烧反应的活化中心(原子态的氢和氧发生作用),形成稳定化合物,达到抑制燃烧的目的。

17.3　粉尘爆炸的保护措施

1)泄爆

泄爆是指存在于围包体内的粉尘云发生爆炸时,在爆炸压力尚未达到围包体的极限强度之前,爆炸产物通过泄压膜泄除,使围包体不致被破坏的控爆技术。粉尘爆炸泄压技术是缓解粉尘爆炸危害的方法之一,是应用于可燃粉尘处理设备的一种保护性措施。爆炸泄压不能预防爆炸,只能减轻爆炸危害。

（1）工艺设备的强度不足以承受其实际工况下内部粉尘爆炸产生的超压时,应设置泄爆口,泄爆口应朝向安全的方向,泄爆口的尺寸按照规范要求而确定。

（2）对安装在室内的粉尘爆炸危险工艺设备应通过泄压导管向室外安全方向泄爆,泄压导管应尽量短而直,泄压导管的截面积应不小于泄压口面积,其强度应不低于被保护设备容器的强度。

（3）不能通过泄压导管向室外泄爆的室内容器设备,应安装无焰泄爆装置。

（4）具有内联管道的工艺设备,设计指标应能承受至少 0.1 MPa 的内部超压。

（5）粉尘防爆相关的泄爆、隔爆、抑爆、惰化、锁气卸灰、除杂、监测、报警、火花探测与消除等安全设备的设计、制造、安装、使用、检测、维修、改造和报废,应当符合《粉尘防爆安全规程》（GB 15577—2018）等有关国家标准或者行业标准。

2）抑爆

抑爆是指在爆炸初始阶段,通过物理化学作用扑灭火焰,抑制爆炸发展的技术。工业粉尘爆炸初始阶段的火焰传播速度较低,同时火焰探测方式可能因粉尘云等遮挡而降低其可靠性,因此抑爆系统广泛采用爆炸压力探测方式或多种探测方式结合使用。

爆炸抑制系统主要由爆炸探测器、爆炸控制器和爆炸抑制器（抑爆器）三部分组成。爆炸探测器是在爆炸刚刚发生时能及时探测到爆炸危险信号的装置。探测灵敏度是其关键参数。爆炸控制器是接收探测器信号并能控制抑爆器动作的装置。抑爆器是装有抑爆剂并能迅速把抑爆剂送入被保护对象的装置。

存在粉尘爆炸危险的工艺设备,宜采用抑爆装置进行保护。常见的爆炸抑制器主要有爆囊式抑制器、高速喷射抑制器、水雾喷射抑制器三种形式。抑爆剂种类和数量的确定主要考虑对不同可燃粉尘的适用性、抑爆效率以及对工艺环境的适应性。对工业粉尘而言,碳酸盐或磷酸盐等粉体抑爆剂具有较高的抑爆效率。

3）隔爆

隔爆是指爆炸发生后,通过物理化学作用扑灭火焰,阻止爆炸传播的技术。常用的隔爆装置有阻火器、主动式（即监控式）隔爆装置和被动式隔爆装置等。阻火器常用于燃烧爆炸初期火焰的阻隔。

主动式隔爆装置依靠传感器探测爆炸信号并发出指令使隔爆装置动作,主要有自动灭火剂阻火器、管道快速关闭阀门、爆发制动塞式切断阀、料阻式速动火焰阻断器等。被动式隔爆装置是在爆炸波本身的作用下引发隔爆装置动作,主要有自动断路阀、芬特克斯活门、管道换向隔爆装置等。

隔爆技术应用于设备发生爆燃的初期,燃烧的材料可以通过任何敞开的输送连接（管道、导管、传送带）使连通的其他设备和设施处于二次爆炸的风险中,此时可采用隔爆技术（快速动作阀门、化学屏障）阻止火焰的传播,消除二次爆炸的风险。通过管道相互连通的存在粉尘爆炸危险的设备设施,管道上宜设置隔爆装置。存在粉尘爆炸危险的多层建构筑物楼梯之间,应设置隔爆门,隔爆门关闭方向应与爆炸传播方向一致。

17.4　粉尘爆炸的处置措施

1）正确选用灭火剂

可燃粉尘的种类繁多，理化性质各异，发生火灾时应针对不同性质的粉尘选择不同的灭火剂，以提高灭火效率。活泼金属粉尘如镁粉，在高温时易与水发生反应放出可燃性、爆炸性气体——氢气，因此其引发的事故一般不用水、泡沫灭火剂进行灭火。此外，镁粉等还易与二氧化碳（CO_2）、氮气（N_2）等灭火剂发生化学反应，因此也不宜用这些灭火剂灭火，而宜选用干砂进行覆盖灭火。当然，绝大部分粉尘像面粉、硫黄粉、亚麻粉等发生火灾，可以用水进行灭火。

2）避免沉聚粉尘形成悬浮粉尘

扑救粉尘火灾时，要尽量避免使沉聚粉尘形成悬浮粉尘。因为沉聚粉尘没有爆炸危险性，而悬浮粉尘有爆炸危险性，因此扑救粉尘火灾时要高度重视。常见的处理措施是在粉尘火灾事故现场避免用强压力驱动器的灭火器或灭火措施，如用水灭火时，不宜采用直流水枪，应采用喷雾水枪或开花水枪灭火。

3）救援人员的安全保障

可燃粉尘在空气中常常分布不均匀，因此在部分空间可能会达到爆炸浓度极限，以致会再次发生爆炸，形成二次爆炸。二次爆炸发生的可能性大正是粉尘爆炸的特点。此外，粉尘爆炸过程中，因燃烧不完全，易产生有毒气体一氧化碳；有的粉尘爆炸、燃烧产物中含大量有毒气体，如硫的燃烧产物是二氧化硫。这些有毒气体容易导致救援人员中毒，因此救援人员要高度重视，占据有利地势，采取相应的个人防护措施，避免中毒事故的发生。

本篇参考文献

[1] 国务院事故调查组. 江苏省苏州昆山市中荣金属制品有限公司"8·2"特别重大爆炸事故调查报告[R/OL].（2014-12-30）[2022-07-01]. https://www.mem.gov.cn/gk/sgcc/tbzdsgdcbg/2014/201412/t20141230_245223.shtml.

[2] 杨胜强. 粉尘防治理论与技术[M]. 徐州：中国矿业大学出版社,2015.

第7篇

危险废物爆炸事故
案例分析

第 18 章　响水"3·21"特别重大爆炸事故案例分析

发生事故的天嘉宜化工有限公司成立于 2007 年 4 月 5 日,注册资本 9 000 万元,员工 195 人,主要产品为间苯二胺、邻苯二胺、对苯二胺等,主要用于生产农药、染料、医药等。事故发生时,该公司所在的响水县生态化工园区(简称"生态化工园区")有企业 67 家,其中化工企业 56 家。2018 年 4 月,该生态园区因环境污染问题被中央电视台《经济半小时》节目曝光,江苏省原环保厅建议响水县政府对整个园区责令全面停产整治;9 月,响水县复产办组织 11 个部门机构对停产企业进行复产验收,包括该公司在内的 10 家企业通过验收后陆续复产。从以上事件可以看出,该公司及其所在生态化工园区的问题由来已久。

依据有关法律法规,经国务院批准,成立了由应急管理部牵头,工业和信息化部、公安部、生态环境部、全国总工会和江苏省政府有关负责同志参加的国务院江苏盐城"3·21"特别重大爆炸事故调查组,并于 2019 年 11 月 22 日发布了《江苏响水天嘉宜化工有限公司"3·21"特别重大爆炸事故调查报告》(简称《响水事故调查报告》)。事故调查组认定,该公司"3·21"特别重大爆炸事故是一起长期违法贮存危险废物导致自燃进而引发爆炸的特别重大生产安全责任事故。

18.1　事故概况

《响水事故调查报告》显示,事故的发生过程为:2019 年 3 月 21 日 14 时 45 分 35 秒,该公司旧固体废物库(简称"旧固废库")房顶中部冒出淡白烟;14 时 45 分 56 秒,有烟气从旧固废库南门内由东向西向外扩散并逐渐蔓延扩大;14 时 46 分 57 秒,新固废库内作业人员发现火情,手持两个灭火器跑去试图灭火;14 时 47 分 03 秒,旧固废库房顶南侧冒出较浓的黑烟;14 时 47 分 11 秒,旧固废库房顶中部被烧穿有明火出现且火势迅速扩大;14 时 48 分 44 秒发生爆炸。由此看出,从旧固废库房顶中部冒出淡白烟至发生爆炸仅历时 3 分 9 秒。

1)事故应急救援过程

事故发生后,在党中央、国务院坚强领导下,江苏省和应急管理部等立即启动应急响应,迅速调集综合性消防救援队伍和危险化学品专业救援队伍开展救援,至 3 月 22 日 5 时许,该公司的储罐和其他企业等 8 处明火被全部扑灭,未发生次生事故;至 3 月 24 日 24 时,失联人员全部找到,救出 86 人,搜寻到遇难者 78 人。江苏省和国家卫生健康委全力组织伤员救治,至 4 月 15 日,危重伤员、重症伤员经救治全部脱险。生态环境部门对爆炸核心区水体、土壤、大气环境进行密切监测,实施堵、控、引等措施,未发生次生污染;至 8 月 25 日,除残留在装置内的物料外,生态化工园区内的危险物料全部转运完毕。事故应急救援过程如图 18-1 所示。

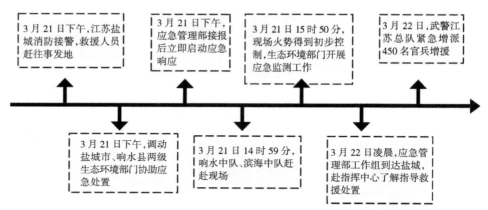

图 18-1　事故应急救援过程

2)事故后果

（1）现场破坏及环境污染情况。根据现场破坏情况,将事故现场划分为事故中心区和爆炸波及区。爆炸形成以该公司旧固废库硝化废料堆垛区为中心基准点,直径75 m、深 1.7 m 的爆坑。爆炸中心 300 m 范围内的绝大多数化工生产装置、建构筑物被摧毁,造成重大人员伤亡。响水县、灌南县 133 家生产企业、2 700 多家商户受到爆炸波及,约 4.4 万户居民房屋门窗、玻璃等不同程度受损。其中严重受损（建筑结构受损）区域面积约为 14 km²,中度受损（建筑外墙及门窗受损）区域面积约为 48 km²。爆炸冲击影响区域如图 18-2 所示。事故受污染水体主要集中在爆炸点周边 4 km 范围内,受污染水体约 6.3 万 m³,苯胺类、氨氮、化学需氧量均严重超标,地下水未受污染。本次事故对土壤环境的影响主要集中在爆炸中心 300 m 范围内,主要超标因子为半挥发性有机物（沸点为 240~400 ℃的有机物）。

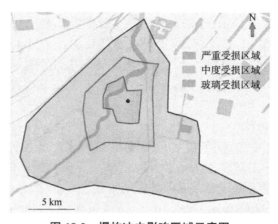

图 18-2　爆炸冲击影响区域示意图

（2）伤亡损失情况。中国地震台网测得此次爆炸引发 2.2 级地震。经测算，此次事故爆炸总能量约为 260 t TNT 当量。事故共造成 78 人遇难，事故还造成 76 人重伤，640 人住院治疗。依据《企业职工伤亡事故经济损失统计标准》（GB 6721—1986）等标准和规定统计，核定直接经济损失约 19.86 亿元。

18.2　事故分析

1）直接原因

根据《响水事故调查报告》的综合分析认定，事故直接原因是：该公司旧固废库内长期违法贮存的硝化废料持续积热升温导致自燃，燃烧引发硝化废料爆炸。

通过调查，认定起火位置为该公司旧固废库中部偏北堆放硝化废料部位。事故调查组经对该公司硝化废料取样进行燃烧实验，发现硝化废料在产生明火之前有白烟出现，燃烧过程中伴有固体颗粒燃烧物溅射，同时产生大量白色和黑色的烟雾，火焰呈黄红色。经与事故现场监控视频比对，事故初始阶段燃烧特征与硝化废料的燃烧特征相吻合，认定最初起火物质为旧固废库内堆放的硝化废料。

通过调查，认定起火原因为硝化废料分解自燃起火。该公司旧固废库内贮存的硝化废料，最长贮存时间超过 7 年。在堆垛紧密、通风不良的情况下，长期堆积的硝化废料内部因热量累积，温度不断升高，引发自燃，火势迅速蔓延至整个堆垛，堆垛表面快速燃烧，内部温度快速升高，硝化废料剧烈分解发生爆炸，同时殉爆库房内的所有硝化废料，共计约 600 吨袋（1 吨袋可装约 1 t 货物）。

根据《固体废物鉴别标准　通则》（GB 34330—2017）3.1 条，固体废物是指在生产、生活和其他活动中产生的丧失原有利用价值或者虽未丧失利用价值但被抛弃或者放弃的固态、半固态和置于容器中的气态的物品、物质以及法律、行政法规规定纳入固体废物管理的物品、物质。事故调查组认定贮存在旧固废库内的硝化废料属于固体废物。

根据《国家危险废物名录》第 6 条，对不明确是否具有危险特性的固体废物，应当按照国家规定的危险废物鉴别标准和鉴别方法予以认定。经委托专业机构依据 GB 5085.1—GB 5085.7 等相关标准对硝化废料进行了鉴定，确认其含有硝基苯系物，符合腐蚀性、毒害性和反应性（爆炸性）3 个指标，具有危险特性。鉴于该公司焚烧和填埋硝化废料的事实，事故调查组认定硝化废料为危险废物，如表 18-1 所示。

表 18-1　国家危险废物名录（节选）

废物类别	行业来源	废物代码	危险废物	危险特性
HW11 精（蒸）馏残渣	基础化学原料制造	261-015-11	苯硝化法生产硝基苯过程中产生的蒸馏残渣	T

（1）硝化废料产生过程。该公司苯二胺产品的生产工艺为：苯与硝酸、硫酸的混合酸经两次硝化反应，生成混二硝基苯粗品，精制除去副反应产物硝基苯酚等后，经加氢

反应生成产品混苯二胺,再经精馏分离,生成最终产品邻苯二胺、间苯二胺、对苯二胺。

　　混二硝基苯在精制过程中产生硝化废料(混二硝基苯废料处理工艺流程如图 18-3 所示),为黄色颗粒状或粉末状固体,该公司自称"黄料",每天产生 600~700 kg;污水处理单元的废水池每半年左右也会清理出一批硝化废料,所有硝化废料均以吨袋(可装 1 t 货物的包装袋)形式包装。此外,生产过程中还产生焦油、污泥以及废催化剂等其他废料。

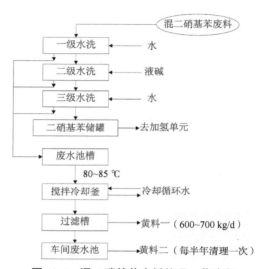

图 18-3　混二硝基苯废料处理工艺流程

　　(2)硝化废料收集、贮存情况。该公司对硝化废料的收集、贮存情况为:2011 年硝化装置投用初期,硝化废料随工艺废水通过企业污水处理中心直接外排处理,同时部分硝化废料在污水池中析出后捞出存放;2012 年对废水处理工艺进行了改造,在硝化车间加设废水池槽、搅拌冷却釜、过滤槽和车间废水池等设施,硝化废水直接冷却析出硝化废料(见图 18-3)。自 2011 年 9 月硝化车间开工至事故发生前,该公司先后将硝化废料暂存在污水处理车间、硝化车间、煤堆场、新固废库、旧固废库等处。

　　(3)硝化废料处置情况。该公司对硝化废料的处置情况为:2016 年 5 月以前,该公司曾在厂内私自填埋;2016 年 5 月,焚烧炉车间建成后,部分硝化废料开始运送至焚烧炉车间,与污泥、焦油、木屑混合后焚烧处置;2018 年 11 月、12 月,该公司曾分两批将部分硝化废料和污泥约 480 t,假冒"萃取物"(《国家危险废物名录》编号 HW009 类 900-007-09)名义在江苏省原环保厅危险废物动态管理系统中登记备案,并运送至江苏省宜兴市凌霞固废处置公司处置。

　　(4)固废库存储废料情况。经公安询问笔录证实,2018 年 5 月前,新固废库、旧固废库均存有硝化废料。新固废库硝化废料堆垛 4 层以上,共 400 余 t,吨袋标识为萃取废料。2018 年 5 月后,新固废库内硝化废料全部处理完毕。事故发生前,新固废库内主要存放有精馏焦油、污泥、废保温棉、废催化剂铁桶和空焦油渣槽等。旧固废库内主要存放有硝化废料、空吨桶和废空铁桶。共贮存硝化废料600吨袋左右,吨袋包装无内衬。其中约550吨袋(该公司自称"老料")为2018年5—6月由煤堆场转运至旧固废库,堆放在库内北半部,大部分堆高3层,堆垛与墙体间留有约2 m的通道;另外50吨袋左右(该公司自称"新料")为2018年10月复产后产生的废料,堆放在库内靠近门口西南侧,堆高2层。

2)间接原因

Ⅰ.企业方面

根据《响水事故调查报告》分析认定,该公司无视国家环境保护和安全生产法律法规,长期违法违规贮存、处置硝化废料,企业管理混乱,是事故发生的主要原因。

(1)刻意瞒报硝化废料。该公司在明知硝化废料具有燃烧、爆炸、毒性等危险特性的情况下,始终未向环保部门申报登记,甚至通过在旧固废库内硝化废料堆垛前摆放"硝化半成品"牌子、在硝化废料吨袋上贴"硝化粗品"标签的方式刻意隐瞒欺骗。严重违反了《中华人民共和国固体废物污染环境防治法》(简称《固体废物污染环境防治法》)第78条第1款"产生危险废物的单位,应当按照国家有关规定制定危险废物管理计划;建立危险废物管理台账,如实记录有关信息,并通过国家危险废物信息管理系统向所在地生态环境主管部门申报危险废物的种类、产生量、流向、贮存、处置等有关资料"关于危险废物如实申报的有关规定。

(2)长期违法贮存硝化废料。该公司苯二胺项目硝化工段投产以来,没有按照《国家危险废物名录》《危险废物鉴别标准》对硝化废料进行鉴别、认定,没有按危险废物要求进行管理,而是将大量的硝化废料长期存放于不具备贮存条件的煤棚、固体废物仓库等场所,超时贮存问题严重,最长超过7年。严重违反了《固体废物污染环境防治法》第81条第3款"从事收集、贮存、利用、处置危险废物经营活动的单位,贮存危险废物不得超过一年;确需延长期限的,应当报经颁发许可证的生态环境主管部门批准;法律、行政法规另有规定的除外"关于贮存危险废物不得超过一年的有关规定。

(3)违法处置固体废物。该公司多次违法掩埋、转移固体废物,偷排含硝化废料的废水。2014年以来,8次因违法处置固体废物被响水县环保局累计罚款95万元,其中:2014年10月因违法将固体废物埋入厂区内5处地点,受到行政处罚;2016年7月因将危险废物贮存在其他公司仓库造成环境污染,再次受到行政处罚。曾因非法偷运、偷埋危险废物124.18 t,被追究刑事责任。严重违反了《固体废物污染环境防治法》第79条"产生危险废物的单位,应当按照国家有关规定和环境保护标准要求贮存、利用、处置危险废物,不得擅自倾倒、堆放"关于违法掩埋、倾倒危险废物的有关规定。

(4)固体废物和废液焚烧项目长期违法运行。该公司长期违法运行固体废物和废液焚烧项目。2016年8月,该公司固体废物和废液焚烧项目建成投入使用,未按响水县环保局对该项目环评批复核定的范围,以调试、试生产名义长期违法焚烧硝化废料,每个月焚烧25 d以上。至事故发生时,固体废物和废液焚烧项目仍未通过响水县环保局验收。严重违反了《环境保护法》第41条"建设项目中防治污染的设施,应当与主体工程同时设计、同时施工、同时投产使用。防治污染的设施应当符合经批准的环境影响评价文件的要求,不得擅自拆除或者闲置"关于防治污染设施建设的有关规定。

（5）安全生产严重违法违规。该公司的安全生产管理制度混乱,安全生产违法违规,多次受到行政处罚。实际负责人未经考核合格,技术团队对大量硝化废料长期贮存引发爆炸的严重后果认知不够,不具备相应管理能力。安全生产管理混乱,在 2017 年因安全生产违法违规,3 次受到响水县原安监局行政处罚。公司内部安全检查弄虚作假,未实际检查就提前填写检查结果。严重违反了《安全生产法》第 43 条"生产经营单位的安全生产管理人员应当根据本单位的生产经营特点,对安全生产状况进行经常性检查;对检查中发现的安全问题,应当立即处理;不能处理的,应当及时报告本单位有关负责人,有关负责人应当及时处理。检查及处理情况应当如实记录在案"的相关规定。

Ⅱ. 响水县应急管理部门

（1）未认真履行监督管理职责。依据《安全生产法》第 9 条"县级以上地方各级人民政府安全生产监督管理部门依照本法,对本行政区域内安全生产工作实施综合监督管理",履行本级政府安委会办公室和本行政区域内安全生产综合监督管理职责不到位,指导、协调、督促相关部门和生态化工园区管委会全面摸排安全风险隐患不力,对发现的固废库长期大量贮存危险废物问题,没有及时向生态环境部门提出并推动解决。

（2）日常监管执法不严不实。对该公司违反《安全生产法》第 24 条"危险物品的生产、经营、储存单位以及矿山、金属冶炼、建筑施工、道路运输单位的主要负责人和安全生产管理人员,应当由主管的负有安全生产监督管理职责的部门对其安全生产知识和管理能力考核合格"和第 27 条"生产经营单位的特种作业人员必须按照国家有关规定经专门的安全作业培训,取得相应资格,方可上岗作业",公司总经理长达 11 个月未取得安全生产知识和管理能力考核合格证、仪表特种作业人员无证上岗等问题失察。

（3）督促企业排查消除重大事故隐患不力。未按《江苏省危险化学品安全综合治理实施方案》等要求建立危险化学品安全风险分布档案。没有按照《安全生产法》第 38 条"县级以上地方各级政府负有安全生产监督管理职责的部门应当建立重大事故隐患治理督办制度,督促生产经营单位消除重大事故隐患"的要求,采取有效措施推动该公司健全事故隐患排查制度、及时发现并消除事故隐患。

Ⅲ. 响水县生态环境部门

（1）未认真履行危险废物监管职责。响水县环保局对生态化工园区长期大量贮存危险废物,以及该公司长期产生、违法大量贮存和处置硝化废料的严重违法行为失察,未按《固体废物污染环境防治法》第 87 条"在发生或者有证据证明可能发生危险废物严重污染环境、威胁居民生命财产安全时,生态环境主管部门或者其他负有固体废物污染环境防治监督管理职责的部门应当立即向本级人民政府和上一级人民政府有关部门报告,由人民政府采取防止或者减轻危害的有效措施。有关人民政府可以根据需要责令停止导致或者可能导致环境污染事故的作业"规定,督促企业对硝化废料进行固体废物申报登记、危险废物鉴别,落实威胁居民生命财产安全重大隐患的防范措施。作为环境污染防治的行政主管部门,没有落实"管行业必须管安全、管业务必须管安全、管生产经营必须管安全和谁主管谁负责"的规定要求,在开展危险废物污染防治过程中,没有同步履行安全生产工作职责。

（2）执法检查不认真不严格。2014 年 9 月,在查处群众举报该公司在厂内 5 处不同地点偷埋固体废物及废包装袋约 30 t 案件时,对查出的固体废物,委托由该公司付费的机构进行检测鉴定,未对危险特性进行全面检测,检测项目有严重漏项,为事故发生埋下重大隐患。2018 年 4 月,接到江苏省原环保厅第四专员办交办的该公司硝化废料问题后,未严格按程序办理,没有进行检测鉴定,仅以"存储危险废物未采取符合国家环保标准的防护措施"为由对该公司罚款 3 万元结案,致使十分危险的隐患没有得到及时发现和处置。

（3）对环评机构弄虚作假失察。在苯二胺项目竣工验收整改期间,对苏州科太环境技术有限公司出具的与事实不符的建设项目变动环境影响分析报告未进行认真核实,没有发现硝化工段废水处理工艺重大变动带来的重大事故隐患。

18.3　事故防范措施建议

江苏响水"3·21"特别重大爆炸事故造成了巨大的悲剧,虽然相关责任人已经得到了法律的惩罚,但更重要的是应该深刻反思事故原因,吸收事故教训,排查事故隐患。作为企业,尤其是产生危险废物的企业,需要从事故教训中得到一些警示,从源头上防范此类事故发生。

（1）高度重视危险废物监管能力的提升。危险废物来源广泛、种类繁多、特性各异、复杂多变,监管难度较大。加之过去与危险废物相关的监管和执法培训较少,对危险废物的环境污染问题关注不够。危险废物相关环境监管和执法尚未有效纳入日常监督检查的范畴,也是这次事故需要吸取的教训。因此生态环境主管部门要高度重视对危险废物监管能力的提升,尽快对辖区内企业产生危险废物的种类、产生量、流向、贮存、处置等信息开展摸底调查,制定危险废物监管清单。生态环境主管部门对危险废物的监管,不能仅仅依靠企业的申报,更不能因为企业不申报就以为该企业不产生危险废物。

（2）加强对中介机构的监督管理。不少生态环境主管部门在环境监管和执法实践中,是以环评报告、竣工验收报告等技术论证报告来作为监管和执法的基础依据的。但是,有些中介机构在编制环评报告、竣工验收报告等技术论证报告时,唯利是图,企业要什么结论就写什么结论。这次事故一个很大的教训就是当地环保部门在监管和执法过程中过分依赖中介机构。因此,生态环境主管部门要加强对中介机构的监督管理,不能仅根据中介机构编制的环评报告、竣工验收报告等技术报告进行监管和执法,更不能依赖第三方中介机构进行监督管理。

（3）监管重点要放在是否有污染后果上。生态环境主管部门对企业环境监管重点应该放在是否有污染后果,即企业的"三废"是否会对环境造成实质影响上,而不是在是否做了环评、是否做了验收这些过程上。环评、竣工验收不是监管的目的,环评也不是监管的唯一依据。并不是企业做了环评、组织了竣工验收,危险废物就一定处置得当。因此,生态环境主管部门的监管重点要放在是否造成了环境污染后果上,而不是放在是否做了环评、是否组织验收等程序上。无论企业是否有环评、验收的环保审批手续,环境监管的重点都应该放在企业危险废物是否非法倾倒处置,是否造成对环境的不良影响,是否造成环境污染等实质影响上。

(4)执法重点要放在是否整改到位上。江苏响水"3·21"特别重大爆炸事故发生后,国务院事故调查组发现生态环境主管部门之前对该公司处罚过多次,仅 2016—2018 年事故发生之前,就对该企业处罚多达 6 次,但都是罚款交到位,整改不到位。执法不能以罚代改,整改才是执法的目的。环境执法重点要放在企业的违法行为是否整改到位上,整改不能流于形式和表面,止于材料和照片。执法不留情面,整改实实在在,要确保将问题扼杀在萌芽状态。

思政天地

有关响水"3·21"特别重大爆炸事故的重要指示批示

2019 年 3 月 21 日,江苏盐城市响水县陈家港镇天嘉宜化工有限公司化学储罐发生爆炸事故。事故发生后,党中央、国务院高度重视。中共中央总书记、国家主席、中央军委主席习近平立即作出重要指示,要求江苏省和有关部门全力抢险救援,搜救被困人员,及时救治伤员,做好善后工作,切实维护社会稳定。要加强监测预警,防控发生环境污染,严防发生次生灾害。要尽快查明事故原因,及时发布权威信息,加强舆情引导。习近平强调,近期一些地方接连发生重大安全事故,各地和有关部门要深刻吸取教训,加强安全隐患排查,严格落实安全生产责任制,坚决防范重特大事故发生,确保人民群众生命和财产安全。中共中央政治局常委、国务院总理李克强作出批示,要科学有效做好搜救工作,全力以赴救治受伤人员,最大程度减少伤亡,采取有力措施控制危险源,注意防止发生次生事故。应急管理部督促各地进一步排查并消除危化品等重点行业安全生产隐患,夯实各环节责任。①

18.4 法律法规

危险废物管理包括国家和地方行政各级部门对危险废物问题制定的法律法规、政策以及实施这些法律法规的政策,相关法律法规清单如表 18-2 所示。

---

① 习近平对江苏响水天嘉宜化工有限公司"3·21"爆炸事故作出重要指示,https://www.gov.cn/xinwen/2019-03/22/content_5375920.htm,访问日期:2022 年 7 月 1 日。

表 18-2　危险废物管理的相关法律法规

类别	名称	文号
国家法律	《中华人民共和国固体废物污染环境防治法》	中华人民共和国主席令第 43 号（2020 年）
	《中华人民共和国环境影响评价法》	中华人民共和国主席令第 24 号（2018 年）
	《中华人民共和国环境保护法》	中华人民共和国主席令第 9 号（2014 年）
	《中华人民共和国安全生产法》	中华人民共和国主席令第 88 号（2021 年）
	《中华人民共和国刑法》	中华人民共和国主席令第 66 号（2020 年）
行政法规	《危险化学品安全管理条例》	中华人民共和国国务院令第 645 号（2013 年）
	《危险废物经营许可证管理办法》	中华人民共和国国务院令第 666 号（2016 年）
	《建设项目环境保护管理条例》	中华人民共和国国务院令第 682 号（2017 年）
	《生产安全事故报告和调查处理条例》	中华人民共和国国务院令第 493 号（2007 年）
部门规章	《国家危险废物名录》	中华人民共和国生态环境部令第 15 号（2020 年）
	《危险废物转移管理办法》	中华人民共和国生态环境部、公安部、交通运输部令第 23 号（2021 年）
	《危险化学品目录》	安监总厅管三第 80 号
国家标准	《固体废物鉴别标准　通则》	GB 34330—2017
	《危险废物鉴别标准　通则》	GB 5085.7—2019
	《危险废物鉴别标准　毒性物质含量鉴别》	GB 5085.6—2007
	《危险废物鉴别标准　反应性鉴别》	GB 5085.5—2007
	《危险废物鉴别标准　易燃性鉴别》	GB 5085.4—2007
	《危险废物鉴别标准　浸出毒性鉴别》	GB 5085.3—2007
	《危险废物鉴别标准　急性毒性初筛》	GB 5085.2—2007
	《危险废物鉴别标准　腐蚀性鉴别》	GB 5085.1—2007
	《一般工业固体废物贮存和填埋污染控制标准》	GB 18599—2020
	《危险废物焚烧污染控制标准》	GB 18484—2020
行业标准	《危险废物鉴别技术规范》	HJ 298—2019
	《工业固体废物采样制样技术规范》	HJ/T 20—1998
	《危险废物处置工程技术导则》	HJ 2042—2014
	《危险废物收集 贮存 运输技术规范》	HJ 2025—2012
	《危险废物集中焚烧处置工程建设技术规范》	HJ/T 176—2005
	《危险废物焚烧尾气处理设备》	JB/T 11643—2013
	《危险废物（含医疗废物）焚烧处置设施二噁英排放监测技术规范》	HJ/T 365—2007
	《危险废物集中焚烧处置设施运行监督管理技术规范（试行）》	HJ 515—2009

第 19 章　危险废物的处理现状及技术

19.1　危险废物的简介

世界卫生组织对危险废物的定义为:除生活垃圾和放射性废物之外的,由于数量、物理化学性质或传染性,当未进行适当的处理、存放、运输或处置时,会对人类健康或环境造成重大危害的废物。《固体废物污染环境防治法》规定,我国对危险废物的定义是:列入《国家危险废物名录》或根据国家规定的危险废物鉴别标准及方法认定的,具有毒性、腐蚀性、易燃性、反应性、感染性等一种或几种危险特性,以及不排除具有上述危险特性,可能对生态环境或者人体健康造成有害影响,需要按照危险废物进行管理的固体废物。

1)固体废物与危险废物的区别

(1)涵盖范围不同:危险废物是固体废物的一种。在科学分类中,固体废物包含危险废物,危险废物处置要遵循《固体废物污染环境防治法》。

(2)对环境及人体的危害不同:相对来说,固体废物危害小,有的可以直接被分解。危险废物危害大,往往能致人死亡。环境遭危险废物破坏后恢复难度大。

(3)处理方法不同:一般的固体废物都可以压实、分解、粉碎、焚烧、填埋等。但是,危险废物在处置之前,必须进行无害化处理。

(4)处理成本不同:固体废物处理成本低,对处理企业的资质要求也低。危险废物处理成本高,对处理企业的资质要求也高。

一般情况下,我们提到的固体废物默认就是工业废物、生活垃圾等一般固体废弃物,不包含危险废物。如果涉及危险废物,会专门指出“危险废物”。

2)种类

危险废物种类繁多,成分复杂。新修订发布的 2021 年版《国家危险废物名录》中列明的危险废物有 50 大类 467 种,主要涵盖医疗废物、农药废物、木材防腐剂废物、有机溶剂废物、热处理含氰废物、废矿物油、多氯(溴)联苯类废物、精(蒸)馏残渣、染料涂料废物、有色金属冶炼废物、含镍废物等 50 个大类。其中 HW11 “精(蒸)馏残渣”子类中的 “苯硝化法生产硝基苯过程中产生的蒸馏残渣” 则是响水 “3·21” 事故的元凶。2021 年版《国家危险废物名录》进一步明确了废弃危险化学品纳入危险废物环境管理的要求。有些易燃易爆的危险化学品废弃后,其危险化学品属性并没有改变;危险化学品是否废弃,监管部门也难以界定。因此, 2021 年版《国家危险废物名录》针对废弃危险化学品特别提出 “被所有者申报废弃”,即危险化学品所有者应该向应急管理部门和生态环境部门申报废弃。响水 “3·21” 事故就是由于企业既没有按照国家有关标准将废弃危险化学品稳定化处理后纳入危险废物环境管理,也没有向应急管理部门和生态环境部门申报,逃避监管,才酿成重大事故的。

3）来源

从生产实际看,危险废物主要包括工业废物、市政废物与医疗废物,其中工业废物占比 70% 以上,医疗废物约占 14%。工业生产是危险废物产生的主要来源,根据《中国环境统计年鉴》,2019 年全国危险废物产生量达到了 8 125.95 万 t。从行业分布来看,危险废物几乎来自国民经济的所有行业,其中化学原料和化学制品制造业,有色金属冶炼和压延加工业,石油加工、炼焦和核燃料加工业,黑色金属冶炼和压延加工业四大行业所产生的危险废物占到了危险废物总产生量的 60% 以上,如图 19-1 所示。

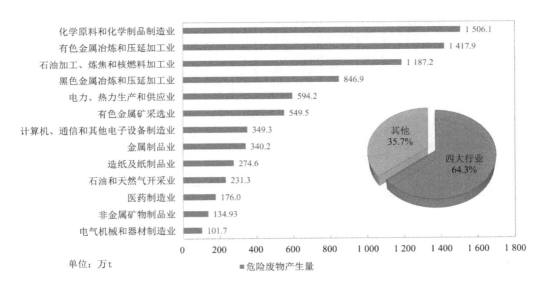

图 19-1　主要行业危险废物产生情况

4）主要危害

危险废物具有不易降解和有毒害性、腐蚀性等特点,随意放置或排放会对土壤、水体、大气产生危害,并严重威胁人体健康。

危险废物的主要危害表现在以下方面。

（1）破坏生态环境,制约可持续发展。随意排放、贮存的危险废物在雨水、地下水的长期渗透、扩散作用下,会污染水体和土壤,降低地区的环境功能等级,将会成为制约经济活动的瓶颈。

（2）影响人类健康。危险废物短期通过摄入、吸入、皮肤吸收、眼接触而引起急性毒害;长期危害包括重复接触导致的长期中毒、致癌、致畸、致变等。

（3）危险废物不处理或不规范处理处置除了所带来的大气、水源、土壤等污染外,在特定的情况下会引发燃烧、爆炸等危险性较大的安全生产事故。

19.2　危险废物的鉴别

危险废物鉴别是指依照一定的程序、标准和方法进行判断、识别,从而确定待鉴别的物质是不是危险废物的活动。一种物质必须同时具备固体废物属性、废弃属性和危险特性,否则不能被认定为危险废物。所谓危险废物的鉴别,实际上是对上述三种属性的鉴别。鉴别危险废物依据的法律法规和标准见表 18-2 的相关法律法规清单。危险废物的鉴别程序如图 19-2 所示。

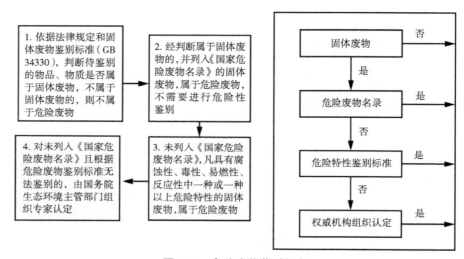

图 19-2　危险废物鉴别程序

1)危险废物鉴别普通程序

《危险废物鉴别标准 通则》第 4 部分规定了危险废物鉴别的普通程序,危险废物的鉴别应按照以下程序进行。

(1)依据法律规定和 GB 34330,判断待鉴别的物品、物质是否属于固体废物,不属于固体废物的,则不属于危险废物。

(2)经判断属于固体废物的,则首先依据《国家危险废物名录》鉴别,凡列入《国家危险废物名录》的固体废物,属于危险废物,不需要进行危险特性鉴别。

(3)未列入《国家危险废物名录》,但不排除具有腐蚀性、毒性、易燃性、反应性的固体废物,依据 GB 5085.1、GB 5085.2、GB 5085.3、GB 5085.4、GB 5085.5、GB 5085.6 以及 HJ 298 进行鉴别。凡具有腐蚀性、毒性、易燃性、反应性中一种或一种以上危险特性的固体废物,属于危险废物。

(4)对未列入《国家危险废物名录》且根据危险废物鉴别标准无法鉴别,但可能对人体健康或生态环境造成有害影响的固体废物,由国务院生态环境主管部门组织专家认定。

2）危险废物混合后的鉴别程序

《危险废物鉴别标准 通则》第 5 部分规定了危险废物混合后的鉴别程序,危险废物混合后判定规则如下。

（1）具有毒性、感染性中一种或两种危险特性的危险废物与其他物质混合,导致危险特性扩散到其他物质中,混合后的固体废物属于危险废物。

（2）仅具有腐蚀性、易燃性、反应性中一种或一种以上危险特性的危险废物与其他物质混合,混合后的固体废物经鉴别不再具有危险特性的,不属于危险废物。

（3）危险废物与放射性废物混合,混合后的废物应按照放射性废物管理。

3）危险废物处理后的鉴别程序

《危险废物鉴别标准 通则》第 6 部分规定了危险废物处理后的鉴别程序,危险废物利用处置后判定规则如下。

（1）仅具有腐蚀性、易燃性、反应性中一种或一种以上危险特性的危险废物,利用过程和处置后产生的固体废物,经鉴别不再具有危险特性的,不属于危险废物。

（2）具有毒性危险特性的危险废物,利用过程产生的固体废物,经鉴别不再具有危险特性的,不属于危险废物。除国家有关法规、标准另有规定的外,具有毒性危险特性的危险废物处置后产生的固体废物,仍属于危险废物。

（3）除国家有关法规、标准另有规定的外,具有感染性危险特性的危险废物利用处置后,仍属于危险废物。

19.3 危险废物的处理现状

危险废物具有腐蚀性、毒性、易燃性、反应性和感染性等危险特性,是全球环境保护的重点和难点问题之一。我国危险废物处理行业起步较晚,且前期行业管理发展较慢,从 1990 年开始起步,到 1996 年初步形成相关管理体系,再到 2008 年发布《国家危险废物名录》,经历了一个较长的探索过程。"十一五"期间,危险废物处理行业进入发展快车道。2015—2017 年,国家相应出台了多部政策法规,从发布密度可以明显看出行业发展在加速。根据生态环境部 2020 年 12 月 23 日发布的《2020 年全国大、中城市固体废物污染环境防治年报》的工业危险废物统计数据,2019 年,全国重点城市及模范城市的工业危险废物产生量为 2 977.9 万 t,综合利用量为 1 736.2 万 t,处置量为 1 266.7 万 t,贮存量为 529.3 万 t。其中,综合利用量占利用、处置及贮存总量的 49.2%,处置量、贮存量分别占比 35.9% 和 14.9%,因此综合利用和处置是处理工业危险废物的主要途径。2009—2019 年全国重点城市及模范城市的工业危险废物产生量、综合利用量、处置量及贮存量如图 19-3 所示。

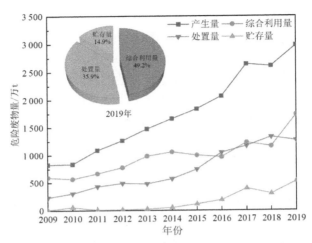

图 19-3　2009—2019 年重点城市及模范城市的工业危险废物产生量、综合利用量、处置量、贮存量

19.4　危险废物的贮存

1）基本要求

根据《固体废物污染环境防治法》,贮存危险废物必须采取符合国家环境保护标准的防护措施。这里的"国家环境保护标准"是指《一般工业固体废物贮存和填埋污染控制标准》(GB 18599—2020),危险废物贮存应满足以下各方面的基本要求。

(1)危险废物产生者和危险废物经营者应建造专用的危险废物贮存设施,也可利用原有构筑物改建成危险废物贮存设施。在常温常压下不水解、不挥发的危险废物可在贮存设施内分别堆放。在常温常压下易爆、易燃及排出有毒气体的危险废物必须进行预处理。遇火、遇热、遇潮能引起燃烧、爆炸或发生化学反应,产生有毒气体的危险废物不得在露天或在潮湿、积水的建筑物中贮存。受日光照射能发生化学反应引起燃烧、爆炸、分解、化合或产生有毒气体的危险废物应贮存在一级建筑物中。

(2)压缩气体和液化气体必须与爆炸物品、氧化剂、易燃物品、自燃物品、腐蚀性物品隔离贮存。易燃气体不得与助燃气体、剧毒气体同贮。氧气不得与油脂混合贮存。盛装液化气体的容器属压力容器的,必须有压力表、安全阀、紧急切断装置,并定期检查,不得超装。易燃液体、遇湿易燃物品、易燃固体不得与氧化剂混合贮存。有毒危险废物应贮存在阴凉、通风、干燥的场所,不要露天存放,不要接近酸类物质。腐蚀性物品的包装必须严密,不允许泄漏,严禁与液化气体和其他物品共存。盛装危险废物的容器上必须粘贴相应危险废物标志。危险废物贮存设施在施工前应做环境评价。

2）贮存标志

危险废物的容器和包装物以及收集、贮存、运输、利用、处置危险废物的设施、场所,必须设置明显的危险废物识别标志,如图 19-4 所示。危险废物贮存设施必须按《环境保护图形标志　固体废物贮存(处置)场》(GB 15562.2—1995)的规定设置警示标志。

同一区域贮存两种或两种以上不同级别的危险废物时,应按最高等级危险废物的性能设置警示标志。装运危险废物的容器应根据危险废物的不同特性而设计,不易破损、变形、老化,能有效地防止渗漏、扩散。在贮存危险废物的容器上,需要有明确的标签进行标注,标注的范围包括危险废物的特性、成分、名称及其质量,尤为重要的是,需要对该种危险废物发生扩散及泄漏情况下所应采取的紧急补救措施进行详细说明,以便在发生危险时能够进行应急准备。

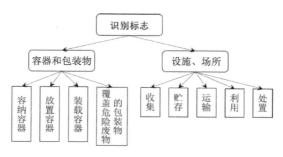

图 19-4　危险废物的识别标志

3)贮存管理

产生危险废物的企事业单位,必须按照《固体废物污染环境防治法》的要求贮存、利用、处置危险废物,不得擅自倾倒、堆放。收集、贮存危险废物,必须按照危险废物的特性分类进行。禁止混合收集、贮存、运输、处置性质不相容而未经安全性处置的危险废物。贮存危险废物必须采取符合国家环境保护标准的防护措施。禁止将危险废物混入非危险废物中贮存。根据《固体废物污染环境防治法》,从事收集、贮存、利用、处置危险废物经营活动的企事业单位,贮存危险废物不得超过一年;确需延长期限的,必须报经原批准经营许可证的生态环境主管部门批准。储存危险废物的单位,必须有相应的许可证。严禁将危险废物以任何形式转移给无许可证的单位,或转移到非危险废物贮存设施中。危险废物贮存应具备相应的设施,并依照有关规定管理。

根据《国家危险废物名录》,对危险废物进行贮存管理的单位在进行贮存前,需要细致查询与了解其贮存的危险物品的物理化学性质的样品分析报告,并且需要对分析报告的出具单位进行核查,在确认其资质为真后才能够接收危险废物。在接收工作完成后,还需进行必要的检验,检验所接收的与预订接收的有无出入,并进行登记注册。对于危险废物运营情况,还需要生产者与设施经营者共同进行记录,须注明危险废物的名称、来源、数量、特性,包装容器的类别,入库日期,存放库位,废物出库日期及接收单位名称。盛装在容器内的同类危险废物可以堆叠存放,不相容的废物不能混合或合并存放,其堆放区必须有隔离间隔断,留有搬运通道。对危险废物的贮存容器要进行定期检查,对贮存设施的检查更要细致及时,如发现有破损的现象产生,需要进行及时更换与处理。

19.5　危险废物的综合利用和处置技术

1)危险废物的综合利用

危险废物的回收、综合利用仅能处理一部分,如废溶剂和废矿物油的处理等。综合利用技术分为能源替代技术、物理与化学处理技术、物质分离与回收技术、材料回收与土地还原技术等类型。

（1）能源替代技术主要包括焚烧、热解、气化等工艺单元。

（2）物理与化学处理技术主要包括清洗、破碎、压缩、浓缩脱水、干燥、分离、分选、中和、絮凝、沉淀、氧化还原、蒸发、厌氧消化、热解、高温熔融等工艺单元。

（3）物质分离与回收技术主要包括活性炭吸附、蒸馏、电解、水解、离子交换、萃取、膜分离、气提、薄膜蒸发、冷冻结晶、火法冶金等工艺单元。

（4）材料回收与土地还原技术则主要包括建材利用、土地利用、生产化工/矿产原料等。

2)危险废物的处置技术

危险废物处置是指用焚烧和其他方式改变危险废物的物理、化学、生物特性的方法,达到减少已产生的废物数量、缩小固体危险废物体积、减少或者消除其危险成分的目的的活动,或者将危险废物最终置于符合环境保护规定要求的场所或者设施并不再回取的活动。危险废物基本处理步骤包括分类、预处理、最终处置。金属、油脂、溶剂、染料等有回收利用价值的废物可被资源化利用。预处理包括物理法、化学法,预处理后的危险废物才能进入焚烧或填埋等最终处置设施中。我国危险废物处理方式基本以无害化处理及资源化利用为主。无害化处理主要包括固化/稳定化处理、填埋、焚烧等方法,由处置企业向产废企业收取费用,水泥窑协同处置也可列为无害化处置的方法。解决危险废物的安全环保问题,主要依靠废物处置。

（1）固化/稳定化处理。固化/稳定化处理是指通过采用物理、化学等手段,将危险废物转变成高度不溶的稳定物质,使危险废物中的有害物质封闭起来或者呈现化学惰性,从而达到稳定化、无害化、减量化的目的。固化/稳定化技术主要适用于处理不适宜焚烧或无机处理的废物,如放射性废物、浓缩液、含重金属污泥、焚烧飞灰和炉渣等。

固化/稳定化技术常见的处理方法有水泥固化、沥青固化和药剂固化等。水泥固化和沥青固化是传统的处置手段,而药剂固化是近些年来发展起来的新的处置方式。近年来成功研发的金属螯合剂因捕集效率高、稳定性好、适用范围广,使得药剂固化成为处理含重金属危险废物的高效手段。

（2）安全填埋。安全填埋是指在对危险废物进行脱水、中和、堆肥、固化/稳定化等预处理后将其送入填埋场填埋,通过将危险废物与环境隔绝,使之得到无害化处理。作为一种耗资相对较低的处理方式,安全填埋是国内外危险废物处置的常用手段。

填埋场的防渗漏系统是安全填埋技术的关键。为了使危险废物安全地与周围环境隔离,危险废物填埋场防渗漏系统常采用双人工衬层,其由下到上结构依次为基础层、地下水排水层、压实的黏土衬层、高密度聚乙烯膜、膜上保护层、渗滤液次级集排水层、高密度聚乙烯膜、膜上保护层、渗滤液初级集排水层、土工布、危险废物。

（3）焚烧处理。焚烧处理是指在专业焚烧炉内，通过高温分解破坏和改变物质结构组成和理化特性，使危险废物得到安全处置。焚烧处理技术因具有处理彻底、适应性强和回收能量等特点，成为国内外危险废物处置应用中最广泛的技术手段。

焚烧处理技术核心装备为焚烧炉，国内外针对危险废物发展出多种不同的炉型。目前危险废物焚烧炉类型主要有炉排式焚烧炉、液体喷射式焚烧炉、多段焚烧炉、回转窑焚烧炉、流化床焚烧炉等，其中回转窑焚烧炉是危险废物焚烧处置的主流炉型。

（4）水泥窑协同处置。水泥窑协同处置危险废物是指在进行水泥熟料生产的同时，将经预处理后的危险废物投入水泥窑，实现对危险废物的无害化处置。作为专业危险废物焚烧的同质型工艺，水泥窑协同处置是当前国内外危险废弃物处置的重要方式。

与专业焚烧炉相比，水泥窑协同处置危险废物具有以下优点：①处置温度高，焚烧充分彻底。水泥窑内最高温度在 1 450 ℃以上，主要有机物的有害成分焚毁率可达99.99%以上。②适用废物范围广。目前水泥窑可处置约80%的危险废物种类。③不存在焚烧灰渣的二次处理问题。危险废物焚烧后残渣可作为水泥生产替代原料使用。④污染物排放量低。水泥窑内呈碱性气氛，具有吸硫、氯作用，有效避免酸性物质和重金属散发，降低了污染物综合排放量。

3）现有处置技术存在的不足

上述四种技术是当前国内外危险废物处置中相对成熟的处理方式，但也都存在着一定的不足，各种处置技术存在的不足及其成因对比分析如表 19-1 所示。

表 19-1　当前危险废物处置技术不足及其成因

危险废物处置技术	不足	成因分析
固化/稳定化处理	大多作为一种预处理手段，适用范围受到较大限制	危险废物中有害物质众多，而固化剂具有选择性，难以找到一种效果稳定、普遍适用的固化药剂，固化/稳定化后的危险废物仍需要进一步处理
安全填埋	不仅占用大量宝贵的土地资源，还存在着浸出液泄漏污染土壤和地下水体的风险	填埋场本质上是一个占地巨大的存放场所；危险废物填埋后有害物质仍然存在，防渗漏系统功能难以长久维持，因此填埋方式存有较大隐患
焚烧处理	投资和运营成本较高，并且产生较多的酸性气体和二噁英，有二次污染的风险	焚烧是一种热氧化处置手段，温度高达 1 200 ℃，对技术装备要求高，危险废物中含氯等，焚烧后往往产生较多污染物，使得尾气处理难度大
水泥窑协同处置	影响水泥窑正常运行以及水泥熟料的产量和品质	危险废物成分非常复杂，往往含有碱、氯、硫等，对水泥窑运行工况和熟料产品都产生影响

4）前沿技术

近年来，逐渐兴起的危险废物处置前沿技术主要包括等离子体气化、超临界水氧化和过热蒸汽处理。

（1）等离子体气化技术。等离子体气化技术是一种天然无害的工业危险废物处理技术。它利用等离子火炬使惰性气体发生电离，产生 5 000 K 的等离子体。在高温、缺氧环境下有机物快速分解成含氢气、一氧化碳等的合成气，无机物则熔融形成玻璃体熔渣。合成气可用于发电或生产乙醇、甲醇和生物柴油，玻璃体熔渣可用于建筑材料。等离子体气化技术目前主要用于处理农业秸秆废物和城市垃圾，西欧发达国家将这种技术应用于石油、肥料、建筑垃圾和医疗废物的处理方面。等离子体气化技术的不足在于成本高，对设备的要求较高，目前仍处于起步发展阶段，大规模推广应用还有较长的路要走。

（2）超临界水氧化技术。超临界水氧化技术是近年来兴起的一种新型高效的废弃物无害化处理及资源化利用技术，它利用水在超临界状态下所具有的特殊性质，使有机物和氧化剂在超临界水中迅速发生氧化反应以彻底分解有机物。超临界水氧化技术一般应用于有机废水、塑料降解和生物污泥的处理方面。美国、瑞典、日本等国已建立多套超临界水氧化技术的商业化装置。

超临界水氧化技术的主要优点：①处理效率高。超临界水氧化工艺中形成的碳氢化合物、水体以及氧气均为一相，无传质阻力，具有很高的氧化效率，对有机物的去除效率能够达到 99%。②设备结构简单。反应速度快，停留时间低于 60 s，设备结构简单，体积小，投入低。③没有二次污染。有毒、有害及难降解有机物在高温、适当压力和停留时间条件下被氧化成 CO_2、H_2O 以及磷酸盐、硫酸盐等无机组分。超临界水氧化技术目前存在着设备材料腐蚀严重、盐类沉积堵塞以及传热效率低等难题。

（3）过热蒸汽处理技术。过热蒸汽处理技术是近年来一种新兴的有机废物处置技术。它根据生物质资源受热分解的原理，利用过热蒸汽碳化有机物，实现对生物质的还原处理。过热蒸汽通过以下过程产生：对饱和状态下的液体加热得到饱和蒸汽，持续加热，饱和蒸汽中的水分完全蒸发后成为干饱和蒸汽，继续加热，温度上升后获得过热蒸汽。

过热蒸汽碳化处理是解决生活、工业有机废物的最佳途径之一。日本已研发出成套的过热蒸汽处理装备，用于处置生活垃圾、医疗废物以及城市污泥等。过热蒸汽处理技术的优势为：处理过程无氧、常压，操作安全；污染物排放近于零，无气体毒害；可实现源头处理，不需要转运。过热蒸汽处理技术目前处置废物的能力还相对较小，随着该技术的进一步发展，有望实现危险废物的大规模处置。

本篇参考文献

[1] 国务院事故调查组. 江苏响水天嘉宜化工有限公司"3·21"特别重大爆炸事故调查报 告[R/OL].（2019-11-27）[2022-07-01]. http://www.sddx.gov.cn/__local/D/9D/06/879FD4D6C7DA1C88EE4280245AB_BF26B261_2941F5.pdf.

[2] 丁斌. 从"3·21"特别重大事故谈危险废物的安全管理[J]. 安徽化工, 2020, 46（4）: 106-108.

[3] 中华人民共和国生态环境部. 2020年全国大、中城市固体废物污染环境防治年报[R/OL].（2020-12-28）[2022-07-01]. https://www.mee.gov.cn/ywgz/gtfwyhxpgl/gtfw/202012/P020201228557295103367.pdf.

[4] 朱延臣, 沈莹. 危险废物处置的现状与前沿技术[J]. 环境与可持续发展, 2021, 46（4）: 115-118.

第8篇

森林火灾事故案例分析

第 20 章 森林火灾事故案例

20.1 凉山州西昌市"3·30"森林火灾事件

党中央、国务院和四川省委、省政府及国家有关部门高度重视此次火灾,经省委、省政府研究决定,于 2020 年 4 月 10 日成立了省政府西昌市"3·30"森林火灾事件调查组,并于 2020 年 12 月 21 日发布了《凉山州西昌市"3·30"森林火灾事件调查报告》(简称《凉山事件调查报告》)。

20.1.1 四川凉山州基本情况

凉山彝族自治州,首府驻西昌市,是四川省 21 个地级行政区之一。位于四川省西南部,北起大渡河与雅安市、甘孜州接壤,南至金沙江与云南省相望,东临云南省昭通市和四川省宜宾市、乐山市,西连甘孜州;气候属于亚热带季风气候区。全市 6.04 万 km²。

凉山自古就是通往云南和东南亚的重要通道,是"南方丝绸之路"的重镇;地处"大香格里拉旅游环线"腹心地带,有 A 级景区 27 个,其中 4A 级景区 9 个,有邛海—泸山、邛海国家湿地公园、螺髻山、泸沽湖、西昌卫星发射中心等景点;有全世界唯一反映奴隶社会形态的博物馆——凉山奴隶社会博物馆,有彝族漆器传统技艺等 18 项国家级非物质文化遗产,"彝族火把节"是国务院向联合国教科文组织推荐申报的"人类非物质文化遗产",泸沽湖摩梭文化有"人类母系社会活化石"之称。

凉山彝族自治州境大地构造位于中国东部稳定区和西部活动区的结合部,地质构造复杂,地貌极其复杂多样。凉山地处川西南横断山系东北缘,界于四川盆地和云南省中部高原之间,地势西北高,东南低,北部高,南部低。地表起伏大,地形崎岖,峰峦重叠,气势雄伟,河谷幽深,壁垂千仞,高低悬殊。凉山地貌复杂多样,地貌类型齐全,有平原、盆地、丘陵、山地、高原、水域等。

凉山彝族自治州境内自然资源丰富,主要为矿产资源、植物资源、动物资源三大方面。

20.1.2 事故概况

2020 年 3 月 30 日 15 时,四川省凉山州西昌市泸山发生森林火灾,直接威胁马道街道办事处和西昌城区安全。火灾发生后,省、州、县先后组织 2 000 余人开展扑救。3 月 31 日凌晨,在赶往火场的路上,风向忽变,宁南县 18 名专业扑火队队员以及当地 1 名向导被大火包围,最终遇难。

起火区域位于西昌市经久乡和安哈镇交界的皮家山山脊处 85-3、85-4 号电杆基部地表(当地俗称"小亚口""双电杆"),该山脊正中分界线东侧为西昌市安哈镇地界(凉山州农垦公司),西侧为西昌市经久乡地界(经久乡马鞍村)。该区域西面为马鞍村方向,北面为大亚口方向,南面为皮家山山顶方向,东面为蔡家沟水库、柳树桩方向,如图20-1所示。

此次西昌森林火灾过火面积约 1 000 hm²,毁坏面积约 80 hm²。火灾来势汹汹,边缘即将逼近西昌市区。该市区有存量约为 250 t 石油液化气的储备站、两处加油站、西昌最大的百货仓库,极易引起爆炸,还有 4 所人员密集的学校环绕,情势危急。扑火人员采用砍设隔离带、布设消防水枪、清除可燃物等举措,重点保护了泸山靠近邛海侧的凉山农业学校、西昌学院、马道镇储气站等重点目标。

图 20-1　重点单位及火灾区域分布图

20.1.3　事故原因分析

1)直接原因

《凉山事件调查报告》显示,根据现场勘查、走访调查、电气专项勘查和供电公司电力运行记录、供电公司故障记录、电力分公司工作人员的调查证实等综合分析认定:火灾起火直接原因为 110 kV 马道变电站 10 kV 电台线 85-1 号电杆架设的 1 号导线预留引流线(长约 1.9 m),受特定风力风向作用与该电杆横担支撑架抱箍搭接,形成永久性接地放电故障(时长 16 分钟零 3 秒),造成线体铝质金属熔融、绝缘材料起火燃烧,在散落过程中引燃电杆基部地面的灌木、杂草,受风力作用蔓延成灾(如图 20-2 所示)。

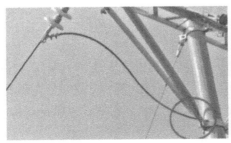

图 20-2　绝缘材料起火

2）间接原因

（1）对"生命至上、安全第一"的指导思想认识不到位。凉山州和西昌市对森林草原防灭火工作的极端重要性、紧迫性、艰巨性、长期性认识不足，对森林防灭火工作在"生命至上、安全第一"的指导思想上存在偏差，没有充分预判到可能引发森林草原火灾的倾向苗头、隐患漏洞，没有严格认真地排查识别风险和整治隐患，没能动真碰硬去解决问题。

（2）森林火灾系统治理不到位。抓预防的主动性、火源管控的严密性、工作的系统性和措施的协同性不够强，抓扑救的科学性、指挥的专业性和战术的灵活性不够好，导致效果不理想、工作较为被动、救援人员屡屡伤亡。

（3）森林防灭火基础设施建设不完善。消防水池覆盖率低，无法采用安全高效的以水灭火方式，需要远程管带输水，极大地消耗了人力、物力。全州普遍存在森林防灭火信息化水平不高、科技手段落后等问题。航空灭火力量远远不能满足扑救森林大火的需要，停机坪、取水点数量少，布局不合理。多数火场不通公路，山高坡陡、交通不便，救援车辆无法直接到达火灾现场，严重影响了扑救行动及安全撤离的实效性。

（4）森林火灾隐患排查整治不彻底。对林下可燃物未有效开展排查清理。大多数原始森林的可燃物载量达到或超过 30 t/hm²（3 kg/m²），加之树种多为易燃针叶林和偏干性常绿阔叶林，受当地高温、大风、干燥等气候条件影响，引发森林草原火灾的潜在风险越来越大。对电力线路安全风险隐患排查整治不认真。没有及时贯彻落实有关电力、通信安全隐患排查治理工作会议精神。

（5）森林草原防灭火应急预案不规范。西昌市 2020 年 3 月 12 日制定的《处置森林草原火灾应急预案》内容不符合《四川省森林防火条例》规定。对泸山地理位置特殊、临近市中心的现状没有研究形成综合性防灭火专题预案。对森林火灾扑救有关工作分组涉及多个部门，没有明确牵头单位，工作任务职责不清，联动机制不健全，没有形成合力。对森林火灾扑救组织指挥体系中指挥长、成员单位的职责规定不具体。

（6）森林灭火应急救援力量配备不足。凉山州共有森林面积 28 460 km²，全州森林消防队员不足 350 人；全州 17 个县（市）均为高火险区，现有地方专业扑火队员难以适应繁重的森林草原防灭火任务，且人员变动频繁，扑火队伍教育训练水平不高、保障条件较差，扑火装备落后，通信器材急需完备。森林消防和地方专业扑火队员无自救、阻燃等个人防护装备。

（7）部分行业安全监管职责不明确。凉山州和西昌市对电力行业的属地安全监管责任落实不到位。凉山州委编办和西昌市委编办印发的关于安全生产监管职责的文件均未明确凉山州和西昌市属地电力行业的安全生产行业监管责任主体。

（8）森林防火宣传教育不够深入。群众防火意识总体上有所增强，但传统用火习惯仍未根本改变，儿童、老人违规野外用火比例较高，特别是未成年人用火引发森林火灾的情况较为突出。

（9）发生森林火灾的追责问责不到位。凉山州和西昌市在依法严厉打击违规野外用火方面，过于依赖行政拘留手段，综合应用警告、罚款等行政处罚措施以及村规民约管理措施较少,惩戒效果不显著;森林火灾追责问责无论是问责层级、形式,还是问责人数,都没有达到问责应有的震慑效果。

3)事故处理

从调查中发现,凉山州及西昌市存在贯彻落实党中央国务院和省委省政府的相关部署要求不及时、不到位,"生命至上、安全第一"的思想未能根本树立,责任落实有空档,森林火灾应急预案的操作性、针对性、科学性不强,森林草原防灭火基础设施历史欠账多、建设滞后,标本兼治的措施落实不力。

尤其是西昌市森林火灾发生后处置初期不规范,因准备不足、仓促上阵、应对乏力,个别干部失职、失责,特别是指令传达不及时、不准确、不顺畅,致使火灾扑救统筹协调不到位,加之灭火直升机因特殊天气未能充分发挥作用,在缺乏专家研判、火情不明的情况下贸然组织扑救,以致发生扑火人员重大伤亡的惨痛事件。

西昌市马道供电所农网综合组马道片区组员兼10 kV电台线施工现场安全员余某某,涉嫌犯罪移送司法机关依法追究刑事责任;对国网凉山公司安宁供电公司等6家企业依法给予行政处罚;对国网安宁供电公司马道供电所马道巡线组组长杨某某等相关企业的16名责任人员给予纪律处分或组织处理以及经济处罚。

经省纪委监委审查调查并报省委同意,决定责成凉山州委、州政府,西昌市委、市政府等12个单位作出深刻检查,并认真整改;对州、市、镇及相关单位的25名党员领导干部和公职人员依规依纪依法进行追责问责。

4)防范及整改措施

(1)将习近平总书记重要指示批示精神贯穿始终。要认真贯彻习近平总书记对森林草原防灭火工作的重要指示批示精神,牢固树立"生命至上、安全第一"的指导思想,真正把思想和行动统一到党中央、国务院和省委、省政府的决策部署上来,坚持以人民为中心的发展理念,深入思考和加强森林草原防灭火工作,抓紧从根本上解决问题,切实把确保人民生命安全放在第一位落到实处,严防重特大森林草原火灾发生,严防人员伤亡和群死群伤事件再次发生。

(2)树立科学有效的森林防灭火工作理念。要建立科学有序的组织指挥体系,尤其要加强对异地增援森林扑火队伍的关心重视和统一指挥管理,实行统一安排、责任明确、协同配合,及时准确传达指令,齐心协力打好灭火攻坚战。要始终坚持统一领导、分级负责、分级响应、属地为主的原则,切忌多头指挥,各自为政。要把确保救援人员和人民群众安全贯穿扑火始终,在扑救行动中,必须做到火情不明先侦察、气象不利先等待、地形不利先规避,确保扑救人员安全。

(3)彻底排查整治森林火灾隐患。要加强林下、林缘可燃物清理,在确保安全的情况下有序开展计划烧除,采取铲、割、捞等有效措施降低林缘、林下可燃物载量。要重点检查:工业设施带来火源,常见的是穿越林区的电网、管网和基础设施;林区作业不当产生火源,如工业生产、农业生产、交通运输等;户外活动制造火源,如野炊、吸烟、祭奠、取暖等。并要落实专人负责,及时治理,建立台账,实行整改销号制度,防止和避免隐患整改不及时酿成火灾。要围绕重大风险隐患抓落实,聚焦重点区域重要设施加大排查力度,定期开展巡线安全检查,加快整改林区"树线矛盾",确保各项措施落地见效。

（4）加大森林防火的宣传力度。广播、电视、报纸、互联网等媒体要及时播发或者刊登森林火险天气预报。要扎实开展森林防灭火宣传教育进企业、进社区、进农村、进学校、进家庭的"五进"活动,加强对森林防火重要性、防火知识、有关法律法规及典型案例的宣传。让干部职工以及广大群众真正受到教育,从中吸取教训,自觉遵守森林防火的有关规定,增强自我保护和逃生自救能力。

（5）加强防火基础设施建设。最近几年,我们的森林防火基础设施建设得到了加强。但是,以我国 1.75 亿 hm² 森林的防火要求来讲,还远远不够。在扑火设施方面,要发展空中力量和电子远程监控技术,省级起码要配备 3~5 驾直升机,除用于灭火外,平时还可以用于森林病虫害的防治,以减少病死树木的产生,从一定程度上减少森林火灾的蔓延。

另外要配置后勤保障设施,在餐饮、宿营、医护、后续物资供应等方面为一线扑火队员提供可靠的保障。在扑火方式上,要改变过去单一的人工扑打方式,发展水灭方式。有交通条件的地方要设立专用水源,配置消防车辆等必要设施,进一步提高防灾控灾的能力。

（6）加大防控森林火灾的投入。除了各级财政部门要加大对森林火灾防控工作的投入外,还要动员社会力量筹集资金投入,尤其是森林效益的直接受益人要用实际行动反哺森林,形成一种道德习惯。

（7）打造一支高水平的森林火灾管理队伍。除了对现有的森林消防员进行定期的业务培训和实战演练,造就过硬的本领外,还要从社会上吸收一批道德素质好、身体条件好、有无私奉献精神的志愿者加入我们的队伍中,扩大我们的战斗力量。平时协助林业部门进行一些调查研究、技术研究和社会宣传工作;战时冲锋陷阵,到火场一线为民立功,用自身的价值为绿色事业做贡献。

思政天地

有关凉山州西昌市"3·30"森林火灾事件的重要指示批示

2020 年 3 月 30 日,四川凉山州西昌市经久乡马鞍村发生森林火灾。灾害发生后,中共中央总书记、国家主席、中央军委主席习近平高度重视并作出重要指示,要求迅速调集力量开展科学施救,在确保扑火人员安全的前提下全力组织灭火,严防次生灾害。当前正处于森林火灾等自然灾害易发高发期,最近四川、云南、福建、湖南等地接连发生森林火灾和安全事故,加上清明、春汛临近,火灾、洪涝等安全隐患突出,务必引起高度重视。各级党委和政府及有关部门要在统筹好疫情防控和复工复产的同时,抓实安全风险防范各项工作,坚决克服麻痹思想,深入排查火灾、泥石流、安全生产等各类隐患,压实各方责任,坚决遏制事故灾难多发势头,全力保障人民群众生命和财产安全。中共中央政治局常委、国务院总理李克强作出批示,要求全力抢救受伤人员,科学有效扑救山火,妥为做好遇难人员善后工作,保护好火场周边重点部位、场所和设施。要深刻总结近期多起森林火灾和造成人员伤亡的教训,进一步压实各方面各环节责任,深入排查隐患,加强监测预警,坚决遏制重特大森林火灾发生。[①]

20.1.4　有关森林草原防火的重要指示

2016年1月26日,习近平主持召开中央财经领导小组第十二次会议,习近平强调森林关系国家生态安全。要着力推进国土绿化,坚持全民义务植树活动,加强重点林业工程建设,实施新一轮退耕还林。要着力提高森林质量,坚持保护优先、自然修复为主,坚持数量和质量并重、质量优先,坚持封山育林、人工造林并举。要完善天然林保护制度,宜封则封、宜造则造、宜林则林、宜灌则灌、宜草则草,实施森林质量精准提升工程。要着力开展森林城市建设,搞好城市内绿化,使城市适宜绿化的地方都绿起来。搞好城市周边绿化,充分利用不适宜耕作的土地开展绿化造林;搞好城市群绿化,扩大城市之间的生态空间。要着力建设国家公园,保护自然生态系统的原真性和完整性,给子孙后代留下一些自然遗产。要整合设立国家公园,更好保护珍稀濒危动物。要研究制定国土空间开发保护的总体性法律,更有针对性地制定或修订有关法律法规。

2022年3月17日,中共中央政治局常委、国务院总理李克强对森林草原防灭火工作作出重要批示。批示指出:"当前我国大部分地区陆续进入春季防火紧要期,必须不懈抓好森林草原防灭火这件关人民群众生命财产安全和国家生态安全的大事。各地区各有关部门要坚持以习近平新时代中国特色社会主义思想为指导,认真贯彻党中央、国务院决策部署,坚持人民至上、生命至上,以更高标准、更严要求、更实举措做好森林草原防灭火工作。要层层压紧压实各方责任,盯紧看牢重点部位、关键区域和重要时段,加强联合会商、滚动研判,提高火险预警和应急响应的针对性、时效性。以底线思维强化源头治理,狠抓宣传警示教育、风险隐患整治和野外火源管控,补齐基础设施和消防力量短板。完善预案体系,科学布防力量,加强实战演练,提高专业指挥和安全扑救能力,做到打早、打小、打了,坚决防范重特大森林草原火灾发生,最大限度减少灾害损失。"[②]

2022年3月17日,国务委员、国家森林草原防灭火指挥部总指挥王勇出席全国森林草原防灭火工作电视电话会议并讲话。他强调:"要深入贯彻习近平总书记关于加强森林草原防灭火工作的重要指示精神,落实李克强总理批示要求,坚持人民至上、生命至上,更好统筹发展和安全,全力以赴抓好森林草原防灭火工作,坚决防范遏制重特大森林草原火灾发生,为党的二十大胜利召开创造安全稳定环境。"[①]他指出:"当前正值春季森林草原防火关键时期,各地各有关部门和单位要认真落实党中央、国务院决策部署,进一步提高政治站位,层层压实各方责任,建立健全网格化管理体系,督促推动防灭

---

① 习近平对四川西昌市经久乡森林火灾作出重要指示,https://www.gov.cn/xinwen/2020-03/31/content_5497537.htm,访问日期:2022年7月1日。

② 李克强对森林草原防灭火工作作出重要批示,https://www.gov.cn/xinwen/2022-03/17/content_5679588.htm,访问日期:2022年7月1日。

火各项措施落实落地。要坚持预防为主,强化基层群防群治,广泛开展宣传教育,全面排查整治风险隐患,加大野外火源管控和违规用火查处力度,从源头上降低火灾风险。要强化火情监测预警,及时转移疏散遇险群众,科学安全组织扑救,坚决避免人员伤亡。要进一步加强消防救援队伍建设,加快提升防灭火装备设施能力水平,更好保护国家生态安全和人民群众生命财产安全。"①

20.2　美国加州森林火灾事故

加利福尼亚州(简称"加州")是美国西部太平洋沿岸的一个州,面积为411 013 km²。1542 年,葡萄牙航海家罗德里格斯发现加利福尼亚。1768 年,西班牙国王查理三世下令殖民加利福尼亚,它的名称取自西班牙传说中一个小岛的名称,世界知名的"好莱坞"和"硅谷"均在此州内。加州的行政区域划分如图 20-3 所示。

加州西北角有雷德伍德国家公园,东部内华达山脉西侧坡山麓地带有约塞米蒂国家公园、金斯峡谷国家公园,东南部有死亡谷国家公园、约书亚树国家公园,由此可见加州的森林覆盖率很高。加州森林火灾频发且多发生在夏天,是因为加州刚好处于北纬三四十度的大陆西岸,气候为地中海气候。

地中海气候,又称副热带夏干气候,由西风带与副热带高气压带交替控制形成,是亚热带、温带的一种气候类型。地中海气候中的主要植被类型是亚热带常绿硬叶林,这种植物的叶片表面是一层厚厚的蜡质,一旦遭遇火灾,明显表现出助燃效果,代表种类有水仙、郁金香、风信子、花毛茛、番红花等。

图 20-3　加州的行政区域划分

20.2.1　事故概况

2018 年 11 月 8 日,北加州普卢默斯国家森林西部边界羽毛河峡谷和南加州文图拉县圣苏珊娜野外实验室附近,因输电线路故障同时爆发山火,共导致 89 人死亡,瞬时

① 李克强对森林草原防灭火工作作出重要批示, https://www.gov.cn/xinwen/2022-03/17/content_5679588.htm,访问日期:2022 年 7 月 1 日。

风速最高达 100 km/h,山火呈"爆炸式"蔓延,最严重时 1 s 可以烧过 1 个足球场,过火面积超过 620 km²,灾难造成损失超过 200 亿美元,火灾严重程度在世界火灾史上罕见,如图 20-4 所示。山火重灾区天堂镇 24 h 内化为灰烬,80% 以上的房屋被毁。山火释放大量浓烟,旧金山湾区雾霾严重,空气质量指数升至 240 以上,被认为"极度不健康",11 月 25 日大范围持续降雨才浇灭了大火。火灾后清理工作至少花费 30 亿美元。

图 20-4　北加州普卢默斯国家森林火灾

2019—2022 年,加州境内山火超过 17 起,南、北加州同时爆发严重山火,如图 20-5 所示。10 月 27 日加州政府宣布全州进入紧急状态,发布史上首个"极端红色预警"强调火势严重性,疏散大约 20 万人。

2019 年 10 月 10 日晚,南加州圣费尔南多谷爆发萨德尔里奇大火,过火面积近 3 399 hm²,造成至少 3 人死亡,最高风速超过 35 m/s。电力公司切断近 300 万户家庭电力供应,以降低输电装备着火引发更大灾难的可能性。

图 20-5　加州山火火灾现场

20.2.2　事故原因分析

1)直接原因

美国超过 84% 的山火都是人类造成的,加州 98% 的山火都是人为点燃的,原因包括抽烟、野营用火以及电力事故等。近年来,输电线故障是引发加州山火的主要原因。

加州经济发达,现代化的进程、宜人的地中海气候使得这里人口不断增加。然而,城市的规划速度远不及过快的城市扩张速度,大量住宅区沿着城市边缘进入林区。数据显示,包括很多名人豪宅在内,加州38%的新建宅区建造在这些地区,缺乏现代化的城市管理和自我保护能力,导致这些地区极易爆发城市森林火灾。

2)间接原因

(1)环境因素。近些年,加州的气候变得更加炎热,更干燥的天气条件意味着内华达山脉积雪面积的减少、春季里较少的径流以及提供给植被的水分减少。这些条件使得大规模的野外火灾特别容易引燃,并在干燥的植被中迅速延烧。加州的许多生态系统充分适应了山火,某些本地土生的植物和树种甚至需要山火的帮助来获得新的生长。但这些精妙的系统通常拥有特定的运行周期,例如,一片灌木丛的燃烧周期可能从30年到100年不等,而黄松木林地可能每隔几年时间就需要经历一次山火。如果剧烈的山火发生得过于频繁,土生的植物物种可能会被入侵的禾本科植物所取代,后者燃烧起来更为迅速,而且不能很好地保持土壤。

(2)基础设施老化。加州火灾惨重的损失反映了加州住房危机和基础设施老化等民生问题。大量低收入人群的住房需求长期无法满足,住所从城市边缘扩展到荒野山林地区,部分地区甚至是起初规划的城市防火带,加上政府为确保地方财政税收,放松对开发商的监管,林间违建增多,一旦发生山火必会造成重大的损失。

加州的电力、通信、应急等基础设施老化,严重影响火情预警、通报、疏散等逃生举措的效果,山区通信信号非常差,2018年坎普山火中全镇三分之一居民没有收到强制疏散令,甚至还出现了电力设施老旧引发重大山火的情况。

(3)人员装备不足。加州消防员的待遇年均11万美元,比其他州高出80%,为全球最高,每年预算也由早期的8亿美元升至30亿美元,但当地消防员仍处于短缺状态,仍需要常年从联邦政府或其他州借调消防员,甚至动员监狱囚犯前往一线灭火。

第 21 章　森林火灾基础知识

21.1　林火

　　林火指在林地上自由蔓延的火,包括受控的火和失控的火。受控的火是指人们有计划地在事先选定的区域内对森林可燃物进行有计划的烧除;失控的火则会造成森林火灾。

　　林火行为是指一场火从点燃开始到发展直到熄灭的整个过程中所表现的各种特性。林火变化无常,几乎没有相同的火灾,这是由火灾发生发展过程的环境和扑火方法等不同造成的。林火行为包括林火蔓延速度、能量释放、火强度、林火种类和火烈度等。

　　冲火是指从山下向山上快速蔓延的林火。冲火不易扑救,特别是阳坡冲火,火势猛烈,蔓延迅速,不宜迎着火扑打。

　　坐火是指由山上向山下缓慢蔓延的林火。坐火火势弱,有利于扑救。当林火从山上向山下蔓延至山脚后,再向上蔓延,会形成几个火头,扩大火灾蔓延面积。因此,扑火时,一定要在林火向山下蔓延至山脚以前扑打。

　　林火根据燃烧部位一般分为地表火、树冠火和地下火三类。三类林火可以单独发生,也可以并发,特别是特大森林火灾,往往是三类林火交织在一起。林火一般由地表火开始,烧至树冠则引起树冠火,烧至地下则引起地下火。树冠火也能下降到地面形成地表火。地下火也可以从地表的缝隙中窜出烧向地表。通常针叶林和异龄混交林易发生树冠火,阔叶林易发生地表火,在长期干旱的年份易发生树冠火或地下火。据统计,在发生的森林火灾中,地表火占 90% 以上,其次为树冠火,地下火最少。

　　(1)地下火:在林地腐殖质层或泥炭层燃烧的火。在地表看不到火焰,只有烟,一直燃烧到矿物层和地下水的上部。地下火蔓延缓慢,温度很高,破坏力强,能持续几天、几个月或更长时间,能烧掉腐殖质和树根。火灾后大量林木被烧死。地下火只有在极干旱季节的原始林区才会发生。

　　(2)树冠火:沿树冠蔓延的火。树冠火向上烧毁树叶,烧焦树枝和树干;向下烧毁地被物、幼树和下木。它有两种类型。一种是连续型,即当树冠连接不断时,火沿树冠前进。另一种是间歇型,即当树冠不连续分布时,由于强对流天气,猛烈的地表火上升为树冠火,由于树冠不连续,又降为地表火,起伏前进。树冠火对森林的破坏力度最大,多发生在针叶幼林、中龄林或异龄林内。

　　树冠火按蔓延速度又可分为急进树冠火和稳进树冠火两类。①急进树冠火:又称狂燃火,火焰跳跃前进,蔓延速度可达 8~25 km/h;火焰向前伸展,烧毁树干和枝条,烧焦树皮,导致树木死亡;火烧迹地呈长椭圆形。②稳进树冠火:又称遍燃火,火焰全面扩展,火的前进速度缓慢,一般情况下为 2~4 km/h,顺风时可达 5~8 km/h;这种火可以烧毁树冠的大枝条,烧着林内的枯立木,是危害最严重的火灾;火烧迹地呈椭圆形。

（3）地表火:也称地面火,是沿林地表面蔓延的火。地表火烧毁地被植物,危害幼树、下木,烧伤大树基部和露出地面的树根。地表火按其蔓延速度和危害性质分为两种:①急进地表火,蔓延速度快,燃烧不均匀,常留下未烧的地块,有的乔灌木未被烧伤,火烧迹地一般呈长椭圆形或顺风伸展的长三角形;②稳进地表火,蔓延速度慢,烧毁所有地被物,燃烧时间长,温度较高,燃烧彻底,火烧迹地多为椭圆形。

林火蔓延与热的传播方式密切相关,主要表现为热对流、热辐射、热传导。

（1）热对流:由于热空气比冷空气轻,林火发生后,燃烧的热空气向上运动,周围冷空气不断补充,产生对流,并往往在燃烧区上空产生对流柱,这种对流柱积聚燃烧释放的大量热量（大约 75%）,在强风的影响下经常使针叶幼林或复层针叶林的地表火转为树冠火。此外,对流柱将燃烧物带到高空,高空风又把这些燃烧物吹到其他非燃烧区引起燃烧,这种现象称为飞火。

（2）热辐射:以电磁波的形式向各个方向直接传热。辐射强度与两个物体间距离的平方成反比,即离燃烧区 10 m 处可燃物得到的辐射热量只有离燃烧区 1 m 处可燃物得到的辐射热量的 1%。因此燃烧越快,辐射传热越强烈,蔓延速度越快。

（3）热传导:燃烧物向内部传热。森林可燃物是热的不良导体。如大枝丫比小枝丫传热速度慢,而持续时间长。地下火就是依靠这种热传导来蔓延的。热传导不仅可以向燃烧物内部传热,而且可以向接触燃烧物的可燃物传热,当然其传热速度比热辐射的传热速度慢得多。热辐射与热传导对燃烧中心前方的可燃物都具有预热作用,前者的预热功能强于后者。因此,燃烧越强烈,辐射和传导的热量越大,预热速度越快,蔓延速度也越快。

21.2　森林火灾

21.2.1　森林火灾的等级

森林火灾是指在林地内自由蔓延,失去人为控制,给森林生态系统和人类带来一定危害和损失的林火。森林火灾是一种突发性强、破坏性大、处置救助较为困难的自然灾害。

根据 2008 年 11 月 19 日国务院第 36 次常务会议修订通过的《中华人民共和国森林防火条例》（简称《森林防火条例》）,按照受害林面积和伤亡人数,森林火灾分为一般森林火灾、较大森林火灾、重大森林火灾和特别重大森林火灾,如表 21-1 所示。

国内外大量的研究表明,火对森林生态系统具有有益和有害两重属性的影响。

有害作用一般指火灾对森林生态系统的危害。森林火灾破坏森林生态系统平衡,火烧以后森林生态系统难以恢复,森林火灾不仅会毁灭森林中的各种生物,破坏陆地生态系统,而且其产生的巨大烟尘将严重污染大气环境,直接威胁人类生存。

有益的火烧可以促进森林生态系统的健康发展,能够使森林生态系统的能力缓慢释放,促进森林生态系统营养物质转化和物种更新,有益于森林生态系统的健康发展,火烧后森林容易恢复。人们常常利用火的有益作用开展有计划、有目的的火烧。

对于火的两重属性如今还停留在研究阶段,国内外还存在很多争论,关于火的有益方面的结论和看法大多局限于火灾后的调查研究。

表 21-1　森林火灾等级

森林火灾等级	受害林面积和伤亡人数
一般森林火灾	受害林面积在 1 hm² 以下或者其他林地起火的,或者死亡 1 人以上 3 人以下的,或者重伤 1 人以上 10 人以下的
较大森林火灾	受害林面积在 1 hm² 以上 100 hm² 以下的,或者死亡 3 人以上 10 人以下的,或者重伤 10 人以上 50 人以下的
重大森林火灾	受害林面积在 100 hm² 以上 1 000 hm² 以下的,或者死亡 10 人以上 30 人以下的,或者重伤 50 人以上 100 人以下的
特别重大森林火灾	受害林面积在 1 000 公顷以上的,或者死亡 30 人以上的,或者重伤 100 人以上的

森林火灾有一个由弱到强、由小到大的发展过程,大致可分成预热、气体燃烧和木炭燃烧三个阶段。

（1）预热阶段:在外界火源的作用下,可燃物的温度缓慢上升,随着大量水蒸气的蒸发,产生大量的烟,伴有部分可燃性气体挥发,但还不能进行燃烧,这时可燃物呈现收缩、干燥状态。

（2）气体燃烧阶段:可燃性气体被点燃,这是与预热阶段的分界点。这时,可燃性气体大量挥发,温度迅速上升,燃烧呈黄红色火焰,并产生二氧化碳和水蒸气。

（3）木炭燃烧阶段:有机物质将要烧尽的阶段。木炭燃烧是一种固体燃烧现象,一般看不到火焰,但温度较高,最后剩下灰分,燃烧结束。

在森林燃烧的过程中,首先看到燃烧区附近的树叶、杂草等卷曲干燥,然后发现火焰,最后看到较大可燃物的木炭燃烧。

21.2.2　森林火灾的危害

（1）烧毁林木。森林一旦遭受火灾,最直接的危害就是烧死或烧伤林木,导致森林蓄积量下降和森林生长受到严重影响。

（2）烧毁林下植物资源。森林除了可以提供木材以外,林下还蕴藏着丰富的野生植物资源,如越橘（俗称"红豆"）、人参、灵芝、刺五加等。然而,森林火灾会烧毁这些珍贵的野生植物,或者由于火的干扰,其生存环境被改变,使其数量显著减少,甚至使某些种类灭绝。

（3）危害野生动物。森林遭受火灾后,会破坏野生动物赖以生存的环境,有时甚至直接烧死、烧伤野生动物。由于火灾等原因而造成的森林破坏,我国不少野生动物种类已经灭绝或处于濒危状态。

（4）引起水土流失。森林具有涵养水源、保持水土的作用。森林火灾过后,森林的这种功能会显著减弱。森林火灾不仅会引起水土流失,还会引起山洪暴发、泥石流等自然灾害。

（5）使下游河流水质下降。发生火灾后,林地土壤侵蚀、流失要比平原严重得多,大量的泥沙会被带到下游的河流或湖泊之中,引起河流淤积,并导致河水中养分的变化,使水的质量显著下降。

（6）引起空气污染。森林燃烧会产生大量的烟雾,其主要成分为二氧化碳和水蒸气,这两种物质占所有烟雾成分的 90%~95%,同时还会产生一氧化碳、碳氢化合物、碳化物、氮氧化物及微粒物质。

（7）威胁人民生命财产安全。森林火灾常造成人员伤亡。全世界每年因森林火灾导致千余人死亡。

（8）干扰正常的社会经济和工作秩序,造成社会不稳定。

21.2.3 森林火灾的燃烧条件

森林火灾的燃烧条件一般包括火源、可燃物、气象和地形等因素。

1）火源

火源是发生林火的关键因素,分为自然火源和人为火源两大类。①自然火源:雷击、火山爆发、陨石坠落和可燃物自燃等,其中最多的是雷击火,在中国黑龙江大兴安岭、内蒙古呼盟和新疆阿尔泰等地区最常见。②人为火源:绝大多数森林火灾都是人为用火不慎引起的,约占总火源的 95%以上。人为火源又可分为生产性火源（如烧垦、烧荒、烧木炭、机车喷漏火、开山崩石、放牧、狩猎和烧防火线等）和非生产性火源（如野外做饭、取暖、用火驱蚊驱兽、吸烟、小孩玩火和坏人放火等）。

在通常情况下,发生林火的最低能量来自森林的外界。因可燃物温度升高达到燃点而引起自燃着火的情况是十分少见的。

2）可燃物

森林可燃物按物种、相对位置、床层结构、燃烧性、挥发性和物理化学性质进行分类和分析。

（1）按物种分类。①地衣:一种易燃烧的可燃物,着火温度低,是森林中的主要引火物之一。②苔藓:多生长在阴湿的密林下,吸湿性强,不易着火。只在连续干旱的年份才能燃烧。③草本植物:生长季节含水量高,一般不易燃烧,而在非生长季节则干枯易燃烧。④藤本植物:热带和亚热带常见的植物,一般情况下不易燃烧,是引起树冠火的主要中间层可燃物。⑤灌木:多年生木本植物,含水量高,较不易燃。通常丛状灌木比散生灌木更有利于林火蔓延,与杂草混生的灌木林则易燃。⑥乔木:通常针叶树种较阔叶树种易燃,落叶树较常绿树种易燃,喜光树种较耐阴树种易燃,含油脂和挥发性油较多的树种易燃。

（2）按相对位置分类。①地下可燃物:由土壤有机物、泥炭、树根、燃烧过的木质可燃物组成。地下可燃物的燃烧方式通常是无焰燃烧（又称阴燃），有可能燃烧数小时、几天，甚至几周。②地表可燃物：距离地面 1.5 m 内的所有可燃物，由草、杂物、灌木、木质可燃物组成，地表可燃物的直径大小及分布是影响地表火行为的关键因素。③空中可燃物：森林中距离地面 1.5 m 以上的树种和其他植物，主要由活的、直径小于 1 cm 的物质组成，这类可燃物是发生树冠火的物质基础，可以由地表火经未燃尽的灌木、小树等过渡可燃物传播。

（3）按床层结构分类。通常可燃物可分为 6 层：①树冠层；②灌木、小树；③低矮植物；④木质可燃物；⑤苔藓、地衣、落叶；⑥地下可燃物、腐殖质。

（4）按燃烧性分类。①细小可燃物：又称一类可燃物，是在一般情况下易着火和快速燃烧的物质，如地表干燥杂草、小的枯枝、落叶、树皮、地衣、苔藓等，是森林中的引火物。②粗大可燃物：也叫二类缓慢燃烧可燃物，如林内枯立木、风倒木、风折木、伐根、采伐剩余物、腐殖质和泥炭等，一般情况下不易燃烧，一旦着火后能较长时间保持热量，不易扑灭。③绿色植物：林内正在生长的活植株，包括乔木、灌木、草本植物等，由于正在生长期，体内含水量较大，不易燃烧并有阻火作用，但如遇强火被加热干燥后也能燃烧。有些树种，如含有树脂的针叶树以及富有挥发性物质的小灌木则较易燃烧。

森林可燃物的燃烧性与其含水率有着密切的对应关系。可燃物含水率高，则燃烧时要耗费大量热能用于蒸发水分，从而降低燃烧的有效热能，因此不易燃烧和蔓延。反之，含水率越低，有效能量越大，越容易燃烧，蔓延的速度越快，火的强度也越大。含水率与森林火灾的危险程度的关系大致表现为：含水率大于 25% 时，火灾不易发生；含水率在 17%~25% 时，不能发生大火灾；含水率在 10%~17% 时，容易发生火灾；含水率小于 10% 时，极易发生火灾。

（5）按挥发性分类。可燃物挥发性是指受热时体内挥发性物质逸出数量和速度等特性，按挥发性可燃物可分为三种：①高挥发性可燃物，如红松、樟子松、油松、马尾松、樟树、桉树、杜鹃等；②中挥发性可燃物，如蒙古栎、榛子、桦树、杨树等；③低挥发性可燃物，如柳树、核桃树等。

森林可燃物的燃烧分为有焰燃烧和无焰燃烧。其中，有焰燃烧又称明火，能挥发可燃性气体，产生火焰，占森林可燃物总量的 85%~90%。这种有焰燃烧要放出大量的光和热，如通常情况下的森林地表火、树冠火，其特点是蔓延速度快，燃烧面积大，消耗自身的热量仅占全部热量的 2%~8%。无焰燃烧又称暗火，不能分解足够可燃性气体，没有火焰，如泥炭、朽木等，占森林可燃物总量的 6~10%，如地下火以及木炭燃烧，其特点是蔓延速度慢，持续时间长，消耗自身的热量多，如泥炭可消耗其全部热量的 50%，在较湿的情况下仍可继续燃烧。两种燃烧都会对森林造成破坏。有焰燃烧容易扑灭，无焰燃烧容易复燃，在清理火场时应特别注意清理隐燃物、倒木和病腐木。

（6）可燃物的物理化学性质。①物理性质。a. 表体比：表体比是指物体的表面积与体积之比，比值越大越容易燃烧。粗、厚的可燃物不易燃烧，而细、薄的可燃物易燃烧。b. 密实度：密实度是可燃物组织内部结构的密实度和可燃物之间搭配的密实度。可燃物组织内部结构的密实度称为可燃物的密度，密度小的易燃，而密度大的不易燃烧。c. 可燃物的含水量：可燃物的含水量越大越不易燃烧。d. 可燃物的发热量：发热量即单位质量或体积风干状况下可燃物完全燃烧时所释放的热量，又称热值，单位为 J/g 或 kJ/kg。②化学性质。a. 森林可燃物的元素组成不同：不同可燃物所含 C、H、O 元素的比例不一样，一般含碳量越多，可燃物发热量越大。b. 森林可燃物基本成分不同：基本成分为半纤维、纤维素和木素，它们的热分解性质各异，因此燃烧性也不同。c. 油脂含量不同：一般来说，油脂含量多的可燃物易燃，发热量大。针叶树油脂含量较高，阔叶树油脂含量较少，草本植物油脂含量最少。d. 可燃物含挥发性油量：挥发性油是一种易挥发的易燃芳香油。挥发性油含量越高越容易燃烧。e. 各种森林可燃物的可燃气体含量不同：可燃气体含量多的燃烧火焰高，火强度大。乔木树种的可燃气体含量为 20%~50%，草本植物为 10%~30%，灌木为 10%~20%，地衣苔藓类为 7%~20%。f. 森林可燃物的灰分含量不同：灰分含量指可燃物的矿物质含量。一般认为可燃物的灰分含量增加会降低火势。

易燃的草本植物大多数为禾本科、沙草科及部分菌科、豆科植物，大多数为阳性杂草，生长在无林地及疏林地，植株高大，生长密集，枯黄后植物体内含有较多的纤维，干旱季节易燃。易燃灌木一般在冬春季节上部枝条干枯或枯枝不脱落。灌木的生长状态影响火的强度，通常丛生灌木比单株散生灌木的火灾危害严重，着火不易扑灭。因此，灌木与禾本科、沙草科等易燃草木混生时，火的强度能够提高。在乔木中一般针叶树较阔叶树易燃，因针叶树含有挥发性油类和树脂。阔叶树中的桦木等，由于树皮呈薄膜状，含油脂较多，也极易燃烧。

不易燃的草本植物，一般植株矮小，枯死后易腐烂，不易干燥，因此不易形成枯枝落叶。不易燃植物多为早春植物，多生长在潮湿、肥沃地带，即使遇火源也不易燃烧和传播，有时能够自灭。这类植物主要有毛茛科、百合科、虎耳草科植物。灌木一般为多年生木本植物，体内含水较多，不易燃烧。乔木中的阔叶树一般体内含有较多的水分，所以不易燃烧。

3）气象

影响火灾发生的气象因子主要有降水量、温度、相对湿度、风和连续干旱等。其中降水量、相对湿度、风等因子对森林火灾的影响尤为明显。①降水量对火灾的影响：降水量能直接影响可燃物湿度的变化，可以使可燃物失去燃烧性。经常降水（雨、雪、霜、露、雾等），林内相对湿度和可燃物湿度都明显增加，会降低起火的危险性。对于正在燃烧的火灾，降雨会减弱火势直至使其完全停止燃烧。②相对湿度对火灾的影响：相对湿度低时，可燃物中水分蒸发快，森林起火可能性就大，反之就小。③风对火灾的影响：一是风能加速水分蒸发，促使地被物干燥，提高可燃物的燃烧性；二是风能降低林内外的相对湿度，提高火险等级；三是风能加快气流交换，加快火灾蔓延速度。大风天还会使地表火转变为树冠火。

在各种气象因子的综合作用下，火灾的发生发展和蔓延昼夜间发生不同的变化，其规律是每日 10—14 时发生火灾次数最多，其次是 14—18 时和 6—10 时，最少在 6 时以前和 18 时以后。

火灾按昼夜变化可以划分为四个阶段：①4—8 时，火强度最小，蔓延缓慢，最有利于扑火；②8—13 时，火势增强，火灾处于有利发展时期；③13—18 时，火的强度最大，气温高，风速大，湿度小，是扑火最困难的时期；④ 18—4 时，火强度逐渐减弱，有利于扑火。

森林火灾的发生与蔓延无不直接或间接地与气象条件有关。除雷电可以直接引起森林火灾外，高温、干燥是森林火灾发生的重要气象条件。森林火灾的波动是与不同年份大气环流气候条件变化相关的，厄尔尼诺现象是发生特大森林火灾的因素之一。在特别干旱的年份里，最容易发生大的森林火灾。

4）地形

影响火灾发生发展的地形因子主要有坡向、坡度、坡位、海拔高度和小地形等。地形影响植被分布和形态，由此影响火灾的发生，而且影响火灾的传播速度和火灾的强度。①坡向对火灾蔓延的影响：阳坡日照强、温度高，可燃物易干燥，容易引起火灾，火灾蔓延速度也快；阴坡则相反。②坡度对火灾发生发展的影响：坡度直接影响可燃物的湿度，坡度大或陡，水分停留时间短，可燃物易干燥；相反，坡度平缓，水分停留时间长，林地潮湿，可燃物含水量大。同时坡度不同，火对林木的危害程度也不同。一般情况下，坡度越小，火蔓延缓慢，但对林木危害严重。③坡位对火灾发生发展的影响：坡位不同，地被物多少和干旱程度不同，火灾蔓延速度也不同。低凹地多草丛，火燃烧猛烈，不易扑救。山顶及陡坡岩石裸露处，可燃物稀少，不易燃烧，火烧到自灭。④海拔高度对火灾发生发展的影响：海拔高度影响森林植被的分布和燃烧物质的水分变化，林地海拔越高，林内温度越低，地被物含水率也越大，越不易燃烧。但海拔高，风速大时，有利于火的蔓延。

21.3　森林防火

1）基本要求

森林防火就是防止森林火灾的发生和蔓延，包括森林火灾的预防和扑救。1989 年国家森林防火总指挥部、公安部、林业部发布的《关于划分森林消防监督职责范围的通知》（国森防〔1989〕13 号）对森林消防的职责范围做了如下划分。

（1）城市市区以外的一切森林、林木、林地的森林防火工作，不论是国有、集体或个体的，统由当地森林防火指挥部负责，未设立森林防火指挥部的地方，由同级林业主管部门负责。市区园林的消防工作，由当地公安机关实施监督。

（2）市区外寺庙、宾馆、饭店、仓库等建筑物及其周围 30 m 内的林木的消防工作，由当地公安机关实施监督。

（3）林区内林业城镇和职工聚居点的消防工作，除东北、内蒙古国有林区由当地林业公安机关实施监督外，其他仍由当地公安机关实施监督。

我国森林防火工作依据国务院《森林防火条例》规定实行预防为主、积极消灭的方针。国家支持森林防火科学研究，推广和运用先进的科学技术，提高森林防火科技水平。预防和扑救森林火灾,保护森林资源,是每个公民应尽的义务。

2）常用名词

防火期:也就是防火季节。森林能否着火,着火后能否成灾,主要取决于火险天气。防火期具备了发生森林火灾的火险天气,不具备火险天气的时间也就不是防火季节（期）。一般来说,火险天气具备发生森林火灾的气候条件,如气温高、降水少、相对湿度小、风大、可燃物干燥等。如果降水量大、气候湿润,即使在防火期内也不易发生森林火灾。

复燃火:隐火又燃烧起来的火。燃烧的树干、倒木、枯立木、病腐木等,表面熄灭,外部看不见火焰,甚至有时无烟,而可燃物的内部仍在隐燃,一旦遇到大风,又能继续燃烧,重新蔓延成灾。隐燃可以持续几天或更长时间。因此火灾过后,必须彻底清理火场内的隐燃物和余火,以防发生复燃火。

火情:林区起火在还没有了解清楚以前,统称火情。有了火情,地方政府及森林防火部门应立即组织人力扑救,力争打早、打小、打了,以减少林木损失,同时应查明着火原因、过火面积、受害森林面积和损失情况。

过火面积:凡火焰经过的面积（包括成林、幼林及灌丛、荒山、草地等）统称过火面积,又叫火场面积。

受害面积:在单位过火面积上,成林被烧毁或烧毁株数在30%以上,或幼林株数在60%以上的为受害面积,又叫成灾面积。

森林火灾受害率:受害森林面积与被管辖范围内的森林总面积的百分比。

森林火灾发生率:每10万 km² 森林面积上每年发生的森林火灾次数。

森林火灾控制率:每年平均每次森林火灾的受害森林面积。

森林火灾受害率、发生率、控制率是衡量一个地方森林防火工作成效的重要指标。

3）气象预警

依据《全国森林火险天气等级》（LY/T 1172—1995）的相关规定,森林火险天气等级划分为五个等级,如表21-2所示;火险气象预警依据《森林火险气象预警》（GB/T 31164—2014）规定的预警等级及判定标准来确定,预警等级分为四级。

表21-2　森林火险天气等级标准对查表

森林火险天气等级	危险程度	易燃程度	蔓延程度	森林火险天气指数
一	没有危险	不能燃烧	不能蔓延	≤25
二	低度危险	难以燃烧	难以蔓延	26~50
三	中度危险	较易燃烧	较易蔓延	51~72
四	高度危险	容易燃烧	容易蔓延	73~90
五	极度危险	极易燃烧	极易蔓延	≥91

森林火险气象预警等级由弱到强划分为三个等级,依次为黄色预警、橙色预警、红

色预警。若同时达到两种以上预警等级时,以最强的预警等级为准。

（1）黄色预警。某地森林火险气象等级已持续 8 d 达三级及以上或持续 5 d 达四级及以上,且起报日当天森林火险气象等级达四级及以上,并预计未来 24 h 内,该地森林火险气象等级仍将持续四级时发布黄色预警。

（2）橙色预警。某地森林火险气象等级已持续 5 d 达四级及以上,且起报日当天森林火险气象等级达五级,并预计未来 24 h 内,该地森林火险气象等级仍将持续五级时发布橙色预警。

（3）红色预警。某地森林火险气象等级已持续 3 d 达五级,并预计未来 24 h 内,该地森林火险气象等级仍将持续五级时发布红色预警。

21.4　森林灭火

21.4.1　基本原则

扑救森林火灾的基本原则是"打早、打小、打了"。"打早"是指及时扑火;"打小"是指扑打初期火灾;"打了"是指扑火的彻底性,既要扑打明处,又要清理暗灰,消除一切余火。三者相互联系,相互影响,"打早"是灭火的前提,"打小"是灭火的关键,"打了"是灭火的核心。

森林燃烧必须具备可燃物、氧气（助燃物）和一定的温度三个要素。三者缺一不可,称为燃烧三角。扑救森林火灾时,只要消除其中一个要素,森林火灾就会被扑灭。

（1）可燃物。森林中所有有机物质均属于可燃物。如树叶、树枝、树干、枯枝落叶、林下草本植物、苔藓、地衣、腐殖质层和泥炭层等物都可以燃烧。其中大量细小可燃物,如枯草、枯枝落叶属于易燃物,又称为引火物。

（2）氧气。空气中的氧气是燃烧助燃物。森林燃烧必须有足够的氧气才能进行。据测算,1 kg 木材燃烧时需要 3.2~4 m³ 空气中的氧气,即需要纯氧 0.6~0.8 m³。

（3）一定的温度。这主要是指火源。一切可燃物都可能在火源的作用下发生燃烧。不同可燃物的燃点不相同,如干枯杂草的燃点为 150~200 ℃,木材的燃点为 250~300 ℃。要达到这样高的温度必须有外来火源。

因此扑救森林火灾的基本方法如下。

（1）散热降温,使燃烧的可燃物的温度降到燃点以下而熄灭火灾。主要采取冷水喷洒可燃物,使其吸收热量降低温度,冷却降温到燃点以下而熄灭火灾;用湿土覆盖燃烧物质,也可达到冷却降温的效果。

（2）隔离热源（火源）,使燃烧的可燃物与未燃烧的可燃物隔离,破坏火的传导作用,达到灭火的目的。为了切断热源（火源）,通常采用开防火线、防火沟,砌防火墙,设防火林带,喷洒化学灭火剂等方法,达到隔离热源（火源）的目的。

（3）断绝或减少森林燃烧所需要的氧气,使其窒息灭火。主要采用扑火工具直接扑打灭火、用沙土覆盖灭火、用化学剂稀释燃烧所需要氧气灭火,使可燃物与空气形成短暂隔绝状态而窒息。这种方法仅适用于初发火灾,当火灾蔓延扩展后,因需要隔绝的空间大、投入多,故而成效不明显。

森林火灾打火基本守则如下。

（1）扑救森林火灾不得动员残疾人员、孕妇和儿童。

（2）扑火队员必须接受扑火安全培训。

（3）遵守火场纪律,服从统一指挥和调度,严禁单独行动。

（4）时刻保持畅通的通信联系。

（5）扑火队员需配备必要的装备,如头盔、防火服、防火手套、防火靴和扑火机具。

（6）密切注意观察火场天气变化,尤其要注意午后扑救森林火灾伤亡事故高发时段的天气情况。

（7）密切注意观察火场可燃物的种类及易燃程度,避免进入易燃区。

（8）注意火场地形条件。扑火队员不可进入三面环山、鞍状山谷、狭窄草塘沟、窄谷、向阳山坡等地段直接扑打火头。

（9）扑救林火时应事先选择好避火安全区和撤退路线,以防不测。一旦陷入危险环境,要保持清醒的头脑,积极设法自救。扑救地下火时,一定要摸清火场范围,并进行标注,以免误入火区。

（10）扑火队员体力消耗极大,要适时休整,保持旺盛的体力。

21.4.2　常见灭火装备

常见的森林灭火装备如表 21-3 所示。

表 21-3　森林灭火装备

装备名称	灭火原理	装备图片
风力灭火机	利用风机产生的强风,将可燃物燃烧产生的热量带走,切断已燃、正燃和未燃可燃物之间的联系,带走可燃性气体。主要用于明火,可分为手提式和背负式风力灭火机	
灭火水枪	水是最好的灭火剂,主要利用水来降低火线温度;水柱降压火势;水分在火线上蒸发,产生大量水蒸气,降低可燃气体和氧气的浓度,起到灭火作用	
消防水泵	火场附近有可及水源时可以利用水泵灭火。水泵灭火是在火场附近的水源架设水泵,向火场铺设水带,并用水枪喷水灭火。利用水来降低火线温度,水在火线上蒸发,产生大量水蒸气,降低可燃气体和氧气的浓度,起到灭火作用	
一号工具和二号工具	使用一号工具或二号工具直接打压火线;使用一号工具或二号工具拖起火线地表的灰烬,减少火线上的可燃气体,降低氧气含量	
点火器	用于计划烧除、火攻灭火、点烧防火线及点火自救	

装备名称	灭火原理	装备图片
油锯和割灌机	主要用于开设防火隔离带,使用油锯清理防火隔离带上的林木或使用割灌机清理林下可燃物和防火隔离带上的易燃可燃物	
灭火弹	森林灭火弹不需要起爆装置,投入火线后,引信遇明火点燃,瞬间引燃药芯后产生剧烈化学反应并爆炸,爆炸后产生的高压、高温气体产物形成冲击波,并向周围传播,经过燃烧物后产生负压效应,破坏燃烧链,同时因爆炸产生的灰尘降低火线氧气及可燃气体的含量而起到灭火作用	
森林灭火索	爆炸产生的生土带覆盖地表可燃物(主要是枯枝落叶),起到隔离可燃物而达到灭火的目的。一般不用来实施直接灭火,而是在大火前方预定距离开设生土带作为阻火线或点火依托	
无人机	无人机通过搭载高清摄像监控系统、红外紫外等多光谱传感器设备,可在森林火情发生第一时间飞往火场并进行现场勘查	
灭火飞机	利用飞机直接喷洒水或化学灭火剂,洒水操作由飞行员控制。在作业过程中,观察员准确判断火场位置,飞行员按照指示的位置及时拉动控制杆,将水或化学灭火剂洒向火场	
多功能森林消防车	可携带水源进入地形较为复杂的火场进行灭火	

21.4.3　灭火基本战略与战术

1)扑救方法

主要的森林火灾扑救方法如表 21-4 所示。

表 21-4　森林火灾扑救方法

扑救方法	具体内容
扑打法	直接利用一号工具、二号工具、风力灭火机等机具在火线实施灭火,是林区常用的扑火方法,适用于弱火、低强度火和中强度地表火的扑打
水灭火法	水灭火法是最普通、方便、廉价、效果又好的灭火方法,具有很强的冷却作用。用压力喷出的水柱还能冲击着火的枯枝落叶,使其与泥土混合,起到灭火作用
土灭火法	开设隔离带使可燃物不连续或以土覆盖可燃物。此法适用于地表枯枝落叶较厚、森林杂乱物较多的林地地表火,不适合扑打树冠火。扑打法不易扑灭林火,可采用锄头、铁锹等工具取土覆盖火线,就地取材,灭火效果较好,在清理余火时用土埋法熄灭余火,防止死灰复燃十分有效
化学灭火法	短效化学灭火剂是在水中加入润湿剂如肥皂等,以降低水的表面张力,使之在可燃物表面迅速铺开,并渗入可燃物内部;或者加入增稠剂如膨润土、藻朊酸钠等,使可燃物表面黏附一层较厚的液层,以较长时间保持潮湿状态,当水分蒸发后便失去灭火能力
风力灭火法	由发动机带动风机产生强大风力,起到降温和切断火源的作用而达到灭火目的,适用于低强度的沟塘火和地表火

续表

扑救方法	具体内容
以火灭火法	有火烧法和迎面火法。火烧法即利用原有道路、河沟等自然屏障作为控制线,在控制线与火场之间点火,使火逆风烧向火场,两火相遇使火熄灭。但点火后必须将顺风烧向控制线一侧的火扑灭。此法一般在沟塘、缓坡、草厚的地区或风口处,当隔离带不能起到有效隔离作用,同时又不能对隔离带进行加宽时采用。迎面火法多在大火逼近或遇到猛烈树冠火,用人力难以扑灭,又来不及开出防火隔离带的情况下采用
开设隔离带或阻火线	在火场前方或周围开设防火线、防火沟等,以阻截火的蔓延。防火隔离带的设置应尽量与天然和人工屏障相结合。防火隔离带不应开设在上山火的火头,因为上山火蔓延速度快,一般选择在下山火的前方开设
爆破灭火法	爆破灭火中最常用的方法是使用索状炸药实施灭火,它不受林火种类的限制;其次为灭火弹,但其不能扑打树冠火
直升机灭火法	(1)机降灭火:利用直升机能够野外起飞与降落的特点,将灭火人员、扑火机具和装备及时送往火场,组织指挥灭火并在灭火过程中,不间断地进行兵力调整并调动兵力组织灭火的方法。 (2)伞降灭火:利用固定翼飞机,如伊尔-12、伊尔-14 型飞机在火场附近进行跳伞灭火,其最大优点是在不具备机降条件的火场,能够及时把扑火队员运送到火场附近,迅速地扑灭突发火场。 (3)索降灭火:利用直升机空中悬停,使用索降器材把扑火队员和灭火装备迅速从飞机上送到地面的一种灭火方法,能够弥补机降灭火的不足,主要用于扑救没有机降场地、交通不便的偏远林区的林火。 (4)吊桶灭火:主要用于直升机空中投放式灭火,将其悬挂至直升机机腹下方,由水源地取水后飞行至火场,通过控制装置打开吊桶,迅速将水放出,达到灭火效果。 (5)利用飞机直接喷洒水或化学灭火剂:洒水操作由飞行员控制。在作业过程中,观察员准确判断火场位置,飞行员按照指示的位置及时拉动控制杆,将水或化学灭火剂洒向火场
推土机灭火法	利用推土机开设隔离带,阻止林火继续蔓延的一种方法。推土机开设隔离带时,其开设路线应选择树龄级小的疏林地
消防车灭火法	(1)直接灭火:①单车灭火;②双车配合交替跟进灭火;③三车配合相互穿插交替灭火。 (2)间接灭火:①碾压阻火线阻隔灭火;②压倒可燃物阻隔灭火;③水浇可燃物阻隔灭火;④建立喷灌带阻隔灭火;⑤直接点火扑灭外线火
人工降雨灭火法	在森林火灾危险季节,经常会出现降雨的天气条件,但因未能达到临界点而不能下雨。用飞机或火箭在云层中撒布少量促进冰晶作用的成核剂(如干冰、碘化银、硫化铜、尿素和四聚乙醛等),可促成降雨而灭火

2)地表火的扑救

(1)顺风扑打低强度地表火。

(2)顶风扑打低强度地表火。

(3)扑打中强度地表火。

(4)多台风力灭火机配合扑打中强度地表火。

(5)风力灭火机与灭火水枪配合扑打中强度地表火。

(6)扑打下山地表火。

(7)扑打上山地表火。

3)树冠火的扑救

(1)利用自然依托扑救树冠火。

(2)开设隔离带扑救树冠火。

（3）用推土机扑救树冠火。

（4）点地表火扑救树冠火。

（5）选择疏林地扑救树冠火。

4）地下火的扑救

（1）利用森林消防车扑救地下火。

（2）人工降雨扑救地下火。

（3）利用推土机扑救地下火。

（4）利用索状炸药扑救地下火。

（5）人工扑救地下火。

21.4.4　扑火队伍

（1）武警森林部队。武警森林部队是我国扑救森林火灾的国家队、专业队和突击队，是以保护国家森林资源为主业的武装力量，与地方防火有关部门建立了"联防、联训、联指、联战、联保"等机制，主要部署在我国的黑龙江、吉林、内蒙古、四川、云南、新疆和西藏等省（自治区）。

（2）专业扑火队。专业扑火队是重点林区成立的长年专职从事森林火灾预防和扑救的队伍，是经过专门防火培训、具有专业扑火设备的队伍。防火期进行巡护、检查，清除火灾隐患，一旦发现火情或接到火情报告，及时扑救林火。

（3）半专业扑火队。半专业扑火队是防火期内成立的从事森林防火工作的队伍。平时从事日常工作，防火期集中起来，从事防火、扑火工作。

第 22 章　森林火灾预防与监测

22.1　森林火灾相关规定

森林防火工作是中国防灾减灾工作的重要组成部分,是国家公共应急体系建设的重要内容,是社会稳定和人民安居乐业的重要保障,是加快林业发展、加强生态建设的基础和前提,事关森林资源和生态安全,事关人民群众生命财产安全,事关改革发展稳定的大局。与森林火灾相关的法律规定及标准如表 22-1 所示。

表 22-1　与森林火灾相关的法律规定及标准

法律	《中华人民共和国宪法》(第 9、26 条)(2018 年修正) 《中华人民共和国刑法》(第 114、115 条)(2021 年) 《中华人民共和国森林法》(第 4、33、34、55、70 条)(2019 年)
行政法规	《森林防火条例》(第 4、5、6、10、13、15、16、17、18、20、24、25、26 条)(2013 年) 《中华人民共和国森林法实施条例》(第 22 条)(2018 年) 《草原防火条例》(2009 年) 《火灾事故调查规定》(2012 年)
地方性法规	《四川省森林防火条例》(2000 年) 《四川省森林公园管理条例》(2018 年) 《天津市实施〈中华人民共和国森林法〉办法》(2010 年)
国家标准	《森林火险气象预警》(GB/T 31164—2014)
行业标准	《森林防火工程技术标准》(LYJ 127—1991) 《森林火灾信息处置规范》(LY/T 2585—2016) 《森林航空消防工程建设标准》(LY/T 5006—2014) 《林火阻隔系统建设标准》(LY/T 5007—2014) 《全国森林火险区划等级》(LY/T 1063—2008) 《森林航空消防技术规范》(MH/T 1033—2011) 《森林消防专业队伍建设和管理规范》(LY/T 2246—2014) 《森林防火避火罩》(LY/T 2583—2016) 《森林火险监测站技术规范》(LY/T 2579—2016) 《森林火灾成因和森林资源损失调查方法》(LY/T 1846—2009) 《防护林分类》(LY/T 2256—2014) 《森林防火安全标志及设置要求》(LY/T 2662—2016) 《森林防火视频监控系统技术规范》(LY/T 2581—2016) 《森林防火视频监控图像联网技术规范》(LY/T 2582—2016) 《多功能森林消防车》(LY/T 3025—2018) 《森林火灾扑救技术规程》(LY/T 1679—2006) 《森林防火服》(LD 58—1994) 《森林防火鞋》(LD 60—1994)

续表

行业标准	《森林灭火手泵》（LY/T 1388—1999） 《森林消防头盔》（LY/T 1389—1999） 《中国森林火灾编码》（LY/T 1627—2005） 《森林防火、望台、望观测技术规程》（LY/T 1765—2008） 《便携式储能灭火水枪》（LY/T 2081—2012） 《森林火灾信息分类与代码》（LY/T 2180—2013） 《森林火灾名称命名方法》（LY/T 2014—2012） 《森林火灾隐患评价标准》（LY/T 2245—2014） 《森林防火通信车通用技术要求》（LY/T 2580—2016） 《森林防火地理信息系统技术要求》（LY/T 2663—2016） 《森林防火数字超短波通信系统技术规范》（LY/T 2664—2016） 《森林防火滴油式点火器通用技术条件》（LY/T 2667—2016） 《森林防火人员佩戴标志》（LY/T 2668—2016） 《森林消防车辆外观制式涂装规范》（LY/T 2577—2016） 《雷击森林火灾调查与鉴定规范》（LY/T 2576—2016） 《森林火险因子采集站建设及采集技术规范》（LY/T 2665—2016） 《森林火险预警信号分级及标识》（LY/T 2578—2016） 《生物防火林带经营管护技术规程》（LY/T 2616—2016） 《车载式高压细水雾灭火机》（LY/T 2724—2016） 《森林防火指挥调度系统技术要求》（LY/T 2795—2017） 《森林防火宣传设施设置规范》（LY/T 2798—2017） 《森林消防队员技能考核规范》（LY/T 2797—2017） 《木荷防火林带造林技术规程》（LY/T 2813—2017） 《森林消防指挥员业务培训规范》（LY/T 2796—2017） 《林业机械便携式风水两用灭火机》（LY/T 1719—2017）
应急预案	《国家处置重、特大森林火灾应急预案》（2006 年）

22.2　火源分布规律

《中国统计年鉴 2021》中的森林资源情况显示，全国森林面积为 2.20×10^8 hm²，其中人工林面积约为 0.8×10^8 hm²。森林覆盖率为 22.96%，森林蓄积量为 1.756×10^{10} m³。我国森林面积位居俄罗斯、巴西、加拿大、美国之后，世界排名第五位。以东北的大兴安岭南下至西南部的青藏高原前缘 400 mm 降水线为界，大致将国土分为面积相等的东、西两部分。东部为森林分布区，西部为草原、荒漠分布区。东部的森林占全国森林面积的 98.8%；西部森林仅分布在青藏高原，且多分布在谷地和新疆山地，占全国森林面积的 1.2%。

22.2.1　森林火灾的特点

2020 年，全国发生森林火灾 1 153 起。①就火灾分布而言，呈现东部多、西部少的特点。主要原因有两个：一是我国的森林主要分布在东部；二是东部人口密度大，人类活动频繁，人为火源多。东部的森林多为连续分布，西部多为间断分布。②就火灾发生次数而言，南方明显多于北方。我国南方诸省（自治区、直辖市），如云南、广西、广东、海南、福建、四川等,每年森林火灾次数占全国森林火灾发生总次数的 80% 以上,全国其他地区仅占 10% 以上。不难看出,我国森林火灾主要集中在长江以南的一些省(自治区、直辖市)。南方主要林区多为低中山地和丘陵地带,人烟稠密而分散,交通不便;多为农林镶嵌区,生产、生活用火多。大多数森林火灾由农业生产用火不慎引起。③就火灾面积而言,主要集中在东北和西南两大林区。我国黑龙江、内蒙古、云南、广西、广东、福建、贵州 7 省(自治区)森林受害面积占全国总受害森林面积的 87% 以上。其中东北的黑龙江、内蒙古和西南的云南、广西 4 省(自治区)的过火森林面积占全国过火森林面积的 72%。可以看出,我国森林火灾过火面积主要集中在东北和西南两大林区。东北林区地处我国最北部的高寒区,人烟稀少,交通不便,有些地方百里无人。一旦发生森林火灾,一是不能及时发现、及时报警,二是交通不便,扑火人员不能及时赶到火场进行扑救,往往容易酿成大火和特大森林火灾。加之受典型大陆性气候的影响,春、秋两季干燥,风大,植被的易燃性很高。这也是该区森林大火连年不断的重要客观条件。西南林区地处我国西南的云南、广西、四川等省(自治区),多高山峡谷,一旦发生森林火灾难以扑救,小火也常酿成大灾。另外,西南林区由于交通不便,山高坡陡,扑火时常常会造成人员伤亡。

我国森林火灾 90% 以上为火警和一般森林火灾,其过火面积仅占全国森林火灾面积的 5%。这表明,在我国有 90% 的火灾能得到及时控制。而难于控制或失去控制的森林大火灾和特大森林火灾,虽然次数不足森林火灾次数的 10%,但其过火森林面积约占总森林过火面积的 95%。

22.2.2 森林火灾的时间分布规律

我国森林火灾出现的时间一般表现为春天由南向北推进,秋天由北向南推进。出现火灾的季节,热带、亚热带、暖温带是春季和冬季,温带、寒温带是春季和秋季,新疆地区是夏季。火灾最危险的季节是热带 2—3 月、亚热带 3—4 月、暖温带和寒带 4—5 月、寒温带 5—6 月、新疆地区 7—8 月。我国各地的森林火灾因气候变化每年有差异,火灾出现的月份也有变化;各种火源在一年当中,出现的频率不一样,同一火源在不同月份的出现频率也不一样。

火源的时间分布规律表现为:①生产性火源随季节变化而变化;②生产性火源随林区的生产开发项目增多而增加;③火源种类随国民经济的发展而变化;④非生产性火源在逐年增加;⑤非生产性的火源主要是吸烟、篝火、迷信烧纸和燃放烟花爆竹等,在逐年增加;⑥节假日的火源明显增加;⑦火源随居民密度和森林覆盖率的增加而增加。

22.3　森林火灾的火源管理

22.3.1　严控火源

1)严禁野外用火

进入防火紧要期,及时发布森林防火戒严令,严禁野外用火。严格生产用火的审批,加强指导,严防失火。加强春游、秋游、节假日,特别是清明节期间的火源管控。为严格控制火源,加大对野外作业点的监督管理,严格执行森林防火用火审批制度;防火期内,进驻林内的单位和个人必须持有防火主管部门批准的生产作业合同书和所在施业区出具的证明,注明作业的种类、位置、负责人、作业时间、作业范围等,有县级森林防火部门办理野外作业批准书后,方可入山作业;每个作业点收取一定数额的防火抵押金,由林场负责统一收缴上交防火办财务,作业结束后,没问题的,注销合同,返还防火抵押金;进入林内的作业点,必须严格执行野外用火的相关规定,五级风以上天气,停止一切生产、生活用火;如需延长时间,必须到所在辖区的防火办办理延长手续。

2)加强巡护

防火期内各级防火责任人要到岗到位,加大对重点山场、重点部位和人员活动密集区的巡查力度。瞭望台、防火检查站要切实做好火情监测。防火期内,特别是高火险时段,在重点火险区域、人为火多发区、林区主干线和通往林内的要道,必须有巡护检查人员,严格控制火源入山。

3)加强重点人员和重点部位管理

对痴、呆、傻等特殊群体,落实专人监护;对吸烟人员登记造册,逐人签订保证书。各级森林防火指挥部要组成检查组对各责任区每个防火期的防火工作进行检查。进入防火期前检查森林防火工作的准备情况,防火期结束后进行检查评比;进入防火期根据实际情况,随时检查森林防火工作各项措施的落实情况。每个防火期内随机检查不少于两次;检查组要做好检查记录,详细记载时间、参加人员、检查项目、存在问题、整改措施、整改时限;及时收集各责任区情况,限期整改的情况反馈。

4)加强入山管理

防火期内,凡未经批准的任何单位和个人不准擅自入山进行作业或从事其他活动;各防火检查站、巡护组及管护人员,对过往的行人和车辆要严格检查,严禁无证人员和无防火装置的车辆进入林内;经批准进入林内从事生产作业的人员,必须接受防火知识培训后方可进入林内作业;在防火期内,在主要交通要道,增设临时岗卡,严禁闲散人员进入林内。

22.3.2　火源管理

1)自然火源的管理

自然火源的管理主要针对雷击火。目前,发达国家应用雷达测向和定位观测雷击火,还有的应用小火箭等防雷;我国黑龙江森林保护研究所曾提出雷击火预报方法(利用回波分析技术,配合观测资料,绘制闪电引燃图,可表示雷击火可能发生的位置)。

2)人为火源的管理

人为火源管理的主要工作内容包括火源统计分析、绘制森林火灾发生图、划分森林防火期、起火原因调查、制定目标管理指标等。

(1)火源统计分析。火源统计分析是火源管理最基础的工作,包括统计火源种类、火源的地理分布、火源的时间分布。

(2)绘制森林火灾发生图。将某一地区的历史森林火灾发生数据按网格式行政区划(县、旗或乡镇)绘制在一张地域或区域图上,以显示森林火灾发生的不同情况,为建设防火设施、确定主要火源防范区、确定重点巡护区路线、发布林火发生预报等提供决策依据。

(3)划分森林防火期。关于如何确定防火期,目前的研究报告比较少,我国各地防火期的确定确实还存在某些主观性。我国北方提出长年防火期(除冰雪覆盖外),南方提出划分一般防火期、重点防火期(春、冬)和特别防火期(个别月份)。

(4)起火原因调查。包括历史火灾的火因统计分析(分析时间、地理分布规律和变化趋势)和现实火灾的火因调查(侦破火案、总结经验等)。

22.3.3　森林防火宣传与培训

宣传教育作为一种防火手段和措施要有针对性,并且形式要多样化。

(1)设置永久性宣传设施。森林防火宣传牌是加强林区人民预防森林火灾的警示牌,可提高林区人民或进入林区人民的森林防火意识。因此,在森林公园、自然保护区、主要林区、旅游景区、公路沿线设置森林防火宣传牌意义非凡。常见的预防森林火灾的警示牌如图 22-1 所示。

图 22-1　森林火灾警示牌

(2)利用各种宣传工具宣传森林防火知识。利用广播、电视、电影、互联网、手机、多媒体、幻灯片、宣传车、气球携带宣传条幅等工具全方位地宣传森林防火知识。

(3)利用森林防火电子语音宣传杆进行警示宣传。该宣传杆利用太阳能电池供电,具有防雷电保护功能,其远红外线探测器由电脑芯片控制,探头可 360° 旋转,感应到行人后自动播报预设音频,同时警示灯亮,适合安装在森林公园、森林火险高发地段入口处,起到安全警示的作用,是一种良好的森林防火宣传途径。

（4）利用各种宣传形式进行森林防火宣传。如在防火期内召开职工、家属会议及群众大会；编印散发宣传提纲、小册子、传单以及宣传画等；组织宣传队或文艺小队巡回宣传等；组织森林防火知识竞赛、演讲、宣传月、宣传周等活动；在教科书封面或插页、烟盒、火柴盒等用具上，印刷防火宣传画或标语；编发手机短信；等等。

（5）森林防火培训。对各级森林防火指挥员、森林火灾扑火队员、林业职工、乡镇干部、主要村民等进行森林防火理论与扑救知识培训，增强防火自觉性，提高扑火效率，减少死拼硬打，避免扑火人员伤亡。

22.4　森林火灾预防

22.4.1　行政预防

1）实行森林防火责任制

《中华人民共和国森林法》（简称《森林法》）规定，"地方各级人民政府应当切实做好森林火灾的预防工作"。《森林防火条例》第5条规定，"森林防火工作实行地方各级人民政府行政首长负责制"。《森林防火条例》实施以来，省、地市、县、乡（镇）都建立了森林防火四级行政领导责任制，层层签订责任状。

各级部门和政府履行相应职责。①实行森林资源保护发展目标责任制和考核评价制度。上级人民政府对下级人民政府完成森林资源保护发展目标和森林防火、重大林业有害生物防治工作的情况进行考核，并公开考核结果。地方人民政府可以根据本行政区域森林资源保护发展的需要，建立林长制。②地方各级人民政府应当组织有关部门建立护林组织，负责护林工作；根据实际需要建设护林设施，加强森林资源保护；督促相关组织订立护林公约、组织群众护林、划定护林责任区、配备专职或者兼职护林员。县级或者乡镇人民政府可以聘用护林员，其主要职责是巡护森林，发现火情、林业有害生物以及破坏森林资源的行为，应当及时处理并向当地林业等有关部门报告。③地方各级人民政府负责本行政区域的森林防火工作，发挥群防作用；县级以上人民政府组织领导应急管理。

林业、公安等部门按照职责分工密切配合做好森林火灾的科学预防、扑救和处置工作。①组织开展森林防火宣传活动，普及森林防火知识；②划定森林防火区，规定森林防火期；③设置防火设施，配备防灭火装备和物资；④建立森林火灾监测预警体系，及时消除隐患；⑤制定森林火灾应急预案，发生森林火灾，立即组织扑救；⑥保障预防和扑救森林火灾所需费用。

森林防火责任制的主要内容是，地方各级人民政府对本地区森林防火工作全面负责，政府主要负责同志为第一责任人，分管负责同志为主要责任人。

森林防火行政领导责任制的具体要求有五项。①乡（镇）级以上各级森林防火指挥部及办事机构健全稳定，高效精干；②森林防火指挥部要明确其成员的森林防火责任制，签订防火责任状，加强对火灾预防工作的领导，并深入责任区督促检查，帮助解决实际问题,及时发现火灾隐患并督促改正;③森林防火基础设施建设纳入同级地方国民经济和社会发展规划,纳入当地林业和生态建设发展总体规划;④森林火灾预防和扑救经费纳入地方财政预算;⑤一旦发生森林火灾,有关领导及时深入现场组织指挥扑救。

2)依法建立健全森林防火组织

为了加强森林防火工作,《森林防火条例》规定,国家设立国家森林防火指挥部,其职责是:①检查、监督各地区、各部门贯彻执行国家森林防火工作的方针、政策、法规和重大行政措施的实施,指导各地方的森林防火工作;②组织有关地区和部门进行重大森林火灾的扑救工作;③协调解决省、自治区、直辖市之间和部门之间有关森林防火的重大问题;④决定有关森林防火的其他重大事项。

3)森林火灾的预防管理

(1)建立森林防火责任制度。①地方各级人民政府应当组织有关部门建立护林组织,负责护林工作;根据实际需要建设护林设施,加强森林资源保护;督促相关组织订立护林公约、组织群众护林、划定护林责任区、配备专职或者兼职护林员。②森林、林木、林地的经营单位和个人应当按照林业主管部门的规定,建立森林防火责任制,划定森林防火责任区,确定森林防火责任人,并配备森林防火设施和设备。

(2)进行森林防火宣传教育。各级人民政府、有关部门应当组织经常性的森林防火宣传活动,普及森林防火知识,做好森林火灾预防工作。

4)规划森林防火期和森林防火戒严期

(1)县级以上地方人民政府应当根据本行政区域内森林资源分布状况和森林火灾发生规律,划定森林防火区,规定森林防火期,并向社会公布。

(2)森林防火期内,禁止在森林防火区野外用火。因防治病虫鼠害、冻害等特殊情况确需野外用火的,应当经县级人民政府批准,并按照要求采取防火措施,严防失火;需要进入森林防火区进行实弹演习、爆破等活动的,应当经省、自治区、直辖市人民政府林业主管部门批准,并采取必要的防火措施;中国人民解放军和中国人民武装警察部队因处置突发事件和执行其他紧急任务需要进入森林防火区的,应当经其上级主管部门批准,并采取必要的防火措施。

5)建立森林防火的各项具体制度

根据《森林法》和《森林防火条例》的规定,具体制度主要包括入山人员管理制度、机动车辆防火制度、使用枪械等防火制度,森林防火专用车辆、器材、设备和设施的使用管理制度。

6)建设森林防火设施

森林防火设施主要包括森林防火机具、防火林带、防火道、瞭望台和防火警示牌等。

7)做好森林火险天气预测预报工作

(1)县级以上人民政府林业主管部门和气象主管机构应当根据森林防火需要,建设森林火险监测和预报台站,建立联合会商机制,及时制作发布森林火险预警预报信息。

(2)气象主管机构应当无偿提供森林火险天气预报服务。广播、电视、报纸、互联网等媒体应当及时播发或者刊登森林火险天气预报。

8）其他防火工作制度

（1）表彰奖励制度。有下列事迹的单位和个人，由县级以上人民政府给予奖励：①严格执行森林防火法规，预防和扑救措施得力，在本行政区或者森林防火责任区，连续3年以上未发生森林火灾的；②发生森林火灾及时采取有力措施积极组织扑救的，或在扑救森林火灾中起到模范带头作用，有显著成绩的；③发现森林火灾及时报告，并尽力扑救，避免造成重大损失的；④发现纵火行为，及时制止或者检举报告的；⑤在查处森林火灾案件中作出贡献的；⑥在森林防火科学研究中有发明创造的；⑦连续从事森林防火工作15年以上，工作有成绩的。

（2）对在扑火中受伤牺牲人员的医疗抚恤制度。因扑救森林火灾负伤或牺牲的国家职工（含合同制工和临时工），由其所在单位给予医疗、抚恤；非国家职工由起火单位按国务院有关主管部门的规定给予医疗、抚恤；起火单位对起火没有责任或确实无力负担的，由当地人民政府给予医疗、抚恤。

（3）违法行为处罚规定，对违反《森林防火条例》的行为处罚措施有4种：责令整改、行政处分、罚款、刑法（构成犯罪的）。①县级以上人民政府林业主管部门或者其他有关国家机关未依照本法规定履行职责的，对直接负责的主管人员和其他直接责任人员依法给予处分。②违反本法规定，侵害森林、林木、林地的所有者或者使用者的合法权益的，依法承担侵权责任。③县级以上地方人民政府及其森林防火指挥机构、县级以上人民政府林业主管部门或者其他有关部门及其工作人员，有下列行为之一的，由其上级行政机关或者监察机关责令整改；情节严重的，对直接负责的主管人员和其他直接责任人员依法给予处分；构成犯罪的，依法追究刑事责任。a.未按照有关规定编制森林火灾应急预案的；b.发现森林火灾隐患未及时下达森林火灾隐患整改通知书的；c.对不符合森林防火要求的野外用火或者实弹演习、爆破等活动予以批准的；d.瞒报、谎报或者故意拖延报告森林火灾的；e.未及时采取森林火灾扑救措施的；f.不依法履行职责的其他行为。

（4）森林、林木、林地的经营单位或者个人未履行森林防火责任的，由县级以上地方人民政府林业主管部门责令改正，对个人处500元以上5 000元以下罚款，对单位处1万元以上5万元以下罚款。

（5）森林防火区内的有关单位或者个人拒绝接受森林防火检查或者接到森林火灾隐患整改通知书逾期不消除火灾隐患的，由县级以上地方人民政府林业主管部门责令整改，给予警告，对个人并处200元以上2 000元以下罚款，对单位并处5 000元以上1万元以下罚款。

（6）森林防火期内未经批准擅自在森林防火区内野外用火的，由县级以上地方人民政府林业主管部门责令停止违法行为，给予警告，对个人并处200元以上3 000元以下罚款，对单位并处1万元以上5万元以下的罚款。

（7）森林防火期内未经批准在森林防火区内进行实弹演习、爆破等活动的，并处5万元以上10万元以下罚款。

（8）有下列行为之一的，由县级以上地方人民政府林业主管部门责令整改，给予警告，对个人并处 200 元以上 200 元以下罚款，对单位并处 2 000 元以上 5 000 元以下罚款：①森林防火期内，森林、林木、林地的经营单位未设置森林防火警示宣传标志的；②森林防火期内，进入森林防火区的机动车辆未安装森林防火装置的；③森林高火险期内，未经批准擅自进入森林高火险区活动的。

（9）造成森林火灾，构成犯罪的，依法追究刑事责任；尚不构成犯罪的，除依照（4）、（5）、（6）、（7）和（8）的规定追究法律责任外，县级以上地方人民政府林业主管部门可以责令责任人补种树木。

22.4.2　技术性预防

森林防火是一项社会性和技术性很强的工作，必须充分发动群众，宣传群众，建立健全各级森林防火组织机构和专群结合的防火队伍。同时要根据各地的自然特点和社会经济条件进行森林防火规划，建立各种防火设施，如地面道路防火工程、生物和生物工程防火工程和黑色防火工程等。

1）地面道路防火工程

地面道路防火工程包括修建防火公路，开设防火线和防火沟。有计划地逐年修筑防火公路，是一项长远性预防措施。防火公路的修建要同交通部门联合起来，重点修建在闭塞林区、火灾常发区和边境地区。要与林区的生产建设结合起来，既是防火公路又是开发林区的公路。防火公路应封闭成网，有一定密度的公路网，才能有利于森林机械化和现代化，畅通无阻地及时运送扑火队员和物资到达火场。

防火公路可作为扑火的控制地带，阻止地表火蔓延。

防火线是阻止林火蔓延的有效措施，可作为灭火的根据地和控制线，也可作为运送人力、物资的简易道路。目前，我国开设的防火线长度为 90 多万 km，对阻隔林火蔓延起到了一定作用。但防火线费工、费时、费钱，年年要修建。

防火沟即采取挖火沟的办法来防止火灾的传播，可有效隔离地下火，而且对弱度地表火的传播也能起到防止作用。林区仓库、工业建筑等地段的四周可以挖防火沟。有条件的地方可在沟壁和新挖生土带上喷洒森林化学灭火剂。防火沟内的杂草及灌丛，应尽可能除掉，枯枝落叶也要清除。

2）生物和生物工程防火工程

生物和生物工程防火，是在 1986 年全国第一次森林消防专业委员会的会议上，由我国一些森林防火专家，根据国外经验和我国的特点提出的一种新的森林防火技术措施。生物防火是运用生态学原理，利用植物、动物、微生物的理化性质及生物学和生态学特性上的差异，结合林业生产措施，营造防火林带，减少可燃物的积累，调节林分组成和结构，降低森林燃烧性，增强林分的抗火性和阻火能力，而达到控制林火目的的理论和技术措施。

开展生物和生物工程防火的目的如下。①森林可燃物是森林燃烧的物质基础，通过生物之间调节，可以改善可燃物的性质和数量，大大减少可燃物和可燃物的积累，增加森林的不燃或难燃成分,改善森林燃烧的物质基础。②利用生物和生物工程防火,非但不会破坏生态环境,还能维护生态平衡,调节森林群落结构,更好地发挥森林的有益效能,增强森林对不利因素的抵抗能力。

3)黑色防火工程

黑色防火工程就是用计划烧除技术来防止森林火灾,是在人为控制下,有目的、有计划、有步骤地采用一定方法,在森林中用火,以达到预期的用火目的。即在适宜的林分、适宜的时间、适宜的地形和适宜的气候条件下,采用适当的方式,以低强度火烧除林缘、林内部分可燃物,减少可燃物载量,降低森林火险,从而达到和避免森林火灾发生及阻止林火蔓延的目的。

黑色防火工程是一种减少森林火灾的多快好省的办法。它以计划烧除来替代森林火灾,转被动防火为主动预防,我国从 20 世纪 50 年代开始这项工作,发展至今。其中黑龙江和云南开展时间较长,规模较大。1988 年以来,黑龙江平均每年计划烧除点烧防火线 55 000 km,烧除面积 3.1 万 hm²。

黑色防火工程是国际公认的用来减少可燃物载量、降低森林火险等级、阻止森林火灾发展、减轻森林防火工作压力的有效手段,但计划烧除(如图 22-2 所示)工作具有较大的风险,必须在有效的人为控制下进行。计划烧除地域一般为:与林缘相连的沟塘草地;林区内的农田残茬;穿越林区的铁路、公路一侧或两侧;乡镇、林场、村屯、林内各作业点和其他重要设施周围。要按标准开设生土隔离带,不允许点烧防火线。

图 22-2 计划烧除

计划烧除时段一般在春季融雪期和秋季枯霜期。

(1)春季融雪期。①阳坡林缘点烧时段:阳坡林缘是积雪融化最早的时段,可先沿林缘与草地连接处点烧出控制线,将林地与草地分割。②阳坡沟塘点烧时段:选择阳坡林地有 15%~20%的残存积雪,山脊有明显雪线,林外阳坡草地无残雪,植物处于休眠时段点烧。③阴坡点烧时段:选择阳坡、主沟塘积雪已融化,阴坡有 10%~15%的残存积雪,山脊雪线消失,夜间气温-15 ℃以下时段点烧。

(2)秋季枯霜期。雪后阳春期,即第一场大雪(积雪 15 cm 以上)后的回暖期,阳坡、沟塘的积雪基本融化,阴坡积雪尚未融化之时。根据大兴安岭地区的气象条件及多年点烧经验,点烧时间一般以 10—15 时为宜。

在点烧各类地段中,可利用河流、道路、农田、地形等自然条件,选择有边界条件的地段,人工建立控制线,即在点烧地段周围开设出 15~30 cm 宽的隔离带,将开放状态的沟塘、林地分成面积大小不等的有阻隔条件的地段,分段进行点烧,可采用带状一线点火、二线点火或三线点火,又称一、二、三火成法。

22.5　林火监测

22.5.1　监测技术

1)卫星遥感监测

卫星遥感监测是通过卫星实时监测,借助遥感技术探测林火火场热点位置及火势蔓延信息,制作森林火险预报,通过卫星数字资料估算过火面积,实施林火防护的监测技术。目前,卫星遥感监测技术具有监测范围广、反馈迅速、遥感影像真实、动态连续性高等技术优势,可以有效、及时地监测到人烟稀少边远地区的早期林火迹象,还能进行连续性全方位跟踪监测,辅助相关部门及时决策和采取救护措施。卫星遥感监测属于当前林业防火技术含量最高的森林火灾监测手段。

2)地面防火巡护

地面防火巡护是根据地面火场的发生特点,利用各种交通工具或徒步实现森林火灾的实地巡逻监测。针对森林资源场地的来往人员及车辆,野外生产和生活的人为火源进行有效管理和控制,尽量避免人为因素造成森林火灾。地面防火巡护技术的巡护面积相对较小,视野狭窄,对于火源位置的确定往往受地形地势的复杂性影响而出现较大误差。地面防火巡护不适用于交通不便、人烟稀少的偏远山区。

3)高台瞭望与监测

高台监测通常是借助周围视野开阔的较高山体,人工搭建瞭望台进行林火监测,并及时定位火场位置进行火情预警。高台监测的监测效果较好。高台瞭望主要依靠经验观测,由于视野覆盖面小,存在死角、空白区域,导致观察监测不全,准确率低,误差较大。高台监测的弊端是瞭望台的设置以及监测效果受地理、天气等客观条件制约,对烟雾浓重的较大面积的森林火场、余火及地下火无法进行全面观察。

防火瞭望工程(包括瞭望塔、台)是森林防火的主要工程设施,林地连接成片、面积在 5 000 hm² 以上或不足 5 000 hm² 而实际需要的,均应建设防火瞭望工程。

利用瞭望台登高望远来发现火情,确定火场位置,并及时报告。该技术是我国大部分林区采用的主要监测手段。根据烟的态势和颜色等大致可判断林火的种类和距离。以北方为例,烟团升起不浮动为远距离火,其距离在 20 km 以上;烟团升高,顶部浮动为中等距离火,其距离为 15~20 km;烟团下部浮动为近距离火,其距离为 10~15 km;烟团向上一股股浮动为最近距离火,其距离为 5 km 以内。同时根据烟雾的颜色可判断火势和种类：白色烟为弱火；黑色加白色烟为一般火；黄色烟为强火；红色烟为猛火。

4）森林航空巡护

森林航空巡护是利用飞机对森林状态进行适时林火探测和巡航防护的技术手段。该技术具有巡护视野宽远、巡护速度快捷、灵活机动性强的优势，能够对火场周围及火势蔓延发展状况进行全方位观测与监控，是林火监测扑救的重要手段。森林航空巡护能够进行高空适时监测，能针对重特大森林火灾火场实施空中洒水灭火救护措施。森林航空巡护技术受气候和天气变化程度影响较大，林场巡视过程受航线和时间制约，监测观察的范围相对较小，运行成本较高。

5）电子监控防火

随着科学技术的快速发展，更多的高新技术被逐步应用到林火监测及信息传输中。森林火灾的电子监控技术，就是利用摄像仪器、雷电探测仪、红外探测仪等现代电子科技设备，从高空或地表对森林火灾实施探测和监控，再利用微波光纤通信、卫星网络等各种通信手段进行图像和视频的远程传输，从而实现一定范围内森林火灾的实时监控和远程监控。电子监控与3S（地理信息系统（GIS）、遥感（RS）、全球定位系统（GPS））技术相结合，能够实现林火的智能监控和智能管理，成为目前林火监测的一个发展方向。

22.5.2 预测预报

林火预测预报是指通过调查测定某些自然和人为因素，使用科学的技术和方法，对林火发生的可能性、潜在火行为、控制林火的难易程度以及林火将造成的损失等作出预估和预告。

1）森林火险等级和预警分类

森林火险等级表示森林火灾发生危险程度的等级，通常分为五级，即低度、中度、较高、高度和极度危险。森林火险预警信号共划分为四个等级，即蓝色、黄色、橙色和红色。其中，橙色、红色为森林高火险预警信号。森林火险等级与预警信号对应关系见表22-2。

表 22-2　森林火险等级与预警信号对应关系

森林火险等级	危险程度	易燃程度	蔓延程度	预警信号颜色
一	低度危险	不易燃烧	不易蔓延	
二	中度危险	可以燃烧	可以蔓延	蓝色
三	较高危险	较易燃烧	较易蔓延	黄色
四	高度危险	容易燃烧	容易蔓延	橙色
五	极度危险	极易燃烧	极易蔓延	红色

注：一级森林火险仅发布等级预报，不发布预警信号。

2）火险等级及预防措施

火险等级及预防措施如表22-3所示。

表 22-3　火险等级及预防措施

火险等级	能引起着火的火源	引火机制	预防措施
一	暗火不引燃,明火引燃困难	难燃烧,不蔓延	没有危险,修整器材做好准备工作
二	暗火不引燃,明火点燃	着火后蔓延慢,三级风时平地前进速度可达 2 m/min	营林用火、农业用火、规定火烧可以进行,中午风大能跑火,但易控制
三	明火或 700 ℃以上的高温火源引燃	明火很容易点燃,五级风时前进速度可达 4 m/min	11 时以前可以用火,15 时以后可以规定火烧,但风力超过三级要停止用火
四	明火或 500 ℃以上火源在中午前后引燃	中午前后燃烧旺盛,三级风时蔓延速度可达 5 m/min	严禁野外用火,风大也能产生飞火,开始戒严,做好扑火准备工作
五	烟头、火柴余烬、火星等昼夜都能引燃	高温大风天气,杂草枯叶沾火就着,火速可达 50 m/min	星星之火,即可燎原,特别对机车喷火星和吸烟引起的火灾要加强警戒

本篇参考文献

[1]　四川省政府西昌市"3·30"森林火灾事件调查组. 凉山州西昌市"3·30"森林火灾事件调查报告[R/OL].（2020-12-21）[2022-07-01]. https://yjt.sc.gov.cn/scyjt/gongshigonggao/2020/12/21/93beb952199a4093ab917ae4cf5990e9.shtml.

[2]　刘发林. 森林防火[M]. 北京:中国林业出版社,2018.

[3]　张远山,舒立福. 森林火灾扑救组织与指挥[M]. 北京:中国林业出版社,2016.

[4]　徐志胜,孔杰. 高等消防工程学[M]. 北京:机械工业出版社,2021.

第9篇

应急管理

第 23 章　应急管理基础知识

23.1　应急管理发展历程

自中华人民共和国成立以来,党中央、国务院对应急管理工作高度重视,建立了不同模式的应急管理体系,发挥了重要作用。我国应急管理体系的建设过程可划分为四个阶段。第一阶段:中华人民共和国成立到改革开放,这段时期是灾害应对模式。第二阶段:改革开放到 2003 年暴发非典事件,这段时期是分散应急管理模式。第三阶段:2003 年非典事件暴发后到 2018 年成立应急管理部,这段时期是综合协调应急管理模式。第四阶段:应急管理部成立后的综合应急管理模式。具体时间段见表 23-1。应急管理发展事件表如表 23-2 所示。

表 23-1　我国应急管理发展的四个阶段

发展阶段(模式)	时间
灾害应对	1949—1978 年
分散应急管理	1978—2003 年
综合协调应急管理	2003—2018 年
综合应急管理	2018 年至今

表 23-2　我国应急管理发展事件表

时间	事件	意义
1989 年 4 月	成立中国国际减灾十年委员会	响应"国际减灾十年"活动的号召,提高政府应对各种危机和灾害的能力
1997 年 12 月	通过《中华人民共和国防震减灾法》	防御和减轻地震灾害,保护人民生命和财产安全,促进经济社会的可持续发展
1999 年	设立社会应急联动中心	将公安、消防、交管、防洪、急救、防震、护林防火、人民防空等政府部门进行统一的指挥调度
2002 年 5 月	建立社会应急联动系统	标志着应急管理工作中"应急资源整合"思想的落地
2003 年 11 月	设立应急预案工作小组	围绕"一案三制"开展应急管理体系建设
2004 年	发布《国务院有关部门和单位制定和修订突发公共事件应急预案框架指南》《省(区、市)人民政府突发公共事件总体应急预案框架指南》	为有关部门、单位和各省、自治区、直辖市人民政府在制定和修订应急预案时提供参照

续表

时间	事件	意义
2005 年 1 月	通过《国家突发公共事件总体应急预案》	作为全国应急预案体系的总纲,明确了各类突发公共事件分级分类和预案框架体系
2005 年 4 月	设立国家减灾委员会	标志着我国开始探索建立综合性应急管理模式
2005 年 6 月	出台《军队参加抢险救灾条例》	充分发挥中国人民解放军在抢险救灾中保护人民生命财产安全的作用
2006 年	将公共安全建设列为"十一五"规划专节	将应急救援管理首次列入国家经济社会发展规划
2006 年 4 月	设置应急管理办公室(国务院总值班室)	标志着我国应急管理工作进入了"常态化和专门化"
2006 年 7 月	发布《国务院关于全面加强应急管理工作的意见》	深入贯彻实施《国家突发公共事件总体应急预案》,全面加强应急管理工作
2007 年 8 月	发布《中华人民共和国突发事件应对法》	标志着我国应急管理法律体系基本建成
2008 年 6 月	通过《汶川地震灾后恢复重建条例》	标志着我国将灾后恢复重建工作纳入法治化轨道
2013 年 10 月	发布《突发事件应急预案管理办法》	贯彻实施《中华人民共和国突发事件应对法》、加强应急管理工作、深入推进应急预案体系建设的重要举措
2018 年 4 月	应急管理部成立	组织编制国家应急总体预案和规划,指导各地区各部门应对突发事件工作,推动应急预案体系建设和预案演练
2019 年 2 月	发布《生产安全事故应急条例》	标志着安全生产应急管理立法工作取得重大进展
2020 年 7 月	"十四五"规划指出要完善国家应急管理体系	将应急管理体系发展纳入"十四五"规划是提升我国应急管理能力的重要途径

23.2　应急管理体系

应急管理体系是指国家层面处理紧急事务或突发事件的行政职能及其载体系统,是政府应急管理的职能与机构之和。加强应急管理体系建设,就是要根据突发事件或危机事务,把握并设定应急职能和机构,进而形成科学、完整的应急管理体系。

2008 年 3 月,国务院总理温家宝在十一届全国人大一次会议上所作的政府工作报告中明确指出:全国应急管理体系基本建立。在党中央、国务院的领导下,我国应急管理事业取得了明显成效,基本构建完成了"八个体系",具体内容见表 23-3,应急管理体系框架见图 23-1。

表 23-3　应急管理体系

体系	内容
组织体系	统一领导、综合协调、分类管理、分级负责、属地管理
预防体系	风险评估、关口前移、预防为主

续表

体系	内容
预案体系	横向到边、纵向到底
处置体系	统筹协调、多方联动
保障体系	平战结合、专常兼备
宣传体系	政府主导、社会协同、公众参与
引导体系	公开透明、正确引导
法制体系	综合与分类相结合

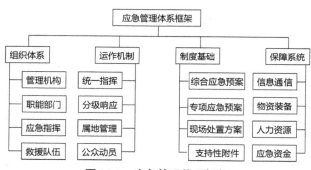

图23-1　应急管理体系框架

2013年11月,党的十八届三中全会提出"健全公共安全体系",标志着中国应急管理进入公共安全体系建设的新阶段。

2014年4月,习近平总书记在中央国家安全委员会第一次会议上首次提出总体国家安全观的重大战略思想,要求以人民安全为宗旨,以政治安全为根本,以经济安全为基础,以军事、文化、社会安全为保障,以促进国际安全为依托,走出一条中国特色国家安全道路。

2017年10月,习近平总书记在党的十九大报告中提出,树立安全发展理念,弘扬生命至上、安全第一的思想,健全公共安全体系,完善安全生产责任制,坚决遏制重特大安全事故,提升防灾减灾救灾能力。党的十九大将"坚持总体国家安全观"作为新时代坚持和发展中国特色社会主义的基本方略之一。十九大报告里出现了55个"安全",充分体现了以习近平同志为核心的党中央对安全生产工作的空前重视,标志着我国安全生产领域的改革发展进入了崭新阶段。

2018年7月,李克强对全国安全生产电视电话会议作出重要批示,强调进一步健全应急管理体制机制,坚持守土有责、履职尽责,坚决防范遏制重特大安全事故。

2019年10月,党的十九届四中全会提出,健全公共安全体制机制。完善和落实安全生产责任和管理制度,建立公共安全隐患排查和安全预防控制体系。构建统一指挥、专常兼备、反应灵敏、上下联动的应急管理体制,优化国家应急管理能力体系建设,提高防灾减灾救灾能力。

2019年11月29日，中共中央政治局就我国应急管理体系和能力建设进行第十九次集体学习。中共中央总书记习近平在主持学习时强调，应急管理是国家治理体系和治理能力的重要组成部分，承担防范化解重大安全风险、及时应对处置各类灾害事故的重要职责，担负保护人民群众生命财产安全和维护社会稳定的重要使命。要发挥我国应急管理体系的特色和优势，借鉴国外应急管理有益做法，积极推进我国应急管理体系和能力现代化。

"十四五"规划中提到了有关应急管理的内容，指出要完善国家应急管理体系，具体内容如下。

（1）构建统一指挥、专常兼备、反应灵敏、上下联动的应急管理体制，优化国家应急管理能力体系建设，提高防灾减灾抗灾救灾能力。

（2）坚持分级负责、属地为主，健全中央与地方分级响应机制，强化跨区域、跨流域灾害事故应急协同联动。

（3）开展灾害事故风险隐患排查治理，实施公共基础设施安全加固和自然灾害防治能力提升工程，提升洪涝干旱、森林草原火灾、地质灾害、气象灾害、地震等自然灾害防御工程标准。

（4）加强国家综合性消防救援队伍建设，增强全灾种救援能力。

（5）加强和完善航空应急救援体系与能力。

（6）科学调整应急物资储备品类、规模和结构，提高快速调配和紧急运输能力。

（7）构建应急指挥信息和综合监测预警网络体系，加强极端条件应急救援通信保障能力建设。

（8）发展巨灾保险。

23.3　我国应急管理"一案三制"

应急管理的"一案三制"体系是具有中国特色的应急管理体系。"一案"为国家突发公共事件应急预案体系，"三制"为应急管理体制、机制和法制。"一案"与"三制"相互依存，共同发展。

1）国家突发公共事件应急预案体系

国家突发公共事件应急预案体系是为了提高政府保障公共安全和处置突发公共事件的能力，最大限度地预防和减少突发公共事件及其造成的损害，保障公众的生命财产安全，维护国家安全和社会稳定，促进经济社会全面、协调、可持续发展，依据宪法及有关法律、行政法规所制定的一系列预案，是国家突发公共事件总体应急预案、国家专项应急预案、国务院部门应急预案和地方应急预案的总称。

（1）国家突发公共事件总体应急预案。国务院发布的《国家突发公共事件总体应急预案》（简称"总体预案"），明确提出了应对各类突发公共事件的6条工作原则：以人为本，减少危害；居安思危，预防为主；统一领导，分级负责；依法规范，加强管理；快速反应，协同应对；依靠科技，提高素质。总体预案是全国应急预案体系的总纲，明确了各类突发公共事件分级分类和预案框架体系,规定了国务院应对特别重大突发公共事件的组织体系、工作机制等内容,是指导预防和处置各类突发公共事件的规范性文件。

（2）国家专项应急预案。国家专项应急预案主要是国务院及其有关部门为应对某一类型或某几种类型突发公共事件而制定的应急预案。

（3）国务院部门应急预案。国务院部门应急预案是国务院有关部门根据总体应急预案、专项应急预案和部门职责为应对突发公共事件制定的预案。

（4）地方应急预案。地方应急预案具体包括：省级人民政府的突发公共事件总体应急预案、专项应急预案和部门应急预案；各市（地）、县（市）人民政府及其基层政权组织的突发公共事件应急预案。上述预案在省级人民政府的领导下,按照分类管理、分级负责的原则,由地方人民政府及其有关部门分别制定。

2）应急管理体制

应急管理体制是指为保障公共安全,有效预防和应对突发事件,避免、减少和减缓突发事件造成的危害,消除其对社会产生的负面影响而建立起来的以政府为核心、其他社会组织和公众共同参与的有机体系。

应急管理体制的确立涉及一个国家或地区的政治、经济、自然、社会等多方面因素,而且应急管理体制随着人类社会的进步和应对突发事件能力的提高而不断变化和调整。根据《中华人民共和国突发事件应对法》,国家建立统一领导、综合协调、分类管理、分级负责、属地管理为主的应急管理体制。

3）应急管理机制

应急管理机制指突发事件发生、发展和变化全过程中各种制度化、程序化的应急管理方法与措施。

（1）预防准备机制。预防准备机制是指在突发事件发生前,为了防范突发事件发生,保障防控工作的开展,对突发事件进行预控的行为规程。

（2）监测预警机制。监测预警机制主要是指对突发事件进行监测到研判,并根据信息研判的结果作出预警决策,进而发出预警警告的过程,其目的是化解危机或缓解危机带来的损害。

（3）决策处置机制。决策处置是突发事件发生后,应急救援管理部门根据突发事件的性质、类别、等级及危害程度而采取的应急措施,主要包括快速选择应急处置方案、组织相关部门应对、调动应急管理资源等。

目前,根据法律、法规及应急预案的规定,按照科学的决策处置原则,国家针对不同类型的突发事件制定了相应的决策处置机制,并赋予各级政府和相关相应职责,具体见表23-4。

表 23-4　应急管理的危机决策处置

类型 / 程序	安全生产事故	公共卫生事件	社会安全事件	自然灾害事件
先期处置	现场急救、报警、第一响应	信息搜集、救治、转移隔离	出警、隔离、监控、交管	自救、报警、第一响应
信息上报	信息反馈	信息反馈	信息反馈	信息反馈
应急响应	信息搜集、启动预案、专家库支持、专业队伍准备、物资调运、工作组到位	启动预案、专家库支持、设定控制区域、实施疫情控制措施	启动预案、启动指挥部、专家库支持、专业队伍准备、进入紧急状态、信息收集研判	信息报送、启动预案、专家库支持、专业队伍准备、物资调运、信息搜集研判
处置救援	现场控制、指挥协调、人员抢险、医疗救护、现场检测、人员疏散、信息管理	现场指挥协调、监测、研制、会商紧急医疗救治、调查分析、应急物资装配调配、隔离处理、卫生防护	现场指挥协调、警戒隔离、清场、交管布点、紧急医疗救护、军警监控、应急物资调配、重点目标保护、信息管理	现场指挥协调、工程抢险、医疗救护、灾民疏散、应急物资调配、次生灾害防御、环境监测、信息管理
应急结束	解除警戒、现场清理、善后处理、调查评估	解除警戒、现场清理、善后处理	解除警戒、现场清理、善后处理	解除警戒、现场清理、善后处理

（4）善后恢复机制。善后恢复主要指突发事件结束后,应急管理主体采取各种措施,减轻突发事件对社会稳定和人民群众生命财产安全的消极影响,缓解突发事件所造成的社会紧张氛围,防止发生次生和衍生事件或重新引发社会安全事件的过程。

（5）多元协同机制。多元协同机制是指在应急救援过程中保证政府主导地位的前提下,通过横向管控和纵向的分权和授权,形成多个拥有突发事件处置权力、责任以及能力的协作主体,并通过规范化和常态化的合作,以达到有效应对突发性事件的目的。

4）应急管理法制

应急管理法制是指在突发事件引起的公共紧急情况下,如何处理国家权力之间、国家权力与公民权利之间以及公民权利之间的各种社会关系的法律规范和原则的总和。

应急管理法制是一个国家在非常规状态下实行法治的基础,是一个国家实施应急管理行为的依据,也是一个国家法律体系和法律学科体系的重要组成部分。

1954 年,我国首次规定戒严制度,至今已经颁布了一系列与处理突发事件有关的法律和法规,各级地方政府根据相关法律和法规的规定又颁布了适用于本行政区域的地方法规,从而初步构建了一个从中央到地方的突发事件应急管理法律规范体系。

2003 年春季"非典"疫情的暴发充分暴露了我国应急救援管理法制中的许多薄弱环节,我国的公共危机相关法制工作远不能适应应急救援管理的客观要求。我国安全生产应急管理法制建设有较大进展,相关的法规、条例正在加紧制定和出台当中。

2003 年 5 月,国务院制定《突发公共卫生事件应急条例》,满足了应对疫情危机的需要。

2004 年 2 月,面对"禽流感"疫情,卫生部及时制定了《突发禽流感疫情应急处理预案（试行）》。

2004 年 3 月，我国在第四次修改《宪法》时将"国家尊重和保障人权"写入《宪法》，还规定了"紧急状态"，这使得制定下位的应急救援管理法律规范有了更充分的宪法依据。

2006 年 1 月，国务院发布《国家突发公共事件总体应急预案》，受到社会各界和国际社会的高度关注。

2006 年 6 月 15 日，《国务院关于全面加强应急管理工作的意见》发布，对应急管理法制体系提出以下要求：健全应急管理法律法规。要加强应急管理法制建设，逐步形成规范各类突发公共事件预防和处置工作的法律体系。各地区要依据有关法律、行政法规，结合实际制定并完善应急管理的地方性法规和规章。

2007 年 8 月 30 日，第十届全国人大常委会通过了《中华人民共和国突发事件应对法》，并于当年 11 月 1 日起开始实施。《中华人民共和国突发事件应对法》明确规定了突发公共事件的预防、应急准备、应急处置、紧急状态的决定与实施，以及事后恢复与重建等各个环节的法律制度。

从《突发公共卫生事件应急条例》到《中华人民共和国突发事件应对法》，我国应急救援法制建设得到了前所未有的快速发展，成为我国法制发展最快的领域之一。

2009 年 9 月 25 日，为贯彻落实《中华人民共和国突发事件应对法》和《国家突发公共事件总体应急预案》，加强对应急演练工作的指导，增强应对突发事件的能力，国务院应急办组织有关方面研究编制了《突发事件应急演练指南》。

2013 年 10 月 25 日，国务院办公厅印发《突发事件应急预案管理办法》，这是贯彻实施《中华人民共和国突发事件应对法》、加强应急管理工作、深入推进应急预案体系建设的重要举措。

2019 年，国务院第 33 次常务会议通过《生产安全事故应急条例》，标志着安全生产应急管理立法工作取得重大进展，对做好新时代安全生产应急管理工作具有特殊而重大的历史意义。

我国应急管理法规体系主要包括基本立法，国务院颁布的管理条例、规定、标准、规程，各部委发布的管理规章、标准、规程，各省、市地方政府为贯彻国家法律而制定的管理规章、规定等四个层次。

5）应急管理法律法规、标准及预案清单

应急管理所适用的法律法规、标准及预案清单见表 23-5。

表 23-5　应急管理的适用的法律法规、标准及预案清单

类别		文件名称
法律	事故灾难类	《中华人民共和国刑法》（2021 年）
		《中华人民共和国安全生产法》（2021 年）
		《中华人民共和国消防法》（2021 年）
		《中华人民共和国道路交通安全法》（2021 年）
		《中华人民共和国环境保护法》（2015 年）
		《中华人民共和国特种设备安全法》（2014 年）
		《中华人民共和国建筑法》（2011 年）
	自然灾害类	《中华人民共和国防洪法》（2016 年）
		《中华人民共和国防震减灾法》（2009 年）
		《中华人民共和国突发事件应对法》（2007 年）
	公共卫生事件类	《中华人民共和国食品安全法》（2015 年）
		《中华人民共和国传染病防治法》（2004 年）
	社会安全类	《中华人民共和国网络安全法》（2017 年）
		《中华人民共和国治安管理处罚法》（2013 年）
法规规章	行政法规	《生产安全事故应急预案管理办法》（2019 年）
		《生产安全事故应急条例》（2019 年）
		《地震安全性评价管理条例》（2019 年）
		《工伤保险条例》（2017 年）
		《生产安全事故报告和调查处理条例》（2015 年）
		《危险化学品安全管理条例》（2013 年）
		《突发公共卫生事件应急条例》（2011 年）
		《汶川地震灾后恢复重建条例》（2008 年）
		《电力安全事故应急处置和调查处理条例》（2011 年）
		《特种设备安全监察条例》（2009 年）
		《中华人民共和国防汛条例》（2005 年）
	部门规章	《生产安全事故应急处置评估暂行办法》（2014 年）
		《国务院办公厅关于印发突发事件应急预案管理办法的通知》（2013 年）
		《突发事件应急预案管理办法》（2013 年）
		《生产经营单位生产安全事故应急预案评审指南（试行）》（2009 年）
		《生产安全事故信息报告和处置办法》（2009 年）
		《特种设备事故报告和调查处理规定》（2009 年）
		《关于加强应急管理工作的意见》（2006 年）

续表

类别		文件名称
标准	国家标准	《公共安全应急管理公共预警指南》（GB/T 40054—2021）
		《生产经营单位生产安全事故应急预案编制导则》（GB/T 29639—2020）
		《社会单位灭火和应急疏散预案编制及实施导则》（GB/T 38315—2019）
		《公共安全应急管理突发事件响应要求》（GB/T 37228—2018）
		《危险化学品重大危险源辨识》（GB 18218—2018）
		《企业安全生产标准化基本规范》（GB/T 33000—2016）
		《生产过程危险和有害因素分类与代码》（GB/T 13861—2022）
	行业标准	《生产经营单位生产安全事故应急预案评估指南》（AQ/T 9011—2019）
		《生产安全事故应急演练基本规范》（AQ/T 9007—2019）
		《安全生产应急管理人员培训及考核规范》（AQ/T 9008—2012）
		《生产经营单位安全生产事故应急预案编制导则》（AQ/T 9002—2006）
总体预案		《国家突发公共事件总体应急预案》（2006 年）
专项预案	自然灾害类	《国家地震应急预案》（2012 年）
		《国家防汛抗旱应急预案》（2006 年）
		《国家突发地质灾害应急预案》（2006 年）
		《国家自然灾害救助应急预案》（2006 年）
	公共卫生事件类	《国家突发环境事件应急预案》（2014 年）
		《国家食品安全事故应急预案》（2011 年）
		《国家突发公共卫生事件应急预案》（2006 年）
		《国家安全生产事故灾难应急预案》（2006 年）
		《国家突发公共事件医疗卫生救援应急预案》（2006 年）
	社会安全类	《中华人民共和国互联网网络安全应急预案》（2017 年）

23.4 应急救援管理内涵

应急管理是指政府、企业以及其他公共组织，为了保护公众生命财产安全，维护公共安全、环境安全和社会秩序，在突发事件事前、事发、事中、事后所进行的预防、响应、处置、恢复等活动的总称。

应急救援一般指针对紧急性、威胁性、影响广泛的突发事件采取预防、准备、响应和恢复的计划与举措。

应急救援管理是指政府、企业以及其他公共组织，为了保护公众生命财产安全，维护公共安全、环境安全和社会秩序，依照相关法律法规，通过组织分析、规划决策和对可用资源的分配，针对突发事件发展的不同阶段采取计划与举措，实施有效预防、科学应对突发事件的动态管理过程。

应急救援管理是政府的核心职能之一,主要涵盖四类活动:一是预防、减少突发事件的发生;二是响应、应对突发事件;三是控制、减轻突发事件的社会危害;四是清理、消除突发事件的影响。应急救援管理内容如表 23-6 所示。

按照突发事件的发生、发展规律,完整的应急救援管理过程应包括预防、响应、处置和恢复重建四个阶段,分别发生在突发事件的事前、事发、事中和事后,形成一个闭合的循环过程。

（1）事前——预防与应急准备阶段。应急救援管理要贯彻"预防为主"的方针。

（2）事发——预警与应急响应阶段。应急响应是指在突发事件发生时,应急救援管理者研判突发事件信息,启动应急预案,动员协调各方面力量开展应急处置工作。

（3）事中——处置与应急救援阶段。应急处置是指应急救援管理者在时间、资源等约束条件下,控制突发事件的后果。

（4）事后——评估与恢复重建阶段。突发事件处置工作完成后,应急救援管理者必须清理现场,尽快恢复生产生活秩序。

表 23-6　应急救援管理的阶段和内容

应急救援管理的阶段	应急救援管理的目的	应急救援管理的内容
预防与应急准备	防止突发事件的发生、避免应急行动的相关工作,任务集中在建立应急体系、制定应急预案及完善应急保障系统等方面	建立健全应急管理体系; 编制应急体系建设规划; 制定应急预案; 准备应急资源; 开展应急宣传、培训与演练; 制定应急法律法规和政策; 制定应急管理制度、安全技术标准和行业规范; 开展风险隐患排查; 进行安全技术研究
预警与应急响应	突发事件发生时采取的行动,目的是快速应对事件发生,提高应急行动能力	研判信息; 紧急会商; 启动应急预案; 协调应急队伍和资源开展应急处置; 通报情况
处置与应急救援	突发事件发生后采取的措施,目的是保护生命,使财产损失、环境破坏减少到最低限度,有利于恢复	开展应急救援行动,控制事态恶化和扩大; 疏散和避难
评估与恢复重建	在应急处置结束后立即进行,目的是使生产、生活恢复到正常状态或得到进一步改善	清理废墟、消毒、去污; 评估损失、保险赔付; 恢复生产生活; 灾后重建

第 24 章　预防与应急准备

　　预防与应急准备是防止突发事件的发生,避免应急行动的相关工作,任务集中在建立应急体系、制定应急预案及完善应急保障系统等方面。在应急管理体系中,应急预案是整个体系架构中的一条主线,贯穿应急管理中事件预防、事件处置、事件善后的全过程,是整个体系架构中不可或缺的组成部分。

24.1　应急预案编制

24.1.1　应急预案基本知识

1)基本定义

　　(1)应急预案(Emergency Response Plan):针对可能发生的事故,为最大限度减少事故损害而预先制定的应急准备工作方案。

　　(2)应急响应(Emergency Response):针对事故险情或事故,依据应急预案采取的应急行动。

　　(3)应急演练(Emergency Exercise):针对可能发生的事故情景,依据应急预案而模拟开展的应急行动。

　　(4)应急预案评审(Emergency Response Plan Review):对新编制或修订的应急预案内容的适用性所开展的分析评估及审定过程。

2)应急预案的分类

　　(1)按时间特征,分为常备预案和临时预案。

　　(2)按行政区域,分为企业级应急预案(Ⅰ级),区(县)、社区级应急预案(Ⅱ级),地区、市级应急预案(Ⅲ级),省级应急预案(Ⅳ级),国家级应急预案(Ⅴ级)。

　　(3)按事故灾害或紧急情况的类型,分为自然灾害、事故灾难、突发公共卫生事件和突发社会安全事件等预案。

　　(4)按预案的适用范围和功能,分为综合应急预案、专项应急预案、现场处置方案。

3)应急预案的基本要求

　　(1)针对性。应急预案是针对可能发生的事故,为迅速、有序地开展应急行动而预先制定的行动方案,因此应急预案应结合危险分析的结果。①针对重大危险源。重大危险源是指长期或临时地生产、搬运、使用或贮存危险物品,且危险物品的数据等于或超过临界量的单位,重大危险源历来就是生产经营单位重点监管的对象。②针对可能发生的各类事故。在编制应急预案之初,需要对生产经营单位中可能发生的各类事故进行分析和编制,在此基础上编制预案,才能保证应急预案更广范围的覆盖性。③针对关键的岗位和地点。不同的生产经营单位以及同一生产经营单位不同生产岗位所存在的风险大小往往不同，特别是在危险化学品、煤矿开采、建筑等高危行业，都存在一些特殊或关键的工作岗位和地点。④针对薄弱环节。生产经营单位的薄弱环节主要是指生产经营单位在应对重大事故发生方面存在的应急能力缺陷或不足的地方，企业在编制预案的过程中，必须就人力、物力、救援装备等资源是否可以满足要求而提出弥补措施。⑤针对重要工程。重要工程往往关系到国计民生的大局，一旦发生事故，其造成的影响或损失往往不可估量，因此企业针对这些重要工程应当编制应急预案。

（2）科学性。应急救援工作是一项科学性很强的工作，编制应急预案必须以科学的态度，在全面调查研究的基础上，实行领导和专家结合的方式，开展科学分析和论证，制定出决策程序和处置方案以及应急手段先进的应急反应方案，使应急预案真正具有科学性。

（3）可操作性。应急预案应具有实用性和可操作性，即发生重大事故灾害时，有关应急组织人员可以按照应急预案的规定迅速、有序、有效地开展应急救援行动，降低事故损失。

（4）完整性。①功能完整。应急预案中应说明有关部门应履行的应急准备、应急响应职能和灾后恢复职能，说明为确保履行这些职能而应履行的支持性职能。②过程完整。应急过程包括应急管理工作中的预防、准备、响应、恢复四个阶段。③适用范围完整。要阐明该预案的使用范围，即针对不同事故性质可能会对预案的适用范围进行扩展。

（5）合规性。应急预案的内容应符合国家法律、法规、标准和规范的要求

（6）可读性。①易于查询；②语言简洁、通俗易懂；③层次及结构清晰。

（7）相互衔接。安全生产应急预案应相互协调一致、相互兼容。

4）应急预案的作用

（1）应急预案确立了应急的范围和体系，使应急管理不再无据可依、无章可循。

（2）应急预案有利于作出及时的应急响应，减轻事故后果。

（3）应急预案是各类突发重大事故的应急基础。

（4）应急预案建立了与上级单位和部门应急预案的衔接，可以确保当发生超过应急能力的重大事故时与上级应急单位和部门的联系和协调。

（5）应急预案有利于提高风险防范意识。

24.1.2　应急预案的编制依据与原则

根据《生产安全事故应急预案管理办法》，应急预案的编制应当遵循以人为本、依法依规、符合实际、注重实效的原则，以应急处置为核心，明确应急职责，规范应急程序，细化保障措施。

1）应急预案编制的基本要求

（1）符合有关法律、法规、规章和标准的规定；

（2）符合本地区、本部门、本单位的安全生产实际情况；

（3）符合本地区、本部门、本单位的危险性分析情况；

（4）应急组织和人员的职责分工明确，并有具体的落实措施；

（5）有明确、具体的应急程序和处置措施，并与其应急能力相适应；

（6）有明确的应急保障措施，满足本地区、本部门、本单位的应急工作需要；

（7）应急预案基本要素齐全、完整，应急预案附件提供的信息准确；

（8）应急预案内容与相关应急预案相互衔接。

2）作为应急预案编制依据的法律法规

（1）《中华人民共和国安全生产法》（主席令第 88 号）；

（2）《中华人民共和国突发事件应对法》（主席令第 69 号）；

（3）《中华人民共和国防震减灾法》（主席令第 7 号）；

（4）《生产安全事故报告和调查处理条例》（国务院令第 493 号）；

（5）《生产安全事故应急条例》（国务院令第 708 号）；

（6）《危险化学品安全管理条例》（国务院令第 493 号）；

（7）《突发公共卫生事件应急条例》（国务院令第 376 号）；

（8）《突发事件应急预案管理办法》（国办发〔2013〕101 号）；

（9）《生产安全事故应急预案管理办法》（应急管理部令第 2 号）；

（10）《生产经营单位生产安全事故应急预案编制导则》（GB/T 29639—2020）；

（11）《社会单位灭火和应急疏散预案编制及实施导则》（GB/T 38315—2019）；

（12）《公共安全　应急管理　突发事件响应要求》（GB/T 37228—2018）；

（13）《生产经营单位生产安全事故应急预案评估指南》（AQ/T 9011—2019）；

（14）《生产安全事故应急演练基本规范》（AQ/T 9007—2019）；

（15）《国家突发公共事件总体应急预案》；

（16）《国家安全生产事故灾难应急预案》。

3）应急预案策划时应考虑的因素

（1）本地区潜在的重大危险情况（数量、种类及分布）等；

（2）以往灾难事故的发生情况；

（3）地质、气象、水文等不利的自然条件（如地震、洪水、台风等）对本地区重大危险源构成的严重威胁；

（4）周边地区重大危险对本地区的可能影响；

（5）行政区域划分及工业区等功能区布置情况；

（6）本地区以及国家和上级机构已制定的应急预案的情况；

（7）国家及地方相关法律法规的要求；

（8）重点突出，反映本地区的重大事故风险；

（9）共性与个性相结合；

（10）避免预案相互孤立、交叉和矛盾。

24.1.3　应急预案的编制程序

《生产经营单位生产安全事故应急预案编制导则》（GB/T 29639—2020）规定了生产经营单位编制生产安全事故应急预案的程序，包括成立应急预案编制工作组、资料收集、风险评估、应急资源调查、应急预案编制、桌面推演、应急预案评审和批准实施八个步骤。

1）成立应急预案编制工作组

结合本单位职能和分工，成立以单位有关负责人为组长，单位相关部门人员（如生产、技术、设备、安全、行政、人事、财务人员）参加的应急预案编制工作组，明确工作职责和任务分工，制订工作计划，组织开展应急预案编制工作。

2）资料收集

应急预案编制工作组应收集下列相关资料：

（1）适用的法律法规、部门规章、地方性法规和政府规章、技术标准及规范性文件；

（2）企业周边地质、地形、环境情况及气象、水文、交通资料；

（3）企业现场功能区划分、建（构）筑物平面布置及安全距离资料；

（4）企业工艺流程、工艺参数、作业条件、设备装置及风险评估资料；

（5）本企业历史事故与隐患、国内外同行业事故资料；

（6）属地政府及周边企业、单位应急预案。

3）风险评估

开展生产安全事故风险评估，撰写评估报告，其内容包括但不限于：

（1）辨识生产经营单位存在的危险有害因素，确定可能发生的生产安全事故类别；

（2）分析各种事故类别发生的可能性、危害后果和影响范围；

（3）评估确定相应事故类别的风险等级。

生产安全事故风险评估报告编制大纲如下。

（1）危险有害因素辨识。描述生产经营单位危险有害因素辨识的情况（可用列表形式表述）。

（2）事故风险分析。描述生产经营单位事故风险的类型、事故发生的可能性、危害后果和影响范围（可用列表形式表述）。

（3）事故风险评价。描述生产经营单位事故风险的类别及风险等级（可用列表形式表述）。

（4）结论建议。得出生产经营单位应急预案体系建设的计划和建议。

4）应急资源调查

全面调查和客观分析本单位以及周边单位和政府部门可请求援助的应急资源状况，撰写应急资源调查报告，其内容包括但不限于：

（1）本单位可调用的应急队伍、装备、物资、场所；

（2）针对生产过程及存在的风险可采取的监测、监控、报警手段；

（3）上级单位、当地政府及周边企业可提供的应急资源；

（4）可协调使用的医疗、消防、专业抢险救援机构及其他社会化应急救援力量。

生产安全事故应急资源调查报告编制大纲如下。

（1）单位内部应急资源。按照应急资源的分类，分别描述相关应急资源的基本现状、功能完善程度、受可能发生的事故的影响程度（可用列表形式表述）。

（2）单位外部应急资源。描述本单位能够调查或掌握可用于参与事故处置的外部应急资源情况（可用列表形式表述）。

（3）应急资源差距分析。依据风险评估结果得出本单位的应急资源需求，与本单位现有内、外部应急资源对比，提出本单位内、外部应急资源补充建议。

5）应急预案编制

应急预案编制应当遵循以人为本、依法依规、符合实际、注重实效的原则，以应急处置为核心，体现自救互救和先期处置的特点，做到职责明确、程序规范、措施科学，尽可能简明化、图表化、流程化。

应急预案编制工作包括但不限于：

（1）依据事故风险评估及应急资源调查结果，结合本单位组织管理体系、生产规模及处置特点，合理确立本单位应急预案体系；

（2）结合组织管理体系及部门业务职能划分，科学设定本单位应急组织机构及职责分工；

（3）依据事故可能的危害程度和区域范围，结合应急处置权限及能力，清晰界定本单位的响应分级标准，制定相应层级的应急处置措施；

（4）按照有关规定和要求，确定事故信息报告、响应分级与启动、指挥权移交、警戒疏散方面的内容，落实与相关部门和单位应急预案的衔接。

6）桌面推演

按照应急预案明确的职责分工和应急响应程序，结合有关经验教训，相关部门及人员可采取桌面推演的形式，模拟生产安全事故应对过程，逐步分析讨论并形成记录，检验应急预案的可行性，并进一步完善预案。

7）应急预案评审

应急预案编制完成后，生产经营单位应按法律法规有关规定组织评审或论证。参加应急预案评审的人员可包括有关安全生产及应急管理方面的有现场处置经验的专家。应急预案论证可通过推演的方式开展。

8）批准实施

通过评审的应急预案，由生产经营单位主要负责人签发实施。

规范化的应急预案编制程序如图 24-1 所示。

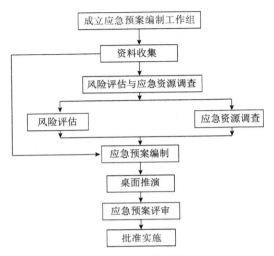

图 24-1　应急预案编制程序

24.2　应急预案的基本内容

应急预案应形成体系,针对各级各类可能发生的事故和所有危险源制定专项应急预案和现场应急处置方案,并明确事前、事发、事中、事后的各个过程中相关部门和有关工作人员的职责。

《生产经营单位生产安全事故应急预案编制导则》(GB/T 29639—2020)中指出生产经营单位应急预案分为综合应急预案、专项应急预案和现场处置方案。生产经营单位应当根据有关法律、法规和相关标准,结合本单位组织管理体系、生产规模和可能发生的事故的特点,科学合理地确立本单位的应急预案体系,并注意与其他类别应急预案相衔接。

(1)综合应急预案。综合应急预案是指生产经营单位为应对各种生产安全事故而制定的综合性工作方案,是本单位应对生产安全事故的总体工作程序、措施和应急预案体系的总纲。

(2)专项应急预案。专项应急预案是指生产经营单位为应对某一种或者多种类型生产安全事故,或者针对重要生产设施、重大危险源、重大活动,为防止生产安全事故发生而制定的专项工作方案。

专项应急预案与综合应急预案中的应急组织机构、应急响应程序相近时,可不编写专项应急预案,相应的应急处置措施并入综合应急预案。

(3)现场处置方案。现场处置方案是指生产经营单位根据不同生产安全事故类型,针对具体场所、装置或者设施所制定的应急处置措施。现场处置方案重点规范事故风险描述、应急工作职责、应急处置措施和注意事项,应体现自救互救、信息报告和先期处置的特点。

事故风险单一、危险性小的生产经营单位,可只编制现场处置方案。

生产经营单位应急预案体系逻辑关系见图 24-2。

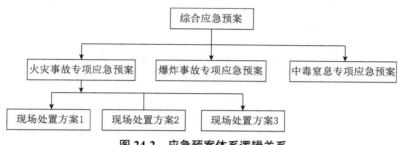

图 24-2　应急预案体系逻辑关系

24.2.1　综合应急预案内容

1）总则

（1）适用范围。说明应急预案适用的范围。

（2）响应分级。依据事故危害程度、影响范围和生产经营单位控制事态的能力,对事故应急响应进行分级,明确分级响应的基本原则。响应分级不可照搬事故分级。

2）应急组织机构及职责

明确应急组织形式（可用图示）及构成单位（部门）的应急处置职责。应急组织机构可设置相应的工作小组,各小组具体构成、职责分工及行动任务以工作方案（作为附件）的形式呈现。

3）应急响应

（1）信息报告。①信息接报:明确应急值守电话,事故信息接收、内部通报程序、方式和责任人,向上级主管部门、上级单位报告事故信息的流程、内容、时限和责任人,以及向本单位以外的有关部门或单位通报事故信息的方法、程序和责任人。②信息处置与研判:明确响应启动的程序和方式。根据事故性质、严重程度、影响范围和可控性,结合响应分级明确的条件,可由应急领导小组作出响应启动的决策并宣布,或者依据事故信息是否达到响应启动的条件自动启动。

若未达到响应启动条件,应急领导小组可作出预警启动的决策,做好响应准备,实时跟踪事态发展。

响应启动后,应注意跟踪事态发展,科学分析处置需求,及时调整响应级别,避免响应不足或过度响应。

（2）预警。①预警启动:明确预警信息发布渠道、方式和内容。②响应准备:明确作出预警启动后应开展的响应准备工作,包括队伍、物资、装备、后勤及通信。③预警解除:明确预警解除的基本条件、要求及责任人。

（3）响应启动。确定响应级别,明确响应启动后的程序性工作,包括应急会议召开、信息上报、资源协调、信息公开、后勤及财力保障工作。

（4）应急处置。明确事故现场的警戒疏散、人员搜救、医疗救治、现场监测、技术支持、工程抢险及环境保护方面的应急处置措施，并明确人员防护的要求。

（5）应急支援。明确当事态无法控制情况下，向外部（救援）力量请求支援的程序及要求、联动程序及要求，以及外部（救援）力量到达后的指挥关系。

（6）响应终止。明确响应终止的基本条件、要求和责任人。

4）后期处置

明确污染物处理、生产秩序恢复、人员安置方面的内容。

5）应急保障

（1）通信与信息保障。明确应急保障的相关单位及人员通信联系方式和方法，以及备用方案和保障责任人。

（2）应急队伍保障。明确相关的应急人力资源，包括专家、专兼职应急救援队伍及协议应急救援队伍。

（3）物资装备保障。明确本单位的应急物资和装备的类型、数量、性能、存放位置、运输及使用条件、更新及补充时限、管理责任人及其联系方式，并建立台账。

6）其他保障

根据应急工作需求而确定的其他相关保障措施，如能源保障、经费保障、交通运输保障、技术保障、医疗保障及后勤保障。

24.2.2　专项应急预案内容

1）适用范围

说明专项应急预案适用的范围以及与综合应急预案的关系。

2）应急组织机构及职责

明确应急组织形式（可用图示）及构成单位（部门）的应急处置职责，明确应急组织机构以及各成员单位或人员的具体职责。应急组织机构可以设置相应的应急工作小组，各小组具体构成、职责分工及行动任务建议以工作方案（作为附件）呈现的形式。

3）响应启动

明确响应启动后的程序性工作，包括应急会议召开、信息上报、资源协调、信息公开、后勤及财力保障工作。

4）处置措施

针对可能发生的事故风险、危害程度和影响范围，明确应急处置指导原则，制定相应的应急处置措施。

5）应急保障

根据应急工作需求明确保障的内容。

24.2.3　现场处置方案主要内容

（1）事故风险描述。简述事故风险评估的结果（可以表格的形式列在附件中）。

（2）应急工作职责。明确应急组织分工和职责。

（3）应急处置。主要包括启动应急机制、组建应急工作机构、开展应急救援、适时公布事件进展等。

（4）注意事项。包括人员防护和自救互救、装备使用、现场安全方面的内容。

24.2.4　应急预案附件的主要内容

（1）生产经营单位概况。简要描述本单位地址、从业人数、隶属关系、主要原材料、主要产品、产量，以及重点岗位、重点区域、周边重大危险源、重要设施、重要防护目标、场所和周边布局情况。

（2）风险评估的结果。简述本单位风险评估的结果。

（3）预案体系与衔接。简述本单位应急预案体系构成和分级情况，明确与地方政府及其有关部门、其他相关单位应急预案的衔接关系（可用图示）。

（4）应急物资装备的名录或清单。列出应急预案涉及的主要物资和装备名称、型号、性能、数量、存放地点、运输和使用条件、管理责任人和联系电话等。

（5）有关应急部门、机构或人员的联系方式。列出应急工作中需要联系的部门、机构或人员及其多种联系方式。

（6）格式化文本。列出信息接报、预案启动、信息发布等格式化文本。

（7）关键的路线、标识和图纸。包括但不限于：①警报系统分布及覆盖范围；②重要防护目标、风险清单及分布图；③应急指挥部（现场指挥部）位置及救援队伍行动路线；④疏散路线、集结点、警戒范围、重要地点的标识；⑤相关平面布置、应急资源分布的图纸；⑥生产经营单位的地理位置图、周边关系图、附近交通图；⑦事故风险可能导致的影响范围图；⑧附近医院地理位置图及路线图。

（8）有关协议或者备忘录。列出与相关应急救援部门签订的应急救援协议或备忘录。

24.3　应急演练

事故情景：针对生产经营过程中存在的事故风险而预先设定的事故状况（包括事故发生的时间、地点、特征、波及范围以及变化趋势）。

应急演练：针对可能发生的事故情景，依据应急预案而模拟开展的应急活动。

24.3.1　应急演练的类型

根据《生产安全事故应急演练基本规范》（AQ/T 9007—2019），应急演练按照演练内容分为综合演练和单项演练，按照演练形式分为实战演练和桌面演练，按目的与作用分为检验性演练、示范性演练和研究性演练，不同类型的演练可相互组合。

（1）综合演练（Complex Exercise）。针对应急预案中多项或全部应急响应功能开展的演练活动。

（2）单项演练（Individual Exercise）。针对应急预案中某一项应急响应功能开展的演练活动。

（3）桌面演练（Tabletop Exercise）。针对事故情景,利用图纸、沙盘、流程图、计算机模拟、视频会议等辅助手段,进行交互式讨论和推演的应急演练活动。

（4）实战演练（Practical Exercise）。针对事故情景,选择（或模拟）生产经营活动中的设备、设施、装置或场所,利用各类应急器材、装备、物资,通过决策行动、实际操作,完成真实应急响应的过程。

（5）检验性演练（Inspectability Exercise）。为检验应急预案的可行性、应急准备的充分性、应急机制的协调性及相关人员的应急处置能力而组织的演练。

（6）示范性演练（Demonstration Exercise）。为检验和展示综合应急救援能力,按照应急预案开展的具有较强指导宣教意义的规范性演练。

（7）研究性演练（Research Exercise）。为探讨和解决事故应急处置的重点、难点问题,试验新方案、新技术、新装备而组织的演练。

24.3.2　应急演练的目的及工作原则

1）应急演练的目的

（1）检验预案。发现应急预案中存在的问题,提高应急预案的针对性、实用性和可操作性。

（2）完善准备。完善应急管理标准制度,改进应急处置技术,补充应急装备和物资,提高应急能力。

（3）磨合机制。完善应急管理部门、相关单位和人员的工作职责,提高协调配合能力。

（4）宣传教育。普及应急管理知识,提高参演和观摩人员风险防范意识和自救互救能力。

（5）锻炼队伍。熟悉应急预案,提高应急人员在紧急情况下妥善处置事故的能力。

2）应急演练的工作原则

应急演练应遵循以下原则。

（1）符合相关规定。按照国家相关法律法规、标准及有关规定组织开展演练。

（2）依据预案演练。结合生产面临的风险及事故特点,依据应急预案组织开展演练。

（3）注重能力提高。以提高指挥协调能力、应急处置能力和应急准备能力为目标组织开展演练。

（4）确保安全有序。在保证参演人员、设备设施及演练场所安全的条件下组织开展演练。

24.3.3　应急演练的基本流程

根据《生产安全事故应急演练基本规范》（AQ/T 9007—2019）,应急演练实施基本流程包括计划、准备、实施、评估总结、持续改进五个阶段。

1)计划

（1）需求分析。全面分析和评估应急预案、应急职责、应急处置工作流程和指挥调度程序、应急技能以及应急装备、物资的实际情况,提出需通过应急演练解决的问题,有针对性地确定应急演练目标,提出应急演练的初步内容和主要科目。

（2）明确任务。确定应急演练的事故情景类型、等级、发生地域,演练方式,参演单位,应急演练各阶段主要任务,应急演练实施的拟定日期。

（3）制订计划。根据需求分析及任务安排,组织人员编制演练计划文本。

2)准备

（1）成立演练组织机构。综合演练通常应成立演练领导小组,负责演练活动筹备和实施过程中的组织领导工作,审定演练工作方案、演练工作经费、演练评估总结以及其他需要决定的重要事项。演练领导小组下设策划与导调组、宣传组、保障组、评估组。

（2）编制文件。编制文件包括工作方案、脚本、评估方案、保障方案、观摩手册、宣传方案等。

（3）工作保障。根据演练工作需要,做好演练的组织与实施需要相关保障条件。①人员保障:按照演练方案和有关要求,确定演练总指挥、策划导调、宣传、保障、评估、参演人员参加演练活动,必要时设置替补人员。②经费保障:明确演练工作经费及承担单位。③物资和器材保障:明确各参演单位所准备的演练物资和器材。④场地保障:根据演练方式和内容,选择合适的演练场地;演练场地应满足演练活动需要,应尽量避免影响企业和公众正常生产、生活。⑤安全保障:采取必要安全防护措施,确保参演、观摩人员以及生产运行系统安全。⑥通信保障:采用多种公用或专用通信系统,保证演练通信信息通畅。⑦其他保障:提供其他保障措施。

3)实施

（1）桌面演练执行。在桌面演练过程中,演练执行人员按照应急预案或应急演练方案发出信息指令后,参演单位和人员依据接收到的信息,回答问题或模拟推演的形式,完成应急处置活动。通常按照四个环节循环往复进行。①注入信息:执行人员通过多媒体文件、沙盘、消息单等多种形式向参演单位和人员展示应急演练场景,展现生产安全事故发生发展情况。②提出问题:在每个演练场景中,由执行人员在场景展现完毕后根据应急演练方案提出一个或多个问题,或者在场景展现过程中自动呈现应急处置任务,供应急演练参与人员根据各自角色和职责分工展开讨论。③分析决策:根据执行人员提出的问题或所展现的应急决策处置任务及场景信息,参演单位和人员分组开展思考讨论,形成处置决策意见。④表达结果:在组内讨论结束后,各组代表按要求提交或口头阐述本组的分析决策结果,或者通过模拟操作与动作展示应急处置活动。各组决策结果表达结束后,导调人员可对演练情况进行简要讲解,接着注入新的信息。

（2）实战演练执行。按照应急演练工作方案,开始应急演练,有序推进各个场景,开展现场点评,完成各项应急演练活动,妥善处理各类突发情况,宣布结束与意外终止应急演练。实战演练执行主要按照以下步骤进行。①演练策划与导调组对应急演练实施全过程的指挥控制。②演练策划与导调组按照应急演练工作方案(脚本)向参演单位和人员发出信息指令,传递相关信息,控制演练进程;信息指令可由人工传递,也可以用对讲机、电话、手机、传真机、网络方式传送,或者通过特定声音、标志与视频呈现。③演练策划与导调组按照应急演练工作方案规定程序,熟练发布控制信息,调度参演单位和人员完成各项应急演练任务。应急演练过程中,执行人员应随时掌握应急演练进展情况,并向领导小组组长报告应急演练中出现的各种问题。④各参演单位和人员,根据导调信息和指令,依据应急演练工作方案规定流程,按照发生真实事件时的应急处置程序,采取相应的应急处置行动。⑤参演人员按照应急演练方案要求,作出信息反馈;⑥演练评估组跟踪参演单位和人员的响应情况,进行成绩评定并做好记录。

4)评估总结

应急演练结束后,演练组织单位应根据演练记录、演练评估报告、应急预案、现场总结材料,对演练进行全面总结,并形成演练书面总结报告。报告可对应急演练准备、策划工作进行简要总结分析。参与单位也可对本单位的演练情况进行总结。

5)持续改进

根据演练评估报告中对应急预案的改进意见,按程序对预案进行修订完善。

24.4　应急预案评审

应急预案编制完成后,生产经营单位应组织评审。评审分为内部评审和外部评审,内部评审由主要负责人组织有关部门和人员进行;外部评审由生产经营单位组织外部有关专家和人员进行评审。应急预案评审合格后,生产经营单位主要负责人(或分管负责人)签发实施,并进行备案管理。

24.4.1　评审方法及准则

1)评审方法

(1)资料分析。针对评审目的和评审内容,查阅有关的法律法规、标准规范、应急预案、风险评估等相关的文件资料,梳理有关规定、要求及证据材料,分析应急预案存在的问题。

(2)现场审核。通过现场实地查看、操作检验等方式,核实和检查风险评估、应急资源、工艺设备等各方面的问题情况。

(3)质询讨论。采取抽样访谈或座谈研讨等方式,向有关人员收集信息、了解情况、考核能力、验证问题、沟通交流、听取建议,论证有关问题情况。

2)评审准则

应急预案评审准则具有以下特性。

(1)完整性,指功能(职能)完整,职责明确应急过程完整,适应范围完整。

(2)准确性,指通信信息准确,职责描述准确,适应危险性质及种类准确。

(3)实用性,指具有可操作性或实用性。

(4)可读性,指查询便捷,语言简洁、通俗易懂,层次结构清晰。

（5）符合性,指符合实际和法规标准要求。

（6）兼容性,指与有关预案一致和兼容。

应急预案评审准则见图 24-3。

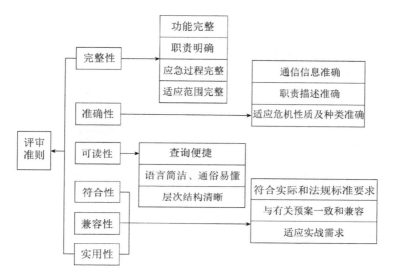

图 24-3　应急预案评审准则

24.4.2　评审内容

应急预案评审主要包括以下内容。

（1）风险评估和应急资源调查的全面性。

（2）应急预案体系设计的针对性。

（3）应急组织体系的合理性。

（4）应急响应程序和措施的科学性。

（5）应急保障措施的可行性。

（6）应急预案的衔接性。

24.4.3　评审类型

应急预案评审包括内部评审和外部评审两类。

1)内部评审

内部评审是指预案编制成员内部实施的评审,保证预案语言简洁通畅、内容完整。

2)外部评审

外部评审是指一般由本单位或外部机构、上级机构、社区公众及有关政府部门实施的评审。根据评审人员的不同,又分为同行评审、上级评审、社区评审和政府评审。

（1）同行评审。预案编制单位邀请本地或外地同级机构中具备与编制成员类似资格或专业背景的人员实施评审,听取同行对预案的客观意见。

（2）社区评审。由社区公众和媒体实施评审，改善预案完整性，促进公众对预案的理解和社区对预案的接受。

（3）上级评审。预案编制单位所起草的应急预案由管理部门或其上级机构实施评审。上级评审的作用是确保有关责任人或机构对预案中要求的资源予以授权并作出相应承诺。

（4）政府评审。由政府部门有关专家评审，确认预案符合法律法规、标准和上级政府规定要求；确认预案与其他预案协调一致；对预案进行认可，予以备案。

应急预案评审类型比较见表24-1。

表24-1 应急预案评审类型比较

评审类型		评审人员	评审目标
内部评审		预案编制成员	预案语言简洁通畅、内容完整
外部评审	同行评审	具备与编制成员类似资格或专业背景的人员	听取同行对预案的客观意见
	社区评审	社区公众和媒体	改善预案完整性，促进公众对预案的理解和社区对预案的接受
	上级评审	对预案有监督职责的个人或组织	对预案中要求的资源予以授权并作出相应的承诺
	政府评审	政府部门有关专家	确认预案符合法律法规、标准和上级政府规定要求；确认预案与其他预案协调一致；对预案进行认可，予以备案

24.4.4 评审程序

应急预案评审程序包括下列步骤。

（1）评审准备。成立应急预案评审工作组，落实参加评审的专家，将应急预案、编制说明、风险评估、应急资源调查报告及其他有关资料在评审前送达参加评审的单位或人员。

（2）组织评审。评审采取会议审查形式，企业主要负责人参加会议，会议由参加评审的专家共同推选出的组长主持，按照议程组织评审；表决时，应有不少于出席会议专家人数的三分之二同意方为通过；评审会议应形成评审意见（经评审组组长签字），附参加评审会议的专家签字表。表决的投票情况应以书面材料记录在案，并作为评审意见的附件。

（3）修改完善。生产经营单位应认真分析研究，按照评审意见对应急预案进行修订和完善。评审表决不通过的，生产经营单位应修改完善后按评审程序重新组织专家评审，生产经营单位应写出根据专家评审意见的修改情况说明，并经专家组组长签字确认。

应急预案评审发布程序见图24-4。

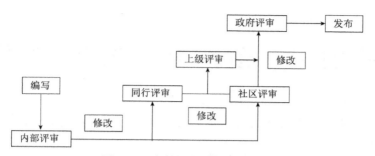

图 24-4　应急预案评审发布程序

第 25 章　预警、应急响应与处置

预警与应急响应是突发事件发生时采取的行动,目的是快速应对事件发生,提高应急行动能力。

25.1　监测预警

国务院 2006 年 1 月 8 日发布的《国家突发公共事件总体应急预案》中规定,各地区、各部门要针对各种可能发生的突发公共事件,完善预测预警机制,建立预测预警系统,开展风险分析,做到早发现、早报告、早处置。

根据预测分析结果,对可能发生和可以预警的突发公共事件进行预警。预警级别依据突发公共事件可能造成的危害程度、紧急程度和发展势态,一般划分为四级,即 I 级(特别严重)、II 级(严重)、III 级(较重)和 IV 级(一般),依次用红色、橙色、黄色和蓝色表示。预警信息包括突发公共事件的类别、预警级别、起始时间、可能影响范围、警示事项、应采取的措施和发布机关等。

预警信息的发布、调整和解除可通过广播、电视、报刊、通信、信息网络、警报器、宣传车或组织人员逐户通知等方式进行,对老、幼、病、残、孕等特殊人群以及学校等特殊场所和警报盲区,应当采取有针对性的公告方式。

25.2　应急响应

应急响应是指出现灾害事故等紧急情况时为了挽救生命、减少损失而采取的行动,如激活应急预案、启动应急系统、提供应急医疗救助、组织疏散与搜救等。

25.2.1　应急响应分级

国务院 2006 年 1 月 8 日发布的《国家突发公共事件总体应急预案》规定,各类突发公共事件按照其严重程度、可控性和影响范围等因素分为特别重大(I)、重大(II)、较大(III)和一般(IV)四级。

按照安全生产事故灾难的可控性、严重程度和影响范围,根据国务院《生产安全事故报告和调查处理条例》,安全生产事故的应急响应级别原则上可划分为一般(IV 级)、较大(III 级)、重大(II 级)、特别重大(I 级)四个等级。分级标准如下。

出现下列情况之一启动 I 级响应。

(1)造成 30 人以上死亡(含失踪),或危及 30 人以上生命安全,或者 100 人以上中毒(重伤),或者直接经济损失 1 亿元以上的特别重大安全生产事故。

（2）需要紧急转移安置 10 万人以上的安全生产事故。

（3）超出省（区、市）人民政府应急处置能力的安全生产事故。

（4）跨省级行政区、跨领域（行业和部门）的安全生产事故。

（5）国务院领导同志认为需要国务院安全生产委员会响应的安全生产事故。

出现下列情况之一启动Ⅱ级响应。

（1）造成 10 人以上 30 人以下死亡（含失踪），或危及 10 人以上 30 人以下生命安全，或者 50 人以上 100 人以下中毒（重伤），或者直接经济损失 5 000 万元以上 1 亿元以下的安全生产事故。

（2）超出市（地、州）人民政府应急处置能力的安全生产事故。

（3）跨市、地级行政区的安全生产事故。

（4）省（区、市）人民政府认为有必要响应的安全生产事故。

出现下列情况之一启动Ⅲ级响应。

（1）造成 3 人以上 10 人以下死亡（含失踪），或危及 10 人以上 30 人以下生命安全，或者 30 人以上 50 人以下中毒（重伤），或者直接经济损失较大的安全生产事故。

（2）超出县级人民政府应急处置能力的安全生产事故。

（3）发生跨县级行政区安全生产事故。

（4）市（地、州）人民政府认为有必要响应的安全生产事故。

发生或者可能发生一般事故时启动Ⅳ级响应。

不同地区、企业可根据各自的实际情况制定不同的分级标准，突发事件分级是应急处置的基础。事件的级别水平将直接决定预警信息的发布水平，预案的启动级别、响应级别、处置规模与手段的抉择等诸多问题。

25.2.2　应急响应程序

安全生产事故灾难应急响应程序如图 25-1 所示。

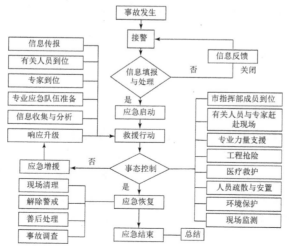

图 25-1　安全生产事故灾难应急响应程序

25.3　应急处置

应急处置是指应急响应力量在灾害事故发生后所采取的应对行动,但不包括事前所采取的预置救援活动。

处置与应急救援是突发事件发生后采取的措施,目的是保护生命,使财产损失、环境破坏减少到最低程度,有利于恢复。

"十四五"规划提出了"突发公共事件应急处置能力显著增强"的目标,提出了"完善国家应急管理体系"的要求。提升应急处置能力,需要着力推进国家治理体系和治理能力现代化,把相关要求贯彻落实到应急处置工作的各方面、各环节。

25.3.1　应急处置原则

(1)以人为本,减轻伤害。灾害事故应急处置应坚持"先救人,后救物"的原则,把挽救生命和保障受灾人员的基本生存条件放在首要位置。同时,由于灾害事故现场安全形势很不稳定,应高度关注应急救援人员的人身安全,有效保护应急响应者,避免次生、衍生灾害发生。

(2)统一领导,分级负责。应急处置工作往往需要跨部门甚至跨地域调动资源,因而必须形成高度集中、统一领导和指挥的应急管理指挥系统,实现资源的整合,避免各自为政,确保政令的畅通。

(3)社会动员,协调联动。灾害事故往往因其涉及范围广、社会影响大,超出了某个政府部门甚至某级地方政府的控制能力,需要开展社会动员,实现协调联动。

(4)属地先期处置。不论发生哪一级别的灾害事故,应遵循属地为主原则及时展开先期处置,以防止灾害事故事态的进一步扩大、升级,尽可能减少灾害事故给社会公众生命、财产和健康安全带来的损失。

(5)依靠科学,专业处置。在应急处置过程中,要充分利用和借鉴各种高科技成果,发挥专家的决策智力支撑作用,避免不顾科学地蛮干。

(6)鼓励创新,迅速高效。灾害事故的不确定性强,应根据实际需要,打破常规,大胆创新,务求应急处置的迅速和高效。

25.3.2　应急处置内容

根据《生产经营单位生产安全事故应急预案编制导则》(GB/T 29639—2020)的规定,应急处置主要包括以下内容。

(1)应急处置程序。根据可能发生的事故及现场情况,明确事故报警、各项应急措施启动、应急救护人员的引导、事故扩大及同生产经营单位应急预案的衔接程序。

(2)现场应急处置措施。针对可能发生的事故,从人员救护、工艺操作、事故控制、消防、现场恢复等方面,制定明确的应急处置措施。

(3)明确报警负责人以及报警电话及上级管理部门、相关应急救援单位联络方式和联系人员,事故报告基本要求和内容。

25.4　应急救援

应急救援一般是指针对突发、具有破坏力的紧急事件,采取预防、预备、响应和恢复的活动与计划。根据紧急事件的不同类型,分为卫生应急、交通应急、消防应急、地震应急、厂矿应急、家庭应急等领域的应急救援。

1)应急救援目标及对象

(1)工作目标:①控制紧急事件发生与扩大;②开展有效救援,减少损失和迅速组织恢复正常状态。

(2)救援的对象为突发性和后果与影响严重的公共安全事故、灾害与事件。这些事故、灾害或事件包括工业事故、自然灾害和发生在城市生命线、重大工程、公共活动场所、公共交通中的突发事件。

2)应急救援的基本任务

事故应急救援的总目标是通过有效的应急救援行动,尽可能地降低事故的后果,包括人员伤亡、财产损失和环境破坏等。事故应急救援的基本任务包括下述几个方面。

(1)立即组织营救受害人员,组织撤防或者采取其他措施保护危害区域内的其他人员。抢救受害人员是应急救援的首要任务,在应急救援行动中,快速、有序、有效地实施现场急救与安全转送伤员是降低伤亡率、减少事故损失的关键。由于重大事故发生突然、扩散迅速、涉及范围广、危害大,应及时指导和组织人员采取各种措施进行自身防护,必要时迅速撤离危险区或可能受到危害的区域。在撤离过程中,应积极组织人员开展自救和互救工作。

(2)迅速控制事态,并对事故造成的危害进行检测、监测,测定事故的危害区域、危害性质及危害程度。及时控制造成事故的危险源是应急救援工作的重要任务,只有及时地控制住危险源,防止事故的继续扩展,才能及时有效进行救援。应尽快组织工程抢险队与事故单位技术人员一起及时控制事故继续扩展。

(3)消除危害后果,做好现场恢复。针对事故对人体、动植物、土壤、空气等造成的现实危害和可能的危害,迅速采取封闭、隔离、清洗、消毒、监测等措施,防止对人的继续危害和对环境的污染,及时清理废墟和恢复基本设施,将事故现场恢复至相对稳定的基本状态。

(4)查清事故原因,评估危害程度。事故发生后应及时调查事故发生的原因和事故性质,评估出事故的危害范围和危害程度,查明人员伤亡情况,做好事故调查。

3)应急救援演练

应急救援虚拟演练指的是依托虚拟现实应急救援仿真演练平台,全真模拟各类事故、灾害或事件现场,人机交互操作不仅让人们更清楚地了解在灾难面前如何自救,还对如何帮助他人给出了指导,教会人们怎样避免灾区人民生命和财产二次受损。

应急救援虚拟演练的特点如下。

（1）真实性。虚拟场景现实感强（声音、影像变化），环境中各种自然实体仿真客观。

（2）可扩展性。配置了一个强大的灾害场景编辑器，可以针对不同的灾害场景在三维场景中动态更换。

（3）科学性。依据科学的计算对场景进行推演，依据物理引擎计算虚拟场景的模拟演示效果。

（4）实时性。必须保证虚拟现实演练中产生的各种命令或者行为能够实时地得到响应。

（5）协同性。多台计算机终端可以进行协同演练和观察，使多个演练人员在同一个场景内进行联合演练。

（6）易用性。友好的用户界面，符合使用者的习惯与需求。

25.5　评估与恢复重建

评估与恢复重建在应急处置结束后立即进行，目的是使生产、生活恢复到正常状态或得到进一步改善。

25.5.1　现场清理与评估

1）现场清理原则

（1）统一组织。地方政府要统一组织现场清理工作，明确相关单位职责任务，确保清洁工作有序展开。

（2）统筹规划。要制定清理工作方案，消除安全隐患，明确清理范围，防止发生次生灾害和衍生事件，注意现场人员的安全防护。

2）现场清理工作

（1）消除污染。防止二次隐患，采取封闭、隔离、清洗、消毒等措施对事故发生的现场进行无害化处理，并加强后续的监测，以防止人和环境的污染。

（2）现场清除。对暴露在现场的人员和设施设备进行清洁、净化和整理，阻止事故中的危险物品对人员和机械的污染和伤害。

3）调查评估

《中华人民共和国突发事件应对法》规定，突发事件应急处置工作结束后，履行统一领导职责的人民政府应当立即组织对突发事件造成的损失进行评估，组织受影响地区尽快恢复生产、生活、工作和社会秩序，制订恢复重建计划，并向上一级人民政府报告。

25.5.2　恢复重建

恢复重建是指在有效控制灾害事故之后，为恢复社会正常状态和秩序所进行的各种善后工作，是灾区在各方面援助下，恢复其原有生命线与生产线系统的全过程，同时还包含从全局的角度提出加强防御未来灾害能力的措施的过程，是消除灾害事故短期、中期、长期影响的过程,是减轻灾害损失的重要措施之一。

1)恢复重建的分类

恢复重建既包括使重要的生活支持系统恢复到最低运行标准的短期活动,也包括使生活达到正常或更高水平的长期活动。因此,从时间上分类,恢复重建可以分为短期恢复重建和长期恢复重建。

(1)短期恢复重建。短期恢复重建在灾害处置活动结束后立刻实施,常常与应急响应重合。短期恢复重建包括开展搜救、提供基本公共卫生及安全服务、恢复受损的设施及其他基本服务、重新开通交通路线、为灾民提供食物和住宅、管理捐款、进行损失评估、清理废墟等。

(2)长期恢复重建。当开始重新修建道路、桥梁、住宅、商店等设施时,长期恢复重建工作开始。长期恢复重建活动一般着眼于长远,也需要较长时间的努力,如改善交通设施、改变土地用途、提高建筑标准等。长期恢复重建可能会持续数月或数年,主要目的是使生活全面恢复到灾前状态或更高水平。

2)恢复重建的原则

按照《中共中央　国务院关于推进防灾减灾救灾体制机制改革的意见》要求,灾后恢复重建的基本原则如下。

(1)以人为本,民生优先。把保障民生作为恢复重建的基本出发点,优先恢复重建受灾群众住房和学校、医院等公共服务设施,抓紧恢复基础设施功能,改善城乡居民的基本生产生活条件。

(2)中央统筹,地方为主。健全中央统筹指导、地方作为主体、灾区群众广泛参与的灾后恢复重建机制。中央层面在资金、政策、规划等方面发挥统筹指导和支持作用,地方作为灾后恢复重建的责任主体和实施主体,承担组织领导、协调实施、提供保障等重点任务。

(3)科学重建,安全第一。立足灾区实际,遵循自然规律和经济规律,在严守生态保护红线、永久基本农田、城镇开发边界三条控制线基础上,科学评估、规划引领、合理选址、优化布局,严格落实灾害防范和避让要求,严格执行国家建设标准和技术规范,确保灾后恢复重建得到人民认可、经得起历史检验。

(4)保护生态,传承文化。践行生态文明理念,加强自然资源保护,持续推进生态修复和环境治理,保护具有历史价值、民族特色的文物和保护单位建筑,传承优秀的民族传统文化,促进人与自然和谐发展。

3)灾后重建目标

灾后恢复重建任务完成后,灾区生产生活条件和经济社会发展得以恢复,达到或超过灾前水平,实现人口、产业与资源环境协调发展。城乡居民居住条件、就业创业环境不断改善;基本公共服务水平有所提升,基础设施保障能力不断加强,城乡面貌发生显著变化;主要产业全面恢复,优势产业发展壮大,产业结构进一步优化;自然生态系统得到修复,防灾减灾能力不断增强;人民生活水平得到提高,地方经济步入健康可持续发展轨道。

本篇参考文献

[1]　陈惠敏. 我国应急管理的发展历程[J]. 中国石油和化工标准与质量, 2019, 39(22): 99-100.

[2]　全国安全生产标准化技术委员会. 生产经营单位生产安全事故应急预案编制导则： GB/T 29639—2020[S]. 北京：中国标准出版社, 2020.

[3]　全国安全生产标准化技术委员会. 生产安全事故应急演练基本规范：AQ/T 9007— 2019[S/OL]. [2022-07-01]. https://nx.chinamine-safety.gov.cn/zcfg/bz/201909/ P020190910349891905766.pdf.

[4]　全国安全生产标准化技术委员会. 公共安全　应急管理　突发事件响应要求：GB/ T 37228—2018[S]. 北京：中国标准出版社, 2020.

[5]　《生产经营企业事故应急救援管理指南》编写组. 生产经营企业事故应急救援管理 指南[M]. 北京：化学工业出版社, 2008.

[6]　曹杰, 于小兵. 突发事件应急管理研究与实践[M]. 北京：科学出版社, 2014.